U0167928

BIRD BRAIN:

AN EXPLORATION OF AVIAN INTELLIGENCE

鸟的大脑：

鸟类智商的探秘之旅

〔英〕内森·埃默里（Nathan Emery） 著
刘思巧 译

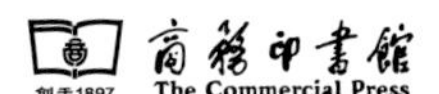

First published in the UK in 2016 by
Ivy Press
An imprint of The Quarto Group
The Old Brewery, 6 Blundell Street
London N7 9BH, United Kingdom
T(0)20 7700 6700 **F**(0)20 7700 8066
www.QuartoKnows.com

British Library Cataloguing-in-Publication Data
A catalogue record for this book is available from the British Library

ISBN: 978-1-78240-314-2

This book was conceived, designed, and produced by
Ivy Press
58 West Street, Brighton BN1 2RA, United Kingdom
Publisher Susan Kelly
Creative Director Michael Whitehead
Editorial Director Tom Kitch
Art Director Wayne Blades
Project Editor Jamie Pumfrey
Commissioning Editor Jacqui Sayers
Designer Simon Goggin
Illustration Concepts Nathan Emery
Illustrators John Woodcock, Jenny Proudfoot & Kate Osborne
Picture Researcher Alison Stevens

Printed in China

10 9 8 7 6 5 4 3 2 1

Front cover image Getty Images/Mint Images—Art Wolfe
Back cover image Shutterstock/Dejan Stanic Micko

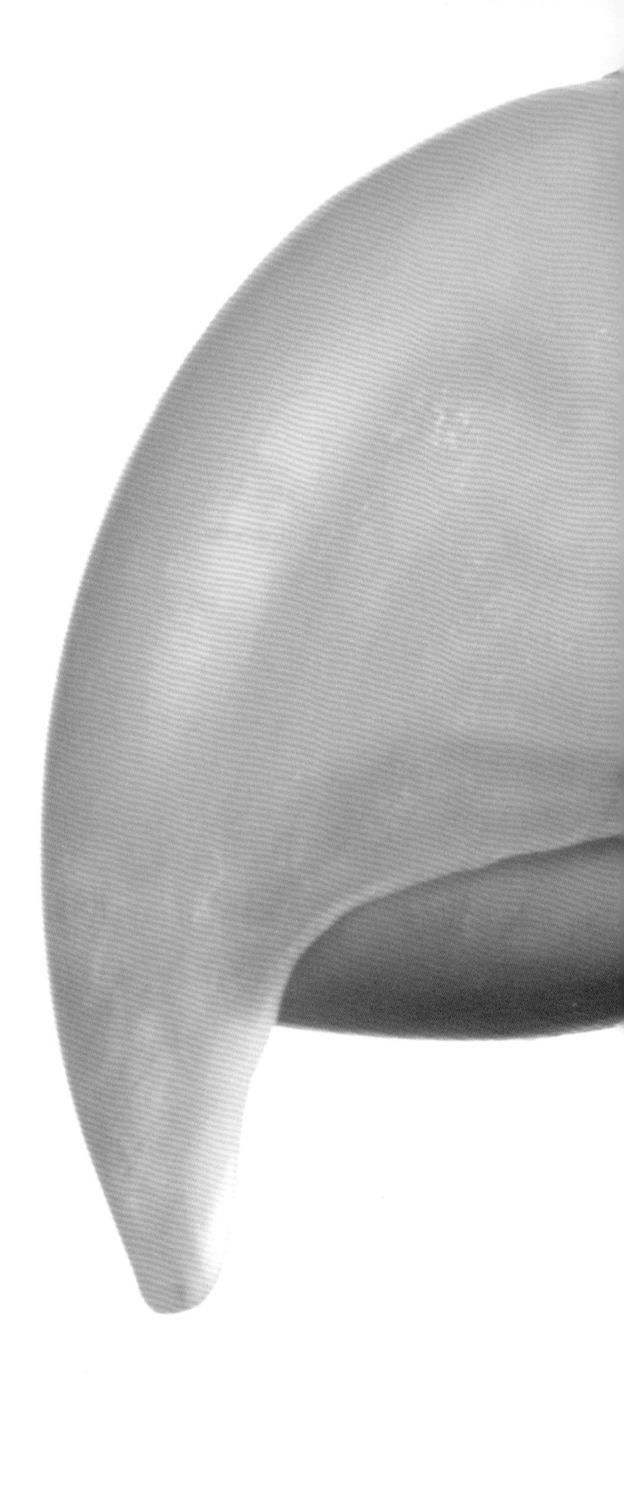

目录

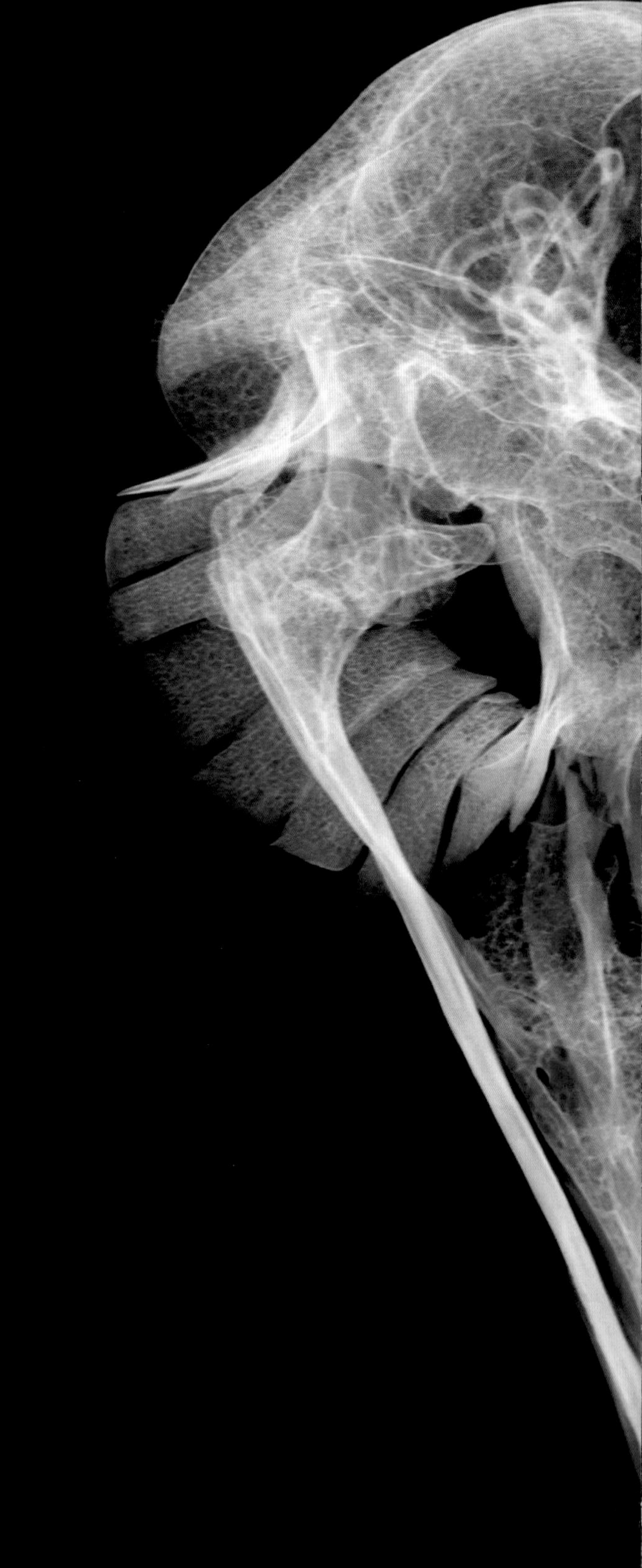

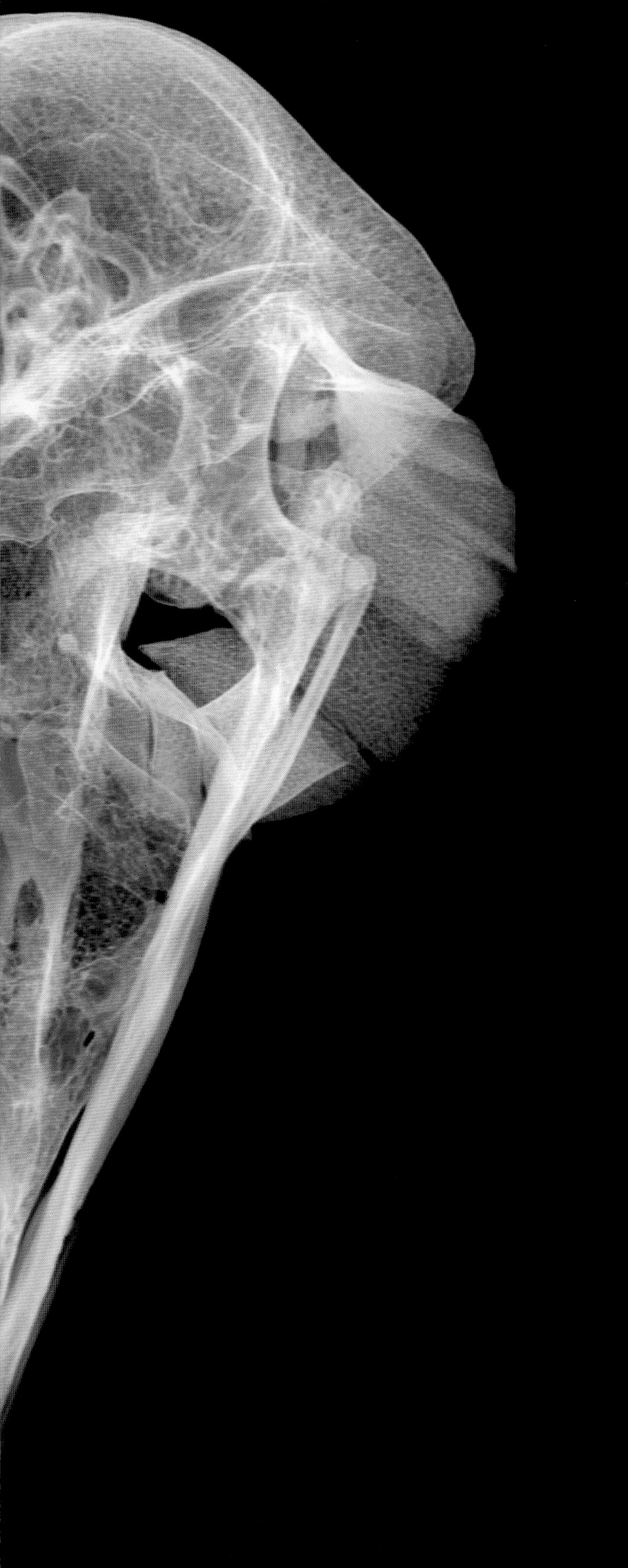

序

尽管科学家对鸟类的导航能力、雁鸭类雏鸟的印随行为和鸟类鸣唱学习行为已经开展了长期的研究，但是当他们在讨论到鸟类时，总是小心翼翼地避免使用“认知”（“cognition”）这个词语。之所以如此，部分原因是因为探索动物脑袋里进行的思维活动是个禁忌，同时也是因为鸟类大脑中特殊的解剖学结构：它们的中枢神经系统中缺乏类似于前额叶皮层的结构。因此过去人们推论，鸟类拥有了羽毛，就失去了高级的学习能力，更不用说思考能力了。鸽子作为一种典型的实验用鸟，只拥有一个小小的大脑，并不能有多么复杂的思考能力。因此，与鱼类和昆虫一样，鸟类被归为只有本能行为的动物。

现如今，我们对鸟类智力的认识已和往往大大不同，这一变化在很大程度上得力于20世纪90年代开始的开拓性研究，当时的研究结果现如今已经成为广为接受的主流观点。一些复杂的认知概念，如未来规划和心智理论，已经被人们通过精心控制的实验进行了验证。实验的结果令人大开眼界，由于实验经过严格设计，这些结果经得起怀疑论者的质疑。这类工作彻底改变了我们对鸟类能力的认识。内森•埃默里一直处在这一研究领域的最前端，他强调用趋同进化的理论来解释鸟类与灵长类和其他脑容量较大的哺乳动物的相似性。认知能力相近的物种并不一定是亲缘关系相近的。我们过去认为智力如同阶梯一样是线性增长的，而人类处于智力阶梯的顶端，但是现如今我们意识到它更像一棵灌木，有许多不同的分支，每个物种都各自进化出生存所需的智力。因此，某些鸟类的智力可能会超乎我们的想象，有可能会接近灵长类动物。

一只名叫Alex（在本书中，为了方便读者查阅原始资料，对动物的昵称不进行翻译。——译者注）的非洲灰鹦鹉（*Psittacus erithacus*），便是高智商鸟类的一个代表，它能够准确地口头描述物品。当Alex站在一排不同的物品前，它会用自己的喙和舌头来感受每一件物品。一番探索之后，研究人员会问Alex“蓝色的东西是什么材料做的”，而它会准确地回答：“木头。”它准确地把自己关于颜色和材料的知识同这件物品接触的感觉结合了起来。尽管这并不足以说明Alex掌握了一门语言，但是Alex的确回答了必须用语言技能才能回答的问题。

同样杰出的还有只名叫Betty的乌鸦，它能把笔直的金属丝弯曲成一个小钩来制成一个工具，然后用这个小钩从直直的管道内里钩取一小桶食物，而这是用一根笔直的金属丝做不到的。Betty是一只新喀鸦（*Corvus moneduloides*），它和它的野生同类一样擅长制作并使用工具。同样的例子还有西丛鸦（*Aphelocoma californica*），它们似乎能猜到别人的想法。对西丛鸦来说，储藏如面包虫之类的食物是自然而然的行为，但是这种策略却非常容易招引来小偷。所以，一旦它们发现周围有其他西丛鸦观察它们藏匿食物，它们便会在其他西丛鸦离开后立即把食物转移到新的储藏地点，就好像它们意识到其他西丛鸦察觉了它们的秘密储藏地一样。

我自己也会和我驯养的寒鸦（*Coloeus monedula*）玩捉迷藏的游戏，把它们当作学生教导直到它们飞走。寒鸦也是早期动物行为学家最喜爱的动物，他们详细描述了寒鸦的行为，却鲜少提及寒鸦的智力。寒鸦的智力问题从那时到如今都充满了激烈争论，争论的焦点在于是否把寒鸦的一切智力行为归结于联想学习法的结果。在很长的一段时间里，这都是一种让步的立场。只有当大量实验证明基于奖励和惩罚的解释存在缺陷时，认知类的主张才占了上风。包括鸟类在内的动物，有时能解决它们以前从未遇到过的问题，这表明它们在面临突发事件时具有立即洞察并理解事件本质的能力。

因此，科学家们开始接受了动物也会思考的观点。有证据表明，鸟类具有对过往事件的精确记忆力、换位思考能力、前瞻性规划能力、多种工具使用能力、调停能力和共情能力。虽然每一项研究本身可能并不足以改变我们的认知，但这本书里用精美图片和照片详尽记录下的每个知识点积累起来，将会很大程度上改变我们对于鸟类智力的看法。

鸟类大脑本身也暗示了鸟类的智力。大自然中有大约10,000种鸟类，而鸟类的大脑大小则存在巨大的差别。考虑到脑组织是多么“浪费”（每一单位脑组织消耗的能量大约是肌肉组织的20倍），某些科的鸟类演化出了大型的大脑一定有充足的理由。演化的过程中通常不会产生过多的容积。在经过自身体积的校正之后，鹦鹉和鸦科鸟类的脑容积比和灵长类动物相近，所以它们拥有与猴类甚至类人猿相似的心智能力便是自然的事情。此外，我们现在已经知道过去对鸟类大脑结构的认识是错误的。鸟类的前脑来源于大脑皮层，而哺乳动物的新皮质也由大脑皮层发育而成。这使得鸟类的大脑结构与哺乳动物的大脑结构比之前认为的要相似得多。

当下捧在我们手里的这本书是一本引人入胜、画面优美、文笔流畅的总结性作品，作者是一位在鸟类认知领域具有重要地位的学者。关于鸟类认知领域最新的知识和当下的讨论，这是于您而言最佳的指南。鸟类虽然和包括我们人类在内的灵长类动物亲缘关系非常远，但我们并不能因此就轻视它们。正如埃默里所说，鉴于鸟类的自然史和它们在自然界遇到的挑战，我们在鸟类身上观察到的许多认知能力都能在它们的生存中完美发挥作用。事实证明，拥有了羽毛的鸟类，也能拥有精密复杂的大脑，来机警敏锐、足智多谋地解决难题。

弗朗斯·德瓦尔（Frans de Waal）

美国亚特兰大埃默里大学心理学系教授，

《黑猩猩的政治》（*Chimpanzee Politics: Power and Sex Among Apes*）、《人类的猿性》（*Our Inner Ape*）的作者

为什么是鸟？

人类自从出现以来，就被鸟类深深地吸引着。我们羡慕鸟类的飞翔，近代以来，我们终于利用自己的智慧学会了飞行，并且还超过了鸟类。然而，我们却从未羡慕过它们的智商！

一直以来，我们通常认为鸟类的认知能力并不太好，甚至用“鸟脑袋”（“birdbrain”）这个词来形容愚蠢。但是，当我们把鸟类描述成笨蛋的时候，我们真的正确吗？鸟类是适应力极强的动物，遍布在世界上各种类型的生境中，从严寒的南极到终年炎热的沙漠，都能发现它们的身影。鸟类同样是个人丁兴旺的大家族，现如今我们已经发现了10,000多种鸟类。其中一些种群旺盛的鸟种有数百万个个体，它们在地球上占据了大片的栖息地，还常常光临人类的居住地。

那么鸟类的智力究竟如何？我们是否能说地位低下的家鸡是聪明的呢？这取决于我们对智力的定义，这正是我们在下一节要讨论的问题。如果我们采用智力的日常定义（认识、理解客观事物，并运用知识、经验等解决问题的能力），那么我们就会根据鸟类在人类文明历史中发挥的作用，自然而然地把它们分成笨蛋和天才两组。但这种划分方式正确吗？

尽管鸽子没有表现出鸟中爱因斯坦的智慧，但是它们的一些能力却能敏锐地适应生活中所面临的挑战，尤其是觅食的挑战。鸽子的主要食物是谷物，它们善于在和谷物外观相似的地面上找寻并区分出谷物。当你下次去公园时，不妨仔细地观察鸽子觅食的过程。找寻谷物的过程不但要求鸽子的脑海中要有谷物的外观图像，而且还要求鸽子能够把这种图像同其他略微不同的图像区分开来，如地板的纹理。我们已经通过实验证实鸽子能够区分各种不同的视觉刺激，这一能力和它们的觅食能力息息相关。但是具有这种能力就能说明鸽子聪明吗？快速的学习能力，尤其是灵活的学习能力，和智力紧密相关。然而，鸽子出色的分辨能力，并不等同于快速或灵活的学习能力。鸽子通常需要上百次试验才能学会新技能，因此鸽子也许不是我们寻找聪明鸟类的最佳对象。在鸟类智力研究领域，前人已经做了大量的工作，但出人意料的是，在10,000多种鸟类中，只有少数的种类接受过智力测验，这其中最引人注目的两个类群分别是鸦科鸟类和鹦鹉类。

一直以来，鸦科鸟类都被认为非常聪明。它们出现在许多的神话传说里，在美洲土著的神话里，有渡鸦（*Corvus corax*）创造天地万物的说法。在北欧之神奥丁的肩膀上，站着两只名叫“Hugin”（源自古挪威语，意为“思想”）和“Munin”（源自古挪威语，意为“记忆”）的渡鸦，为他带来全世界的消息。在英国，有传说认为一旦渡鸦飞离了伦敦塔，不列颠王国就会陷入混乱民不聊生（但最新的研究表明，渡鸦来到英国的时间不会早于维多利亚时代）。在好莱坞电影中，乌鸦常常作为死亡、疾病、巫术和恐怖的象征出现在恐怖悬疑电影中，其中最经典的例子便是希区柯克的电影《群鸟》（*The Birds*）。

而鹦鹉又是另外一种情况，它们并不出现在各地的神话传说中，它们的名声来源于学人说话的能力。鹦鹉一开始是因为美丽的羽毛而被欧洲贵族喜爱，但不久之后它们展现出了学人说话的能力，因此一时名声大噪。

总而言之，从科学角度来看，鸟类非常有趣，因为它们的大脑和哺乳动物的大脑采取了不同的进化路径，同时，在很多情况下，在面临同一个问题时，鸟类会采取和哺乳动物相似的解决方案。

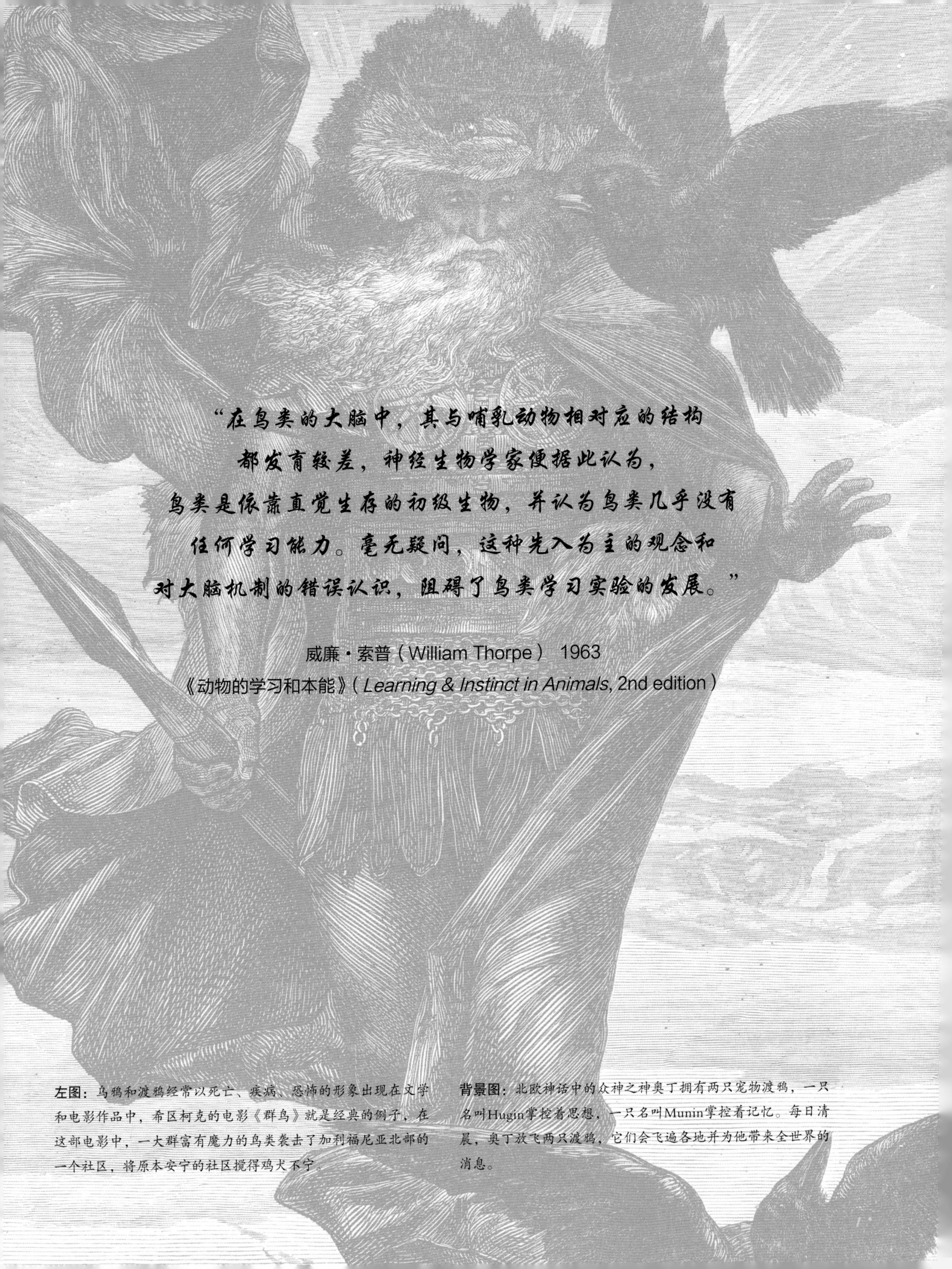

"在鸟类的大脑中，其与哺乳动物相对应的结构都发育较差，神经生物学家便据此认为，鸟类是依靠直觉生存的初级生物，并认为鸟类几乎没有任何学习能力。毫无疑问，这种先入为主的观念和对大脑机制的错误认识，阻碍了鸟类学习实验的发展。"

威廉·索普（William Thorpe） 1963
《动物的学习和本能》（*Learning & Instinct in Animals*, 2nd edition）

左图： 乌鸦和渡鸦经常以死亡、疾病、恐怖的形象出现在文学和电影作品中，希区柯克的电影《群鸟》就是经典的例子，在这部电影中，一大群富有魔力的鸟类袭击了加利福尼亚北部的一个社区，将原本安宁的社区搅得鸡犬不宁。

背景图： 北欧神话中的众神之神奥丁拥有两只宠物渡鸦，一只名叫Hugin掌控着思想，一只名叫Munin掌控着记忆。每日清晨，奥丁放飞两只渡鸦，它们会飞遍各地并为他带来全世界的消息。

智力是什么？

当我们夸赞一个动物聪明伶俐时，这意味着什么？科学家们所说的智力是一种特别的能力，尤其在没有语言能力的动物身上：是一种能够依靠认知能力来灵活解决新问题的能力，而不仅仅是依靠学习和本能。

行为中的智力，可以理解为认知能力在其演化条件之外的情景中的应用。某一动物可能已经演化出一种特定的技能，使其能够应对特定的生存问题，例如预测群体成员的行为或从小物体当中挑选大物体出来，但它不能使用同样的技能来处理尚未演化出来应对技能的问题。然而，能够灵活地转换应用这些技能，可能是区分智力和认知的关键。

认知是指在不同的环境中对信息进行加工、存储和记忆的能力。在野外，鸟类利用认知能力来处理信息，这一鸟类赖以生存的能力，却不一定能解决它们遭遇的难题。当家鸽辨别食物和非食物的时候，并不会像乌鸦发明并设计一个工具来钩出藏在树干里的食物那样消耗脑力。乌鸦为了得到食物，会把这个工具加工修改成合适的长度。这两种挑战都与觅食相关，但乌鸦的行为比家鸽需要更多的技能。

值得一提的是，智力不是一种机制。一个特定的行为，例如解决某一问题，基于其结果可以被认为是智力，但这并不意味着这个解决方式和人类的解决方式经过了相同的智力过程。动物可能使用复杂的认知过程来解决问题，例如想象力（思考当下不存在的对象、事件和行为），或者前瞻性规划（计划），或者需要理解事件（行为）如何与它们的结果产生联系（因果推理）。动物会在不同的环境下使用不同的认知技能。但这些能力也可能是反复试验、不断摸索的结果（在不断经历同一事件后习得最佳行动方案），或者更简单些，只是特定物种演化出的解决该问题的认知能力。在动物尤其是亲缘关系上和人类非常远的动物身上，行为背后的特定机制常常引起科学家们的辩论。这本书试图从不同的角度来阐述那些表现出智力的鸟类行为背后的原因，包括：本能、学习能力、认知能力、想象力、前瞻力和洞察力。

左图： Melina是伦敦塔上的一只渡鸦。它和主人克里斯·斯卡夫（Chris Skaife）缔结了深厚的感情，它喜欢随时叼着小棍，甚至为了逗乐前来观看它杂耍的观众，表演它那装死的绝技。

右图： 椋鸟的集群飞行完全是反射性的结果。一旦捕食者出现，在鸟群边缘的个体试图逃跑，中间的椋鸟则盲目地跟着它们一起飞行。在这种情况下，相比于思考，直觉才是更好的生存策略。

鸟类智力的进化

鸟类的智力各自有别，有高有低，用“鸟脑袋”来形容许多鸟类的愚笨依然是贴切的。渡渡鸟便是一种典型的愚笨鸟类。

在17世纪欧洲的水手遇到渡渡鸟并导致其灭绝之前，渡渡鸟一直在印度洋的毛里求斯岛上过着与世隔绝以及怡然自得的生活。尽管渡渡鸟的近亲（鸽子和斑鸠）也不被认为是聪明绝顶的鸟类，但是我们能把渡渡鸟的灭绝归因于它们的蠢笨吗？在17世纪以前，渡渡鸟过着没有天敌的自在生活，也从未与人类有过多接触，它们压根就没有理由害怕人类。如果渡渡鸟有快速学习能力，也许它们就能学会如何躲避人类的捕猎，但那时它们面对的是世界上最眼明手捷、弹无虚发的猎人。考虑到渡渡鸟天生就拥有一副肥大而不能飞翔的笨拙身体，它们根本无处可逃。很明显，渡渡鸟就是“在错误的时间出现在了错误的地方”，它们的蠢笨头脑也无济于事。

进化树

这棵进化树展示了哺乳动物、两栖动物和鸟类从它们的共同祖先进化而来的过程。尽管鸟类以愚蠢著称，但其实它们并不是一个古老的类群。事实上，和哺乳动物相比，它们在进化上更现代，是新近进化的类群。鸟类和恐龙在进化上关联密切，因此鸟类又被称为是鸟类恐龙。

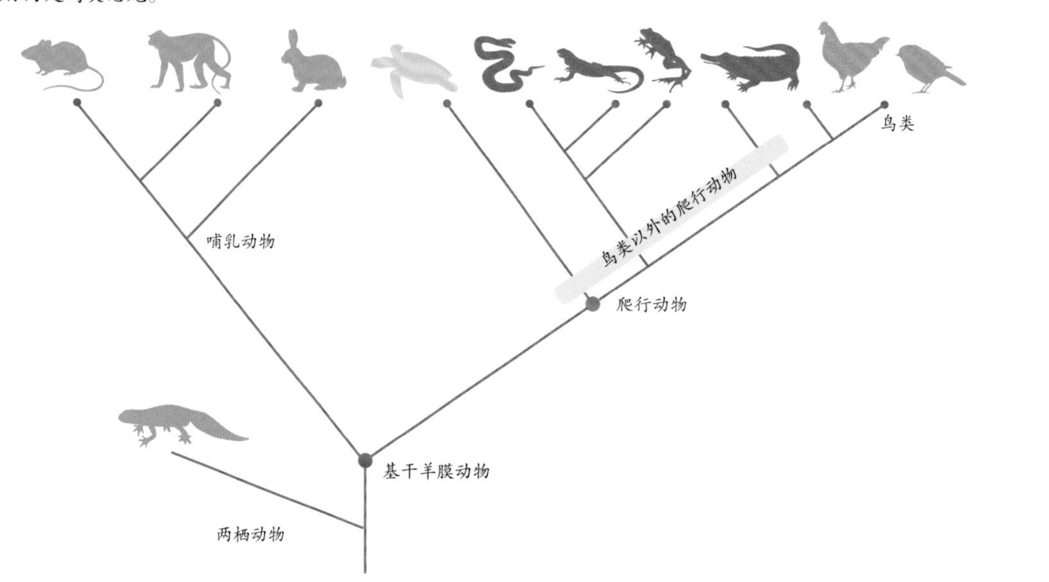

上图：尽管世界上有10,000多种鸟类，但至今我们只对其中极少一部分的鸟种进行过认知能力的研究。而另外的一些鸟种，基于它们的生活方式和大脑容量的猜测，例如上图左边的啄木鸟、中间的犀鸟、右边的隼，都非常有可能在智力测验中发挥出聪明智慧的表现。

超过50%的鸟类属于鸣禽或是雀形目。实际上，我们平常在公园和花园中遇到的大部分鸟类，如麻雀、鸫、雀类、山雀、鸲和乌鸦，都属于雀形目。尽管不是所有鸣禽都天生一副好歌喉，这一点每一个听过乌鸦叫声的人都有体会，但是所有鸣禽都学会了本物种特有的发声方式，也在大脑中进化出了相应的神经回路。这种能力在动物世界中相当罕见，并且和人类的语言学习能力具有共同特征，这一点将在第3章中详尽阐述。

尽管一个多世纪以来，人们一直在研究鸟类大脑的结构和功能以及它们的学习和认知能力，但我们对鸟类的认知能力仍所知甚少，仅仅局限于极少的种类。而绝大部分的种类都没有被关在实验室中进行过相关研究，所以我们对它们的智力估计只能依据它们的大脑相对容量（和身体尺寸的比值，见第1章）、食性、社会制度、栖息地和生活史（寿命和雏鸟生长到独立生活需要的时间等）等信息。这些信息有助于我们建立一个大概的草图，一个关于它们觅食、和其他鸟类建立关系、建筑家园所需的大脑智力的草图，但是如果不能进行实验，草图就只能是草图，而不能成为事实。尽管如此，这一方法对于预测智力如何进化还是十分有用，特别是在我们认为是智力界的重量级选手身上。有三组鸟类——啄木鸟、犀鸟和隼，拥有部分或全部已知的聪明动物拥有的特征（见第1章：聪明动物俱乐部），实验结果至今还在验证当中。这三个鸟种都不属于雀形目，但是又与雀形目关联密切，所以它们所习得的认知技能有可能都是独立进化而来的（也就是说，不是来自于同一祖先）。

从“鸟脑袋”到“身披羽毛的类人猿”

人类对鸟类大脑的认知之路

关于鸟类的大脑不具有智力的错误观点，最早可以追溯到19世纪后半叶的比较解剖学家路德维希·艾丁格（Ludwig Edinger）的著作。

艾丁格的错误

在一部动物大脑的百科全书中，艾丁格声称鸟类的大脑主要由纹状体构成。纹状体在大脑中主要负责直觉本能和具有物种特异性的某些行为，几乎没有像大脑皮层一样的负责自主思考的区域。艾丁格的逻辑是：既然鸟类的大脑是从纹状体进化而来，那么鸟类就应该不具有独立思考的能力。到了20世纪后，尽管有研究已经表明鸟类的行为绝不仅仅是本能驱使，但艾丁格的观点早已深入人心，根深蒂固。

鸟类研究逐步成熟

20世纪50年代到60年代对鸟类鸣唱、印随和模仿行为的一系列研究，改变了人们对鸟类心智能力的看法。在这一时期，认为动物可以自主行动、解决问题、自主思考的观点，和长期以来人们认为它们只是自动玩具，仅能基于积极（奖励）和消极（惩罚）结果对环境中的改变做出反应的观点背道而驰。20世纪70年代，兴起了对鸟类针对环境和社会问题的适应性特化和认知能力的研究新潮。例如，许多鸟类会储藏食物以备将来之用，要在大范围的区域内准确找寻到之前储藏食物的地点，需要复杂的空间记忆力。经常储藏食物的鸟类比那些很少甚至不需要储藏的鸟类拥有更好和更准确的空间记忆。经研究发现，空间记忆力和大脑中的海马体这一与空间记忆有关的特定区域有着密切关系。海马体的尺寸越大，空间记忆就越好。

左图：一只丛鸦（*Aphelocoma coerulescens*）应用自己的记忆搜寻稍早前它储藏食物的地点。它需要记起储藏食物的地方，还需要记得多久之前把食物储藏于此，来保证食物依然可以食用，同时还要留神储藏食物时有没有其他同类或动物在观察它。

一个新观点

在20世纪90年代，人们在鸟类身上观察到了一系列以往只在人类和类人猿上观察到的有趣行为。加文·亨特（Gavi Hunt）观察到新喀鸦会制作并使用两种不同的工具——露兜树的叶子和小钩棍——来完成不同的任务。艾琳·佩珀伯格（Irene Pepperberg）对一只名叫Alex的非洲灰鹦鹉进行了语言训练并在其身上发现了前所未闻的语言能力。尼基·克莱顿（Nicky Clayton）和托尼·迪金森（Tony Dickinson）通过食物储藏的实验，发现西丛鸦具有思考特定过去事件的能力，即所谓的情景记忆。

在鸟类认知领域取得惊人进展的同时，鸟类神经生物学研究也取得了超凡的突破。研究人员发现，鸟类的大脑能实现哺乳动物的大脑不具有的功能，因此，鸟类的大脑虽然比哺乳动物的大脑小很多却具有同样的认知能力。鸟类大脑能够同时处理多个任务，例如一个大脑半球执行一种任务（例如搜寻警惕着捕食者），另一个大脑半球同时还执行另一种任务（例如搜寻食物）。成年鸟类的大脑仍可产生新的神经元（神经再生现象），该情况可季节性地发生，例如在海马体和控制鸣唱的神经回路中；也可以在需要时发生，例如回想食物储藏事件时。

早前艾丁格关于鸟类大脑的观点完全受到了神经解剖学、神经化学和进化生物学研究的质疑，2004年，人们根据这些研究进展对鸟类大脑各部分的命名进行了修订，这也反映出人们对鸟类的进化已经有了新的认识。鸟类的前脑再也不被认为仅仅由纹状体构成。确切来说，鸟类的前脑由和爬行动物、哺乳动物的共同祖先的大脑皮层进化而来。这些全新的发现为鸟类认知的新研究打下了深厚的基础，以至于最近的新发现表明："鸟脑袋"一词应该是赞美"聪明与智慧"的褒义词，而不应该是形容"笨拙和愚蠢"的贬义词。

对鸟类大脑、学习能力、认知能力的各个重要研究发现

日期 鸟类大脑的重要研究发现

日期 鸟类学习能力的重要研究发现

日期 鸟类认知能力的重要研究发现

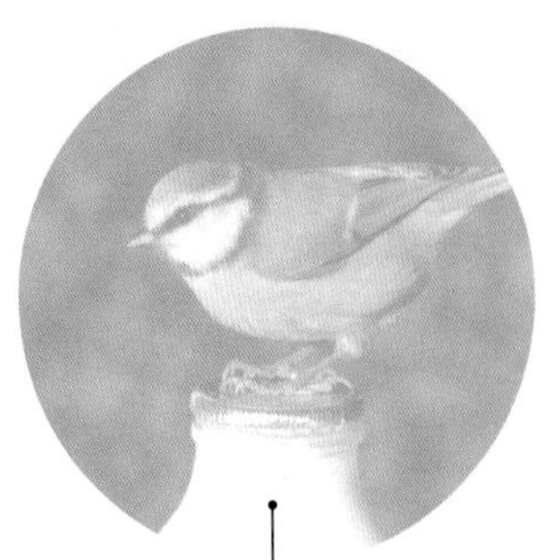

1908 路德维希·艾丁格为鸟类大脑的各区域命名，但是由于他错误理解了鸟类的进化历程，他把重点放在了纹状体而非大脑皮层的起源上。

1935 康拉德·洛伦茨（Konrad Lorenz）描述了刚刚孵化的小鹅的印随现象。它们在孵化后跟随遇到的第一个运动物体一起行走，这个跟随对象常常是它们的母亲。

1948 奥托·凯勒（Otto Koehler）进行了鸟类计数能力的实验。在实验中，寒鸦能够正确数出放成一排的物体数量。

1948 伯勒斯·斯金纳（B. F. Skinner）利用“斯金纳箱”的自动装置对鸽子的学习能力开展了开创性的研究。他发现鸽子偶尔会表现出把不相关事件联系起来的迷信行为。

1949 人们发现青山雀（*Cyanistes caeruleus*）能够打开牛奶瓶的瓶盖，很快在英国全国多处都发现了这一行为。这一行为被认为是文化因素造成的，但是实验室研究揭示了一个更简单的答案。

1954 比尔·索普（Bill Thorpe）开展了关于鸟类鸣唱学习行为的科学研究，并开发出针对声音模式的可视化分析技术。

1964 彼得·马勒（Peter Marler）发现旧金山不同地区的白冠带鹀（*Zonotrichia leucophrys*）具有不同的鸣唱特点，这为鸟类鸣唱行为具有地域文化性提供了强有力的证据。

1967 哈维·卡滕（Harvey Karten）和威廉·霍多斯（William Hodos）根据一个鸽子的大脑开发出了世界上第一个鸟类大脑图谱，后续的鸟类大脑研究在此基础上展开。

1971 人们发现鸽子利用磁场来进行归巢和远距离飞行的导航。

1976 费尔南多·诺特博姆（Fernando Nottebohm）发现了金丝雀（*Serinus canaria domestica*）大脑中的鸣唱控制回路，开启了神经生物学中关于学习行为和人类语言方面的重要研究。

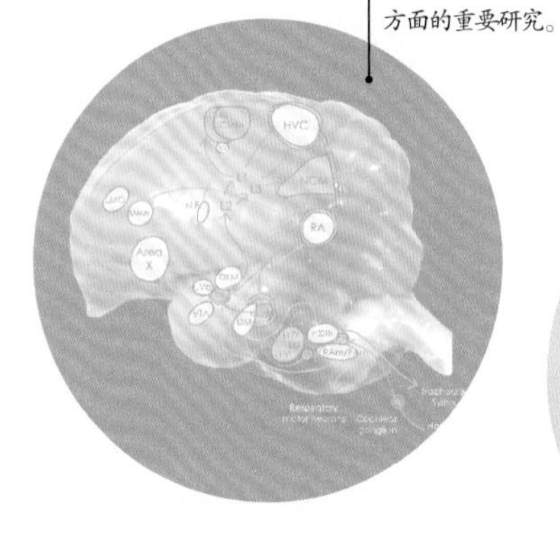

1977 艾琳·佩珀伯格在名叫Alex的非洲灰鹦鹉身上展开了长期研究，包括教它说话，以及测试它的认知能力。这些研究彻底改变了我们对于鸟类大脑的看法。

1981 罗伯特·爱波斯坦（Robert Epstein）在鸽子身上完成了一系列影响深远的研究，鸽子能和灵长类一样利用镜子，但是这一能力被归结于复杂的学习能力，而不是符号交流、洞察力或自我意识。

1982 人们第一次描述了鸟类（鸽子）大脑中功能上相当于哺乳动物大脑的前额叶皮层的结构。

1982 费尔南多·诺特博姆和史蒂文·戈德曼（Steven A. Goldman）发现了成年鸟类大脑的鸣唱控制回路中的神经再生现象。这一机制有助于鸟类习得新的鸣唱。

1995 人们在野外测试了棕煌蜂鸟（*Selasphorus rufus*）的空间记忆能力，这是第一个在自然栖息地进行的鸟类实验。

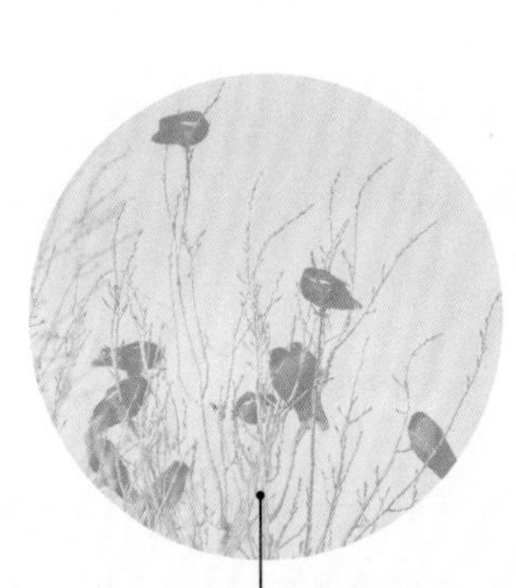

1996

加文·亨特发现新喀鸦会用露兜树的树叶以及小树枝制作带钩的工具。新喀鸦被认为在工具制作和利用上具有和黑猩猩同等的智慧。

1997

人们发现鸟类的大脑大小和创新能力之间存在强烈的关联。

2001

西丛鸦能够储藏食物以供将来所需，并且会防备潜在的窃贼。尼基·克莱顿和她的同事们一起设计了一系列精巧的实验，1998年测试了西丛鸦的“何物—何处—何时”记忆（情景记忆），2001年测试了社会认知能力，2007年测试了未来规划能力。

2002

在牛津亚历克斯·凯西尔尼克（Alex Kacelnik）的实验室中，一只名叫Betty的新喀鸦能够弯曲一根笔直的金属丝来钩取一块肉。

2004

“鸟脑术语论坛”上重新确定了鸟类大脑各分区的正式名称，鸟类大脑的起源被正确地归结于与哺乳动物的大脑皮层同源。

2004

人们发现，蓝头鸦（*Gymnorhinus cyanocephalus*）能够根据一只自己互动过的蓝头鸦和另一只自己不认识的蓝头鸦的交流状况，判断出自己和不认识个体之间谁具有支配地位。

2006

椋鸟在聆听鸟鸣时表现出递归现象。而递归现象之前被认为是人类语言特有的现象。

2008

在沼泽带鹀（*Melospiza georgiana*）的前脑中发现听觉—运动神经元回路，这一回路能够将某一鸟鸣听到的声音和这一鸟鸣的表演形式联系起来。

2008

喜鹊（*Pica pica*）通过了镜子测试，而一些专家相信通过镜子测试表明动物具备了自我意识。在此之前，只有人类、黑猩猩、海豚以及大象通过了这一测试。

2009

克里斯托弗·博德（Christopher Bird）和内森·埃默里（本书作者）根据一则伊索寓言设计了一项经典的实验，来测试秃鼻乌鸦（*Corvus frugilegus*）对因果关系的理解程度。现在这一测试也被用来测试新喀鸦、松鸦（*Garrulus glandarius*）和儿童。

2011

啄羊鹦鹉（*Nestor notabilis*）和新喀鸦快速解决了需要多个途径达到目的的谜箱难题。

2012

戈氏凤头鹦鹉（*Cacatua goffiniana*）在野外环境下不能利用工具，但在笼养的情况下，它们会自发地创造并使用工具来获取食物。

2012

人们利用PET（正电子发射体层扫描）影像技术来揭示乌鸦面部识别的大脑回路，发现这一回路和灵长类动物的回路相似。

2013

人们发现渡鸦具备一套政治制度，它们会记得自己的一段长期关系，并且对其他渡鸦的关系形成加以干预。

2014

卷尾能够准确地模仿几个不同鸟种的叫声，来制造危险来临的假警报声，把其他鸟从食物边赶走从而窃取食物。

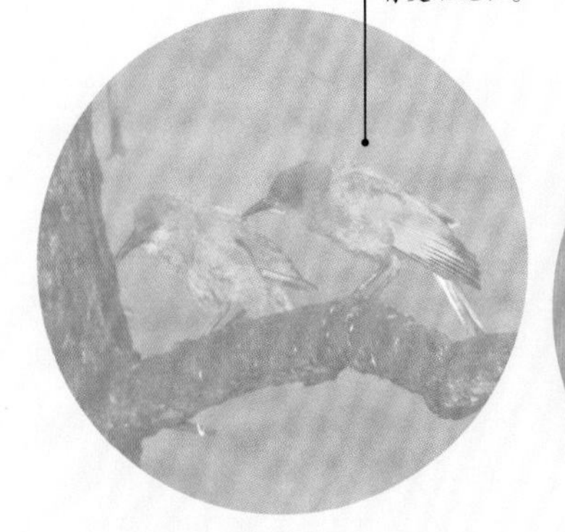

鸟类大脑能做些什么？

大脑的用途并不仅仅局限于思考功能。事实上，绝大多数动物的大脑都不具有思考的功能，而只具有更基础的功能，例如，保持身体正常运转，四处移动，以及对生活环境中的各种刺激做出反应。

大脑的作用

大脑能够通过不同途径，包括视觉、听觉、嗅觉、触觉和味觉等从周围环境获取信息，并对这些信息与以往的储存记忆加以比较，来得到合理的理解。在此之后，这些信息要么被储存为记忆，例如记住一张熟悉的面容；要么就是通过不断练习成为习得的本领，例如学习骑脚踏车的过程。大脑在接收到信息后，能够忽略掉绝大部分的信息，然后选择少数（生物学上）相关的信息并对这些信息做出如何回应的决定。这些决定基于当前面临的处境，也基于以往的经验以及当下的社交、情感状态以及动机。一旦大脑做出了某一决定，就会立刻采取相关行动，最终产生某一特定的行为。

鸟类大脑的作用

对于鸟类而言，它们需要做出的决定通常是如何对某一声音做出反应。例如，当（一只可靠的附近同伴发出的）警报声响起，恰当的反应就是迅速向警报声相反的方向逃走，以此来远离捕食者。而如果是一只潜在的伴侣发出求偶的呼唤声，那恰当的反应则应是向发出呼唤的伴侣靠得更近些。在这两种情况下，大脑都会理解信息的内容（好内容或是坏内容），然后指导身体做出恰当的反应（靠近或是后退）。

左图：鸟类通常需要在复杂的三维环境中快速飞行，例如图中这只红领绿鹦鹉（*Psittacula krameri*），因此它们的大脑需要快速地运转，以免碰上树枝等障碍物。

快速运转的大脑

鸟类通常需要比哺乳动物更快地做出决定，这是由于它们常常在高速飞行下生活，因此生活环境变化无常，难以预测。相比之下，典型的哺乳动物，例如老鼠，在生活环境中四处爬行，但它们依赖的更多是嗅觉而非视觉。老鼠的移动速度并不快，因此也不需要快速地做出决定。猴子的生活环境更复杂，常常在树冠之间游荡穿梭来逃避捕食者的追逐，因此猴子能更快地做出决定。灵长类动物主要依靠视觉和嗅觉两种快速的途径来沟通交流。但是，灵长类动物并不需要像生活在复杂3D环境中，周围充满了各种色彩、各种危险来源和复杂信息的飞鸟一样来快速地处理信息。鸟类做出这些决定似乎不费吹灰之力，问题是：它们如何做出决定？它们大脑中的什么部位负责处理这些信息？鸟类大脑中是否有比较特殊的信号传递通路，使得它们能比其他动物更快速地处理信息？

不同动物的大脑比较

下图中灰色区域代表海马体，红色区域代表大脑皮层，从左到右依次展示了猫头鹰（左）、老鼠（中）和猴子（右）的大脑右半球中这两个共有的重要结构。

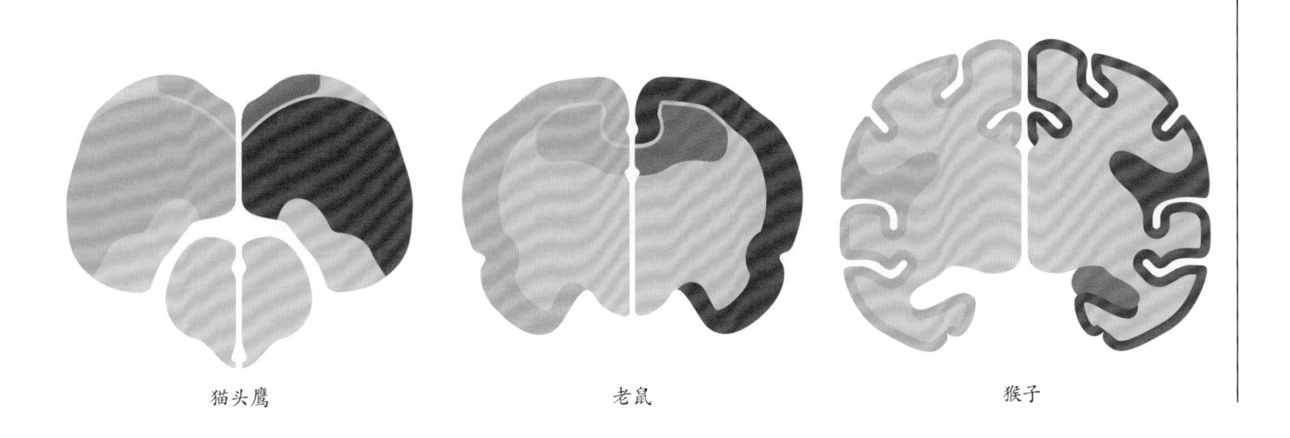

鸟类的大脑

尽管人类对鸟类大脑的研究已经有一百多年的历史，但是我们对鸟类大脑的结构和功能还知之甚少。这主要是因为鸟类被认为是无趣和无价值的生物，尤其在认知的神经基础研究上无足轻重。

“坚果外壳”里的大脑

我们现在已经知道，鸟类的大脑皮层和哺乳动物的新皮质比我们之前设想的有更多共同之处，这是由于这两个结构都是从3亿年前的原始羊膜动物的大脑皮层进化而来。我们对鸟类大脑的认知仅仅局限于少数几个鸟种：鸽子、家鸡，以及少数鸣禽，例如斑胸草雀。而以上这些都不是鸟类中最聪明的鸟种，全世界有10,000多种鸟，每种鸟都有各自独有的结构，因此我们当前对鸟类大脑的理解还远远不够。

所有脊椎动物的大脑都有相似的结构和信息处理方式。大脑需要多种器官来感知信息（如视网膜），需要多种器官来过滤和组织信息（如丘脑），这些器官将信息转换成可被处理器（大脑皮层）理解分析的形式，以便于大脑皮层做出决定。这些决定可能是将信息转化成记忆（海马体），也可能是传递到某一器官（基底核）将计划转化成具体的行动。在这一过程中，还有器官保持大脑其余部分正常运转（如脑干），以及控制周围神经系统，动员躯体去觅食、寻找伴侣等等（如下丘脑）。我们没有必要去理解大脑各部分的详尽信息，也不必记住大脑各区的拉丁名，就能欣赏大脑的运作方式。大致来说，大脑从当下的环境中接收信息。这些信息是环境中某些方面的表征，例如一朵花的形状、颜色、气味以及

猴子的大脑

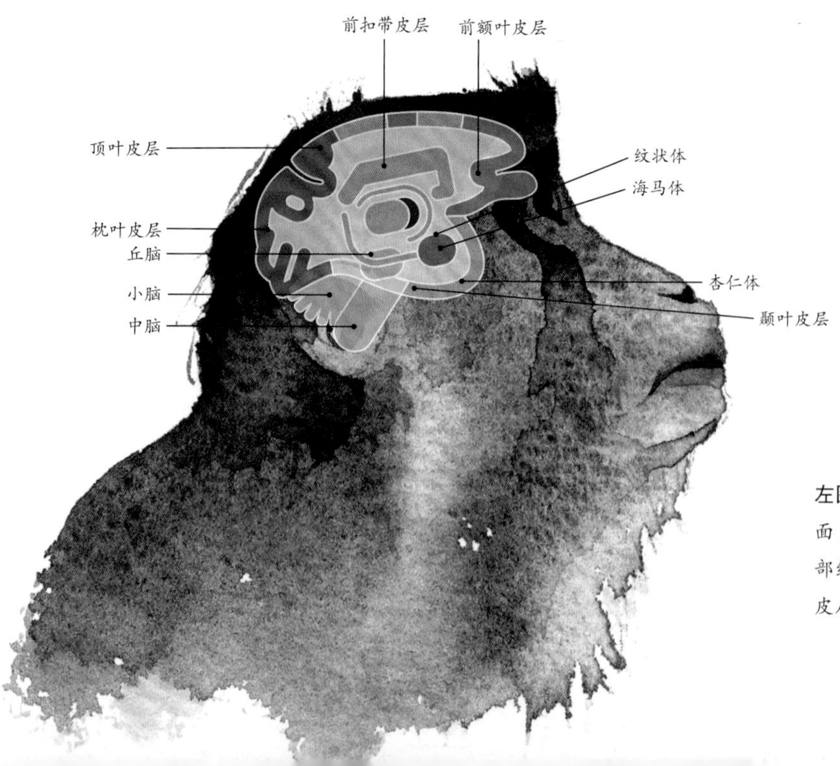

左图：猴子大脑的矢状面（侧面）图，展示了所有主要的脑部结构，图中集中标注了大脑皮层的各个不同区域。

它的位置，上一次见到这种花朵的记忆，以及由此唤起的情感。这些信息在大脑中得到理解并储存起来，并用于决定相关的计划。这一基本的神经功能是所有脊椎动物所共有的。

下面的右图是一只鸟（秃鼻乌鸦）的大脑示意图。图中用不同颜色标明了不同的大脑区域，并注明了它们各自的解剖学名称。对于本书而言，最重要的结构是皮层区域（上皮层、中皮层、巢皮层、内皮层、弓状皮层、海马结构）、纹状体和小脑。这只秃鼻乌鸦的大脑尺寸相当于一个核桃仁。而下面左图中的猴子大脑的尺寸相当于一个大的李子。猴子的大脑与鸟的大脑截然不同，最明显的差别是大脑表面折叠曲折的区域（新皮层）。鸟类的大脑表面是光滑的，不具有黑猩猩和海豚大脑上的这些沟槽（脑沟）。试想，如果要把一张纸折叠压缩到一个乒乓球里，最好的方法就是将这张纸揉成一团然后塞进去。哺乳动物的大脑具有相似的原理，大脑皮层被揉成一团放入了颅骨当中。而鸟类的大脑更像是一张纸被浸在水里，然后裹成球形塞进乒乓球里。

秃鼻乌鸦的大脑

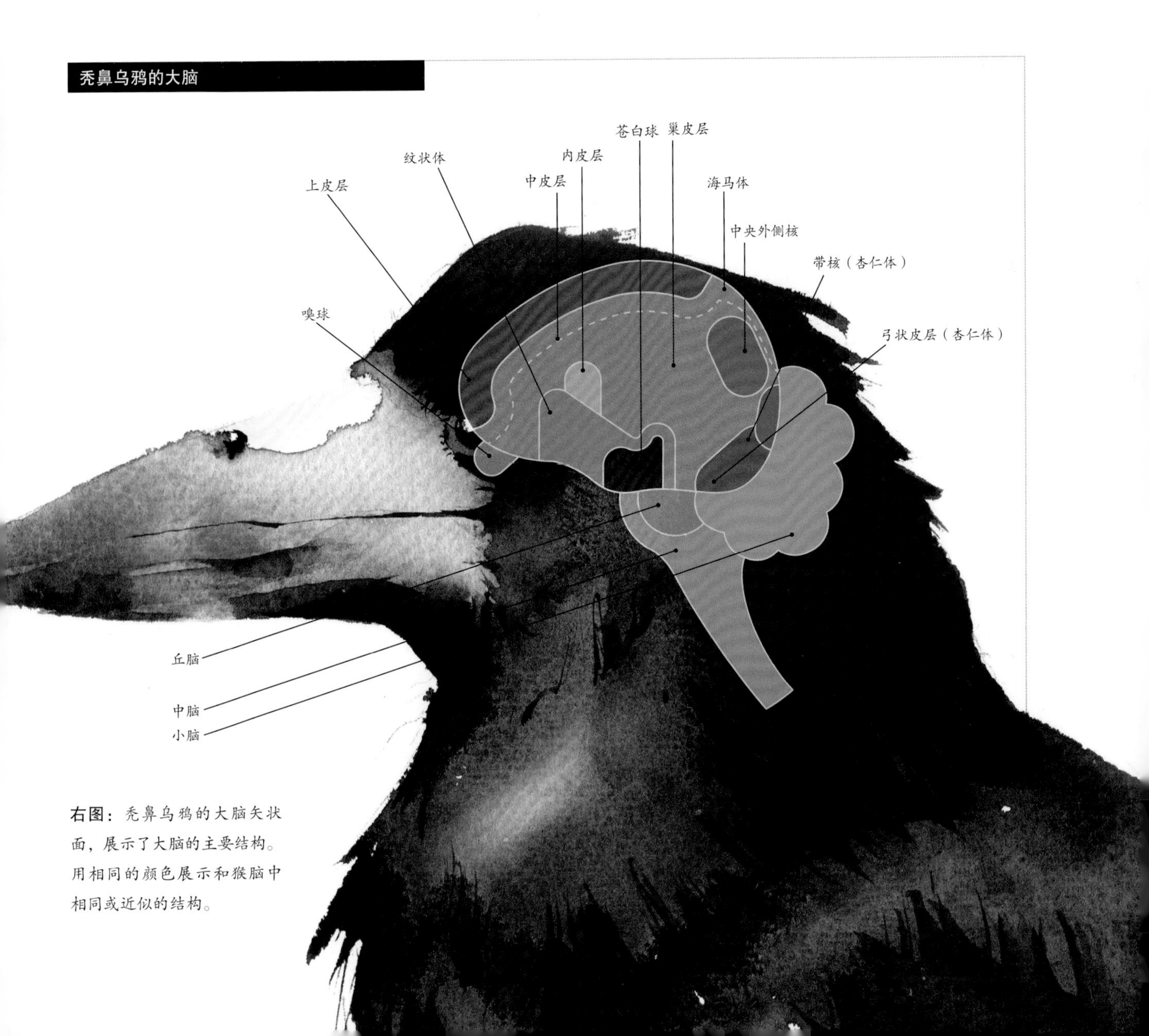

右图：秃鼻乌鸦的大脑矢状面，展示了大脑的主要结构。用相同的颜色展示和猴脑中相同或近似的结构。

大脑的认知能力

在认知方面，我们需要把关注点放在思考的神经生物学基础上。在鸟类和哺乳动物的大脑中，皮层都占据了最大的比例。我们的疑问是：鸟类的大脑皮层和哺乳动物的新皮层在功能上的相似程度有多大？需要比较的两者是上皮层（位于鸟类大脑顶端的凸起）和背侧室嵴（包括巢皮层、中皮层、内皮层、弓状皮层）。当我们追溯皮层的进化过程时，我们会发现鸟类和哺乳动物的大脑选择了不同的进化路径，但是最后在功能上它们都走到了同一个终点。至少目前来说，我们可以得出鸟类大脑皮层的某个区域相当于哺乳动物的新皮层这一结论。

同一个视界

除了有着共同的起源外，鸟类的大脑皮层和哺乳动物的新皮层还具有相似的连接模式。鸟类和哺乳动物的两种主要视觉传导通路也有着惊人的相似之处（如下图）。离丘脑通路是视觉信号的直接传导通路，将空间中物体的位置信息传递到大脑中的初级视觉处理区域。信号首先从视网膜传递到丘脑，再投递到鸟类的上皮层或者哺乳动物的初级视觉皮层。同时，离顶盖通路会对物体的视觉详细信息进行处理，例如颜色、形状、运动，甚至是物体的社会属性，例如族群中某一成员的身份。在鸟类中，信息从视网膜传递到视顶盖（在哺乳动物中则是传递到上丘）来控制眼球的移动，尤其是眼睛注视移动的物体时，例如捕食时。这一信息被传递给丘脑，进而将注意力集中到这一物体上来。最终，信息到达鸟类的内皮层（在哺乳动物中则是到达纹状体外皮层），进而对视觉细节进行处理。鸟类和哺乳动物的听觉、触觉、运动系统也有相似之处，这些证据表明鸟类和哺乳动物的大脑系统十分类似，因此认知功能可能也有共同之处。

猫和鸽子的视觉系统切面

哺乳动物（例如猫）和鸟类（例如鸽子）具有相似的视觉处理通路。这一相似的神经通路让各自物种都能看到不同的颜色，区分不同的物体并跟随物体移动。这些技能使得它们能够根据不同的需求调整自己的视野。

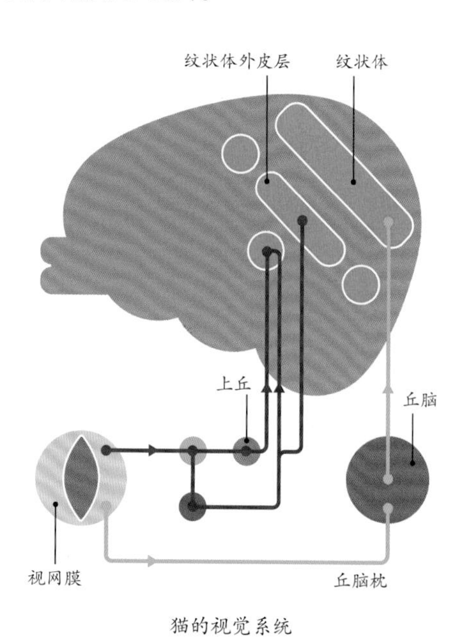

猫的视觉系统

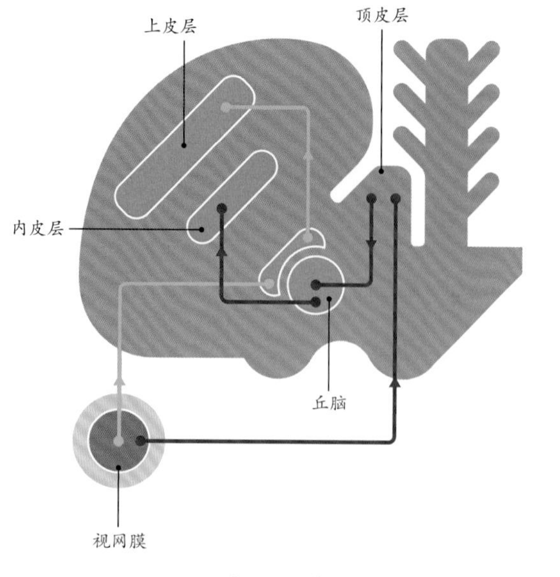

鸽子的视觉系统

下图：猫和鸽子都高度依赖于它们的视觉能力。猫是夜行性食肉动物，为了成功捕猎，它们需要在昏暗的光线下看到猎物。鸽子则是在日间被猎捕，需要广阔的视野才能看到并提防捕食者，但同时鸽子也要寻找它们主要的谷物类食物，而谷物很小，很难看到。

鸟类是否具有前额叶皮层？

哺乳动物大脑中关于智力最重要的区域是位于大脑前部的前额叶皮层（PFC）。这一区域在个性、心智理论、自我意识、解决问题和执行功能（例如计划性、灵活性、工作记忆）中扮演着重要的角色。这些功能都是人之所以为人的关键。

大脑中的指挥家

鸟类大脑中是否存在相当于前额叶皮层的结构？行为学研究、神经连接、发育学和神经化学研究表明，巢皮层的中央外侧核相当于哺乳动物的前额叶皮层。由于这一相当于前额叶皮层的结构存在，即使是最平凡的鸽子也能够进行执行功能的动作，例如工作记忆、计划未来、灵活思考、控制行动、关注感兴趣的对象。这些功能都涉及认知的管理。我们假设前额叶皮层是一个管弦乐团的指挥家，这个指挥家能够和所有乐团成员沟通交流，然后对他们接下来的行为做出指导，因此每个乐团成员就能完美地演奏乐章。指挥家指导整个乐团，使乐团能够竭尽所能地演奏音乐，及时发现问题并且排除问题，及时发现错误并且纠正错误。这就是前额叶皮层通过执行功能对大脑其他部分发挥的作用。

鸟类的前额叶皮层？

鸟类大脑中相当于前额叶皮层区域的证据来源于多个研究。破坏鸽子的中央外侧核会对鸽子的工作记忆和灵活思考能力产生极其不利的影响。在工作记忆任务中，中央外侧核的神经元在获得奖励前表现出了极大的活跃性。中央外侧核的神经连接方式和灵长类动物的前额叶皮层类似，与多个感觉区域，例如负责情感和记忆的大脑区域，以及纹状体建立了广泛连接。某些鸟类，如鸦科鸟类和鹦鹉的中央外侧核区域明显大于其他鸟类，表明这一区域在复杂认知能力上发挥着作用。比较灵长类动物和其他哺乳动物的前额叶皮层，也可以看到类似的大小关系。最后，神经递质多巴胺在行为和认知传导上起着关键作用，它将中脑深部的信号投递到前额叶皮层上来。前额叶皮层中有大量的亲多巴胺的受体。而中央外侧核也具有以上特征。

除去这些证据以外，我们对于鸟类的中央外侧核的组织形式还知之甚少。目前我们还不清楚中央外侧核是否像灵长类动物的前额叶皮层一样可以被细分为背外侧、眶额部和腹内侧前额部，以上各部分在认知中都扮演了不同的角色。前额叶皮层的背外侧区在执行功能中起着最重要的作用，而鸟类大脑皮层的其他区域可能和前额叶皮层的其他区域共同贡献着相似的作用。

左图：19世纪60年代澳大利亚引进了家八哥（*Acridotheres tristis*），自此以后家八哥在城市地区迅速开拓家园，现在已经是澳大利亚大陆上最具侵袭力的有害动物。家八哥具有巨大的中央外侧核，使得它们能够迅速适应新环境并且开发新的食物来源，因此得以成功繁衍生息。

前额叶连接

鸟类大脑中的中央外侧核区域，功能上相当于灵长类动物的前额叶皮层，这一区域使得鸟类个体能够做出正确的决定。灵长类动物和鸟类都是通过对工作记忆里的不同场景进行区分挑选，来做出正确决定。

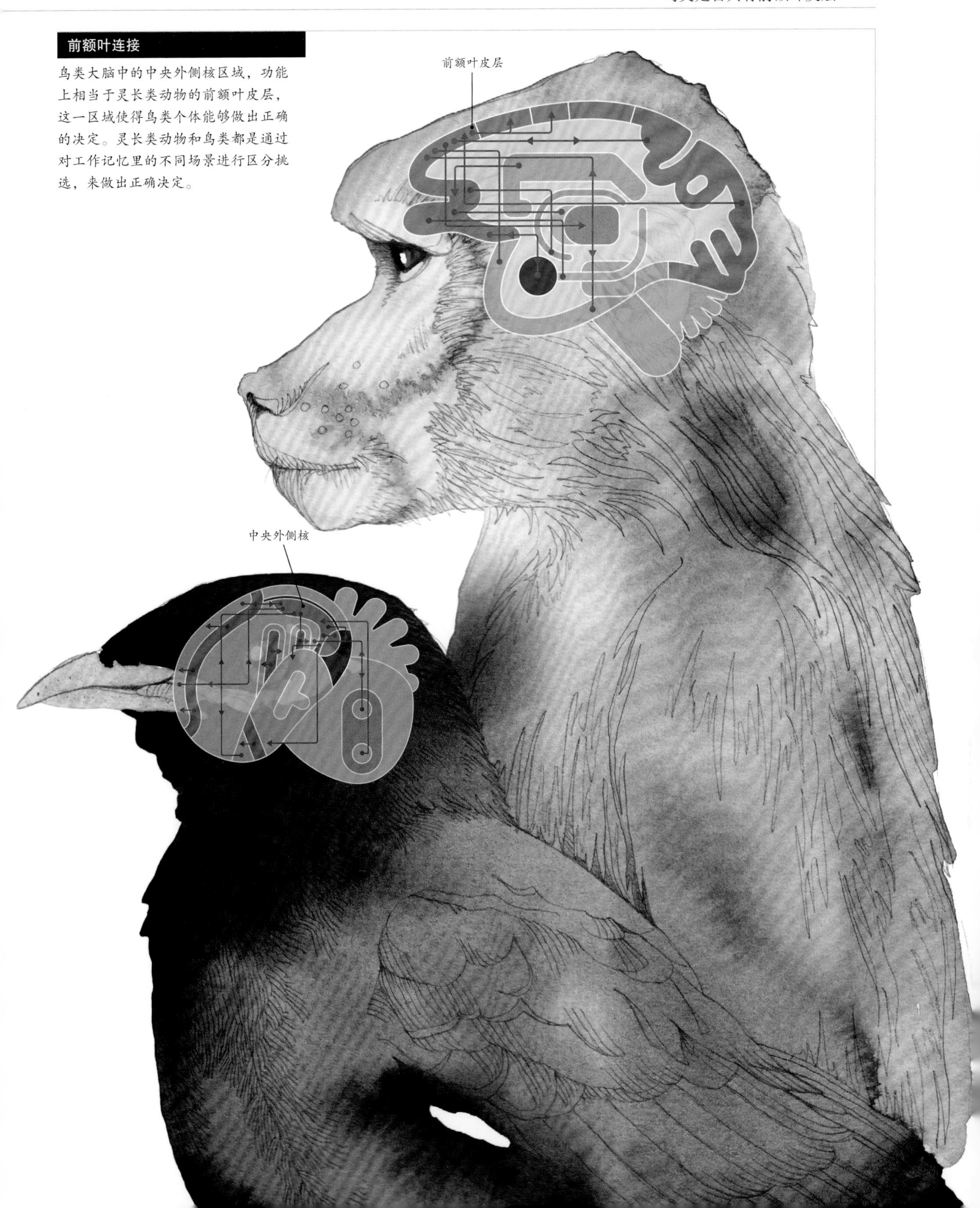

鸟类大脑的进化之路

大约3亿年前，现代鸟类和哺乳动物的进化之路已经分开。它们最后一个共同祖先是类似于现代两栖动物的基干羊膜动物。所有的现代哺乳动物、爬行动物和鸟类的大脑都是从这个基干羊膜动物的基本神经系统演化而来。

活着的恐龙

尽管严格来讲，鸟类就是现在活着的恐龙，但出人意料的是，鸟类在进化历史上出现的时间却晚于哺乳动物。在研究鸟类大脑是如何进化的过程中，我们比较了典型的鸟类（鸽子）、典型的两栖动物（青蛙）、爬行动物（海龟/蜥蜴）和哺乳动物（老鼠）。我们对于大脑皮层尤其感兴趣，因为大脑皮层包括了与感知、学习和认知相关的区域。前脑主要由两个部分构成：大脑皮层和皮质下层。大脑皮层主要包括皮质层、海马体和杏仁核（参与感觉处理、思考、记忆、空间导航和情感产生），而皮质下层包括基底核（参与学习习惯和物种特有的行为，例如性行为、喂食和养育后代）。我们这里将重点关注大脑皮层。

右图展示了基干羊膜动物的大脑基本结构。大脑皮层由三个部分（位于顶部的背皮层、位于中间的中皮层和位于侧面的侧皮层）构成，位于背侧室嵴的上方。大脑皮层位于皮质下层中的纹状体之上，两者之间被中隔膜隔开。

大脑皮层扩大的重要性

在进化的过程中，大脑皮层呈现出了两种截然不同的进化路线，爬行动物和鸟类是一种路线，哺乳动物则是另一种路线。在哺乳动物身上，大脑皮层发生了背部化现象，背部区域在尺寸上增大形成了新皮层。腹侧大脑皮层（背侧室嵴）仍然很小，内皮层形成了海马体，侧皮层则形成嗅皮层，而背侧室嵴形成了杏仁核。在爬行动物和鸟类中，情况则恰恰相反，它们的大脑皮层发生了腹侧化。在爬行动物上，内皮层、背皮层、侧皮层尺寸相对较小，而腹侧皮层则大大增大了。同样，在鸟类中，腹侧皮层增大成了一个巨大的背侧室嵴，尽管背皮层也进化出了一个较大的上皮层（尤其是捕食性鸟类之中），但背侧皮层的其他区域相对较小。

尽管大脑皮层的进化方式不同，鸟类和哺乳动物都同样依赖于大脑皮层来产生认知能力。这是如何实现的呢？第一种可能是：鸟类大脑皮层和哺乳动物的新皮层采取了不同的进化路线，结构也发生了很大的变化，但是最终都能够解决相似的问题。第二种可能是：鸟类的大脑皮层和哺乳动物的新皮层其实是同源的，实际上是近似的结构。因此能够解决相似的难题。目前，我们还不清楚哪一种可能性是更好用数据来解释的。根本而言，鸟类大脑是有核，但皮质不具备分层的结构，而哺乳动物的大脑具有6层皮层，尽管它们在生理结构上如此不同，但两者的大脑在连接方式上却有许多相同特征。

上图： 鸟类和蜥蜴、哺乳动物具有一些共同特征，这表明它们在大脑的进化结构上也有相同之处。

右图： 尽管所有的爬行动物、鸟类和哺乳动物在外观和行为上大相径庭，但它们的神经结构都是基于我们共同祖先的大脑结构，而我们的共同祖先和现在的两栖动物十分相似，例如这只蟾蜍。

脊椎动物的大脑皮层进化示意图

这些大脑切片图展示了大脑左半球的正面观视图。分别展示了基干羊膜动物、哺乳动物、爬行动物和鸟类前脑的基本结构，从这些图中我们可以看出这些动物大脑区域中的相似性。

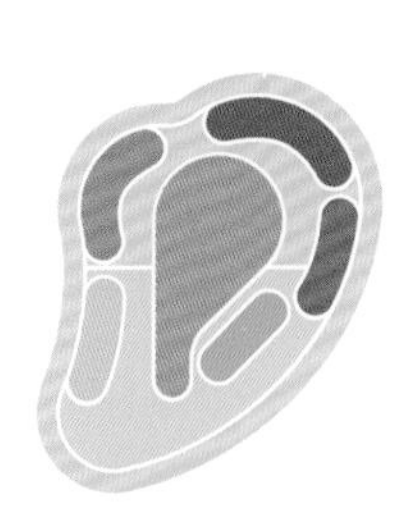

基干羊膜动物

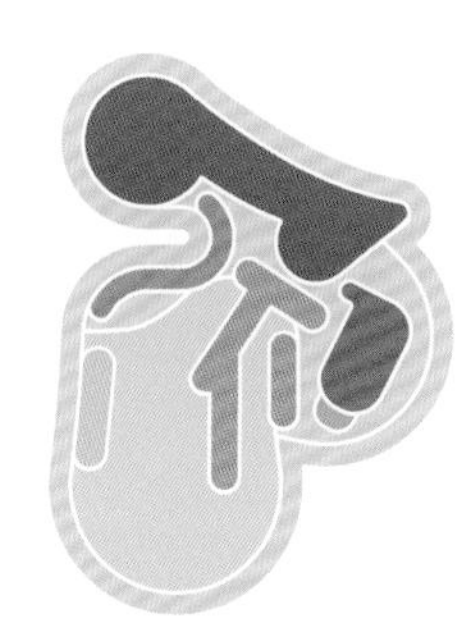

哺乳动物

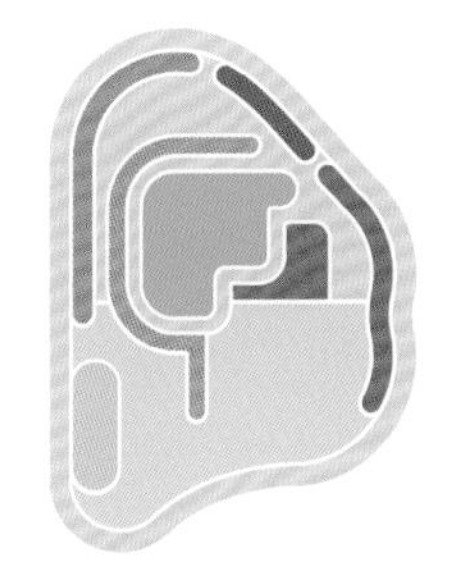

爬行动物

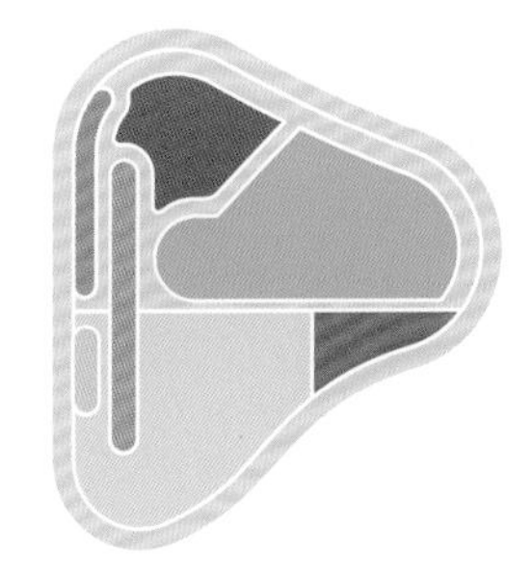

鸟类

计算机，蛋糕，小方块

鸟类大脑与哺乳动物大脑结构上迥然不同，但它们却以相似的方式运作，这是如何做到的呢？我用两个类比加以说明。

计算机

让我们把鸟类大脑想象成一台苹果电脑。它包含有电源，微处理器，一套键盘和鼠标来输入信息，以及一台显示器来显示信息。在这台电脑上运行着用特定编程语言为它的特定操作系统编写的各种软件。现在，我们把哺乳动物的大脑想象成一台IBM牌的电脑，这台电脑同样具有微处理器和各种周边设备，但苹果电脑和IBM电脑的内部信息处理方式截然不同。你可以在苹果电脑上输入同样内容，然后得到在IBM电脑上相同的结果，但是在计算机内部，这些信息将会以不同的方式得到处理解读，这是因为它们的内部程序处理数据的方式不同。苹果电脑的程序用一种语言编写，IBM电脑的程序用另一种语言编写。然而，两个微处理器分别进行了各自的运算之后，其输出结果看上去非常相似。由于现在IBM电脑上重新使用了图形用户接口，因此它们的输出结果会尤其相似。

鸟类和哺乳动物大脑的运行方式也许与此类似。输入信息（感觉信号）是相同的，输出信息（行为反应，认知活动，等等）是相似的，然而在信息处理器（大脑）内部的运作却是完全不同的。这种差异很大程度上是由大脑硬件的差异造成的，因为我们对大脑软件还知之甚少。

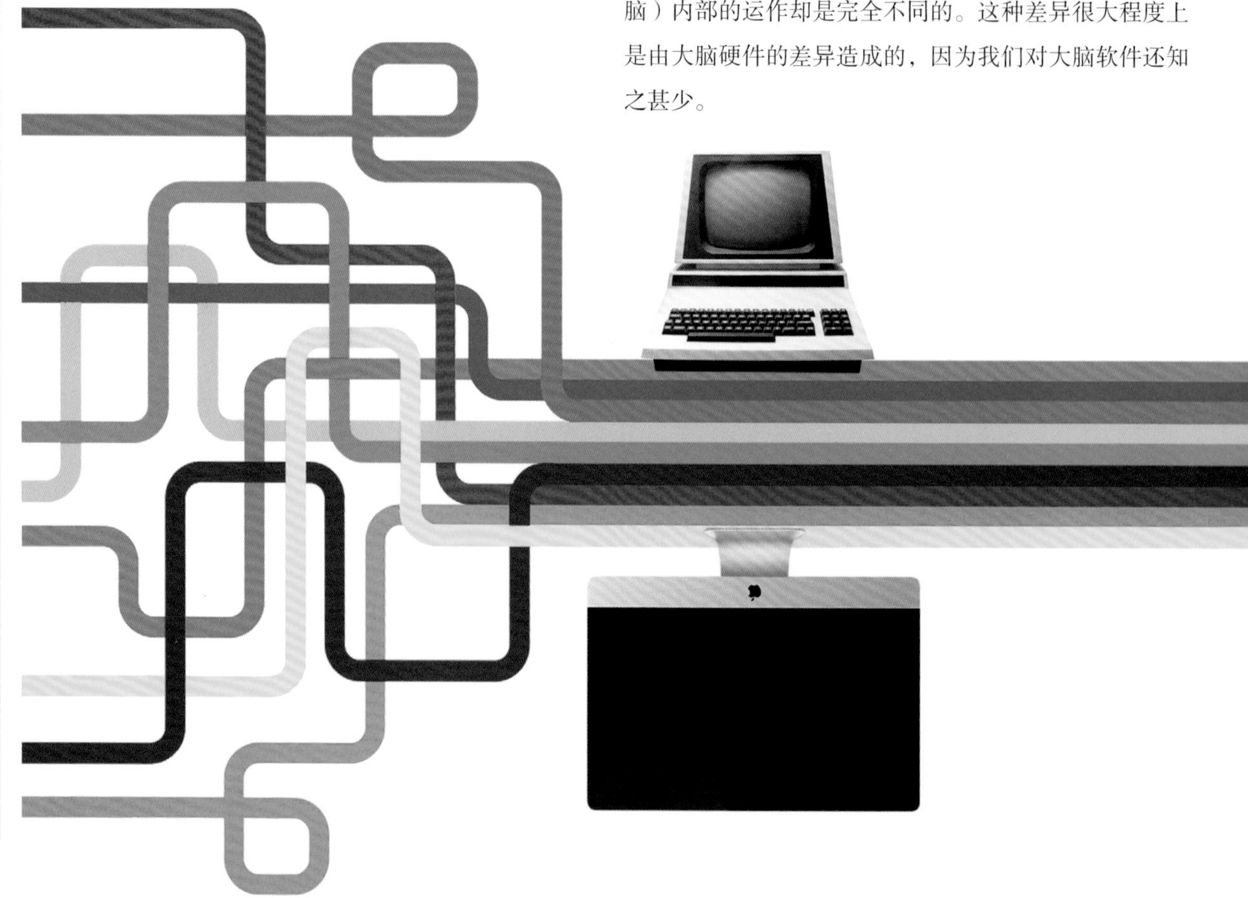

蛋糕

在硬件方面，我们可以用另一个类比来形容，哺乳动物大脑的皮层就像是海绵蛋糕一样，拥有六层结构，而鸟类大脑的皮层则像是水果蛋糕，没有真正的分层结构，但有一簇簇的水果（核团）零星分布在蛋糕（大脑）中。制作蛋糕的原料（鸡蛋、面粉、水果、白糖、黄油，相当于神经元、神经胶质细胞等等）是相同的，但是不同的食谱和烘焙方式（进化过程）造成了截然不同的结果。

方块

为了将这两个结构三维立体可视化，我们画了两个方块作为比较。在哺乳动物大脑的方块中（上图），绝大部分的神经元位于六层结构的表面，而大脑的其余部分则包括六层结构中的神经元连接（以及在此之下的皮层下结构）。位于大脑皮层分层中靠近表面的神经元构成灰质，而连接整个大脑的神经纤维构成白质。鸟类大脑的方块（下图）则不具有白质，这是因为神经元遍布于大脑之中，而不具有分层的皮层结构。具有相似功能的神经核团聚集在一起，彼此之间以较短的神经纤维连接起来。鸟类大脑中只有极少的长距离连接。目前，我们还不清楚这两种结构的区别如何影响大脑中的信息处理。

左图：尽管苹果电脑和IBM电脑处理信息的方式不同（用不同颜色的彩带表示），但在结果输出、玩游戏、计算一系列数字或写一份文件等任务中，都能够得到一个相似的结果。这一现象与哺乳动物和鸟类的处理过程类似。

哺乳动物和鸟类大脑方块

片状的细胞群
灰质（层状）位于边缘
白质位于中间
灰质（核形）在两者之间

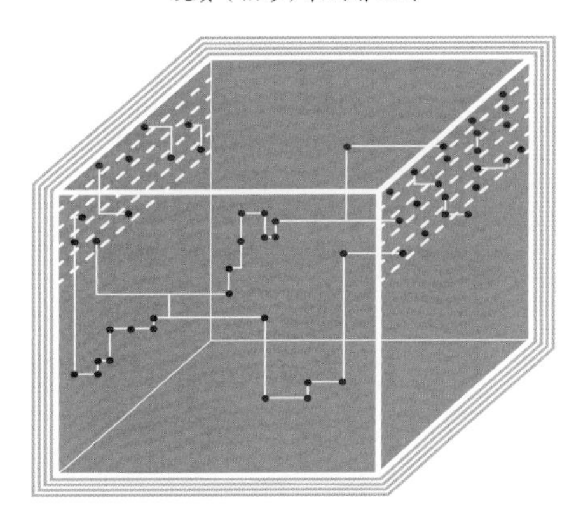

哺乳动物的大脑组织结构

核状的细胞群
灰质遍布整个大脑

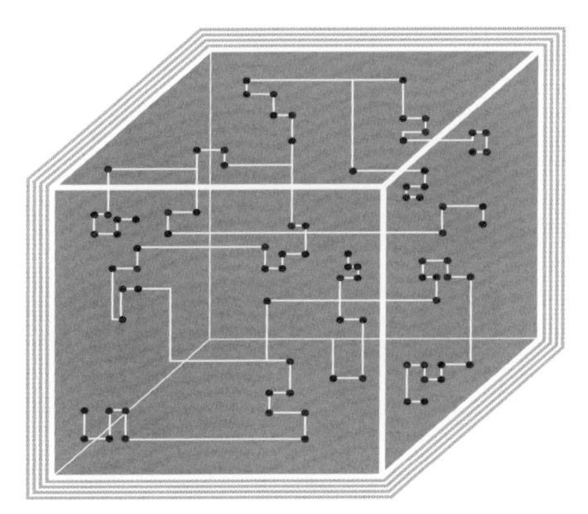

鸟类的大脑组织结构

脑的大小重要吗?

鸟类的体积往往较小，即使是非洲鸵鸟（*Struthio camelus*）这种最大的鸟，其体积也仅仅是非洲象（*Loxodonta africana*）这一最大陆生哺乳动物的百分之二。

小的身体，大的大脑

鸟类之所以体积小且体重轻，是因为大部分的鸟类需要飞行，并且需要花费最少的能量来飞行。它们的骨头中空，非常轻但很坚硬。鸟身体的所有部分都很小很轻，包括它们的大脑。但是，鸟类通过一些巧妙的技巧，例如在需要的时候产生新的神经元，弥补了这种重量上的缺陷。不同鸟类之间的差别迥异。除了体积外，例如最小的吸蜜蜂鸟（*Mellisuga helenae*，重约2g），最大的鸟类非洲鸵鸟（约123kg），它们大脑的绝对大小（大脑的实际重量）和相对大小（大脑相对于身体的大小）也相差甚远。体型较大的动物往往拥有更大的大脑，因为大脑和其他所有器官一样，体积随着体型的增大而增大。然而，鸟类却需要将自己的整体体积尽量最小化。鲸和海豚等鲸类动物就没有这个烦恼，海水会支持起它们的躯体，因此不用担心体积的限制。

鸽子与乌鸦并不等同

鸽子并不像大众认为的那么愚笨，虽然它们确实不能解决复杂的问题，例如进行符号交流，预测对方行为，想象未来的情况，但是它们在辨别不同物体上有超群出众的表现。这可能是由于它们日复一日地从各种精细复杂的地面环境里，从杂物中挑选出细小的食物。鸽子同时具有超凡的记忆能力。尽管鸽子不是同类中最快的，但是它们能相对较快地获取信息并将信息储存在大脑里相当长一段时间。例如它们能够在两年以后还记得数百张图片信息。尽管鸽子有这些卓越的能力，但是在认知能力上鸽子却不能和乌鸦、鹦鹉相提并论。为什么会这样呢?

不同的鸟种，它们大脑的绝对大小和相对大小都有所不同，智力也截然不同。某些体积相似的鸟类，例如乌鸦和鸽子，它们的大脑体积却相差甚大。乌鸦的大脑体积是鸽子大脑体积的两倍（如图所示）。然而，大脑的功能绝不仅仅是思考。大脑中相当大的一部分是控制各项机体功能的，例如心跳、肌肉张力和呼吸，以及感知周围世界和进行几乎与认知功能无关的本能行为。大脑皮层中的各个区域，例如旧大脑皮层和巢皮层，都与学习和认知功能紧密相关，因此它们的相对体积影响着鸟类的智力。不同鸟种的巢皮层体积差异很大。例如秃鼻乌鸦的巢皮层大小是鸽子巢皮层的三倍，但是它们的体积却几乎一样。在同样的一立方毫米的脑组织里，秃鼻乌鸦的大脑组织比鸽子的脑组织压缩了三倍的神经元（分别是180,000个和60,000个）。秃鼻乌鸦拥有更大的巢皮层，因此能展示出比鸽子更灵活、更智慧的行为。

我们并不清楚这些皮层区域大小和神经元密度的差异如何造成了智力的差异，但是我们能够确定，更大的大脑意味着更多的神经元，就像一台电脑能更快地运行。但是体积也不意味着一切，例如我们现在的智能手机比以前的老式电脑更加强劲。

吸蜜蜂鸟和非洲鸵鸟

尽管吸蜜蜂鸟和非洲鸵鸟的体积差异巨大，但是吸蜜蜂鸟大脑相比身体体积的比值远远大于非洲鸵鸟大脑相比身体体积的比值。相比于娇小的身体，吸蜜蜂鸟的大脑体积比预计的大很多。

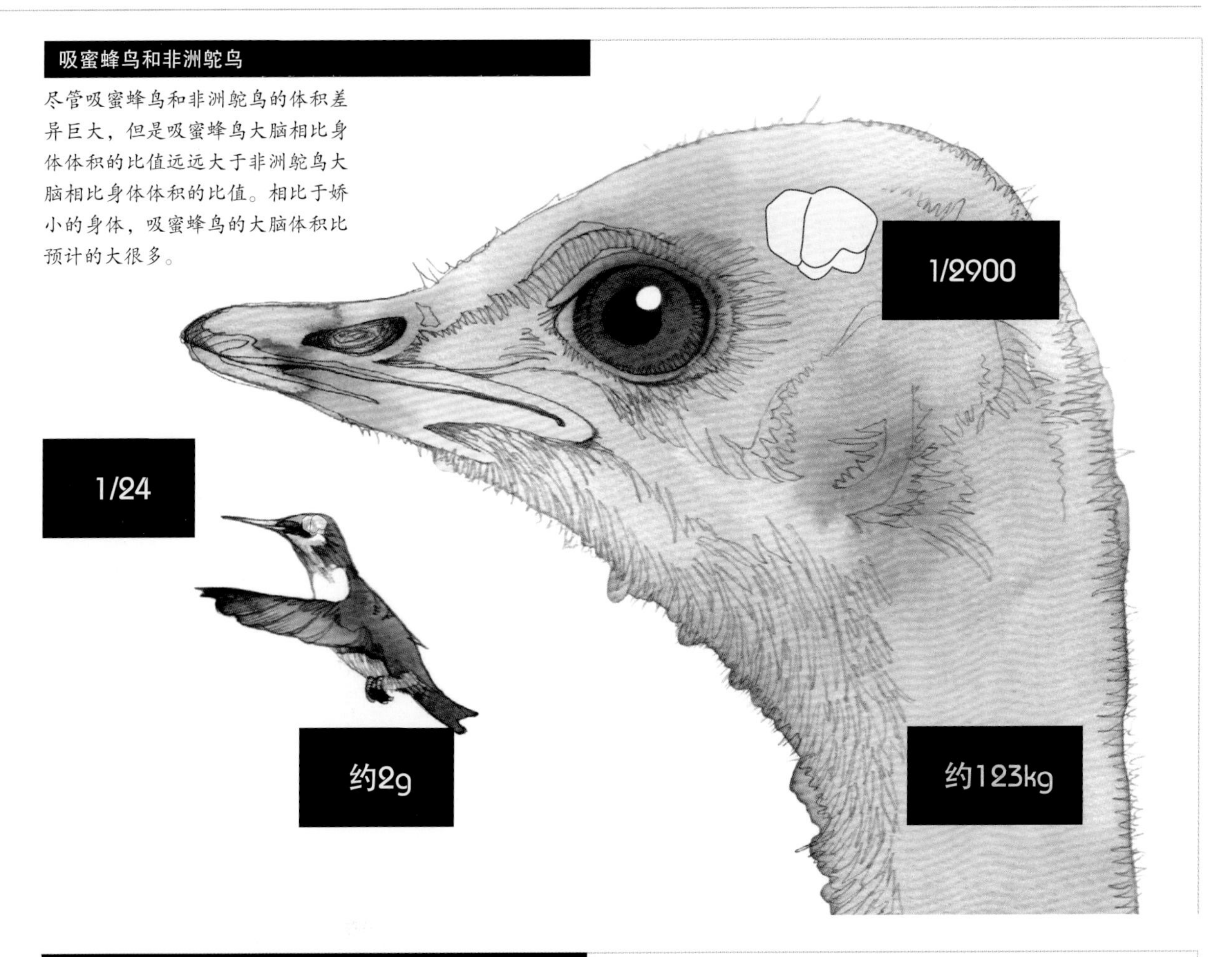

大脑比较

大嘴乌鸦（*Corvus macrorhynchos*）的大脑（左图）和鸽子大脑（右图）的比较。大嘴乌鸦的大脑几乎是鸽子大脑的两倍大，但是它们的身体体积几乎一样。而大嘴乌鸦多出来的大脑体积大部分都构成了大脑皮层。

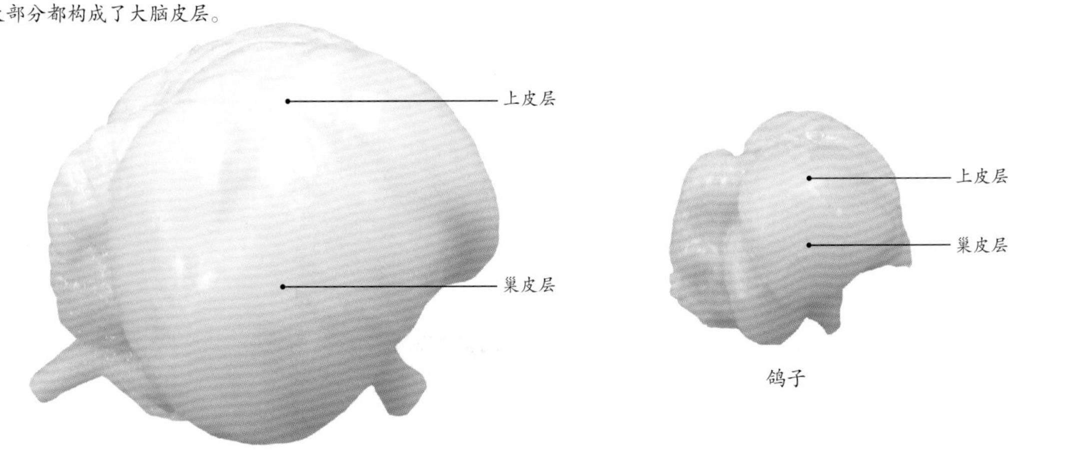

大嘴乌鸦

鸽子

恐龙是否聪明？

我们能否从一个物种的大脑大小来推断它的聪明程度？我们从现存的物种中可以了解到，绝对脑容量并不能充分反映智力。因为某些具有巨大大脑的动物其实十分愚笨，而某些拥有较小大脑的动物却十分聪明。

聪明动物俱乐部

蓝鲸（*Balaenoptera musculus*）拥有地球生物进化历史上最大的大脑，但是它们的大脑相对于它们巨大的身躯还是十分微小。与其相比，虎鲸（*Orcinus orca*）的大脑和身体的比值相对更大，但虎鲸大脑的绝对大小小于蓝鲸大脑的绝对大小。这两个物种面对不同的挑战，需要应用到不同的认知解决方案，这造成了这两个物种的大脑如此不同。蓝鲸是独居动物，它们靠在海洋中张大嘴巴吞食浮游生物为生。而虎鲸具有很强的社会性，它们成群合作捕食海豹，它们还具有自己的文化特性。因此，虎鲸比蓝鲸更需要聪明的大脑。其他的动物例如大象、黑猩猩（*Pan troglodytes*）、鹦鹉、乌鸦、海豚和人类，其大脑都比基于身体大小的预测值更大，它们在周遭环境中也面对着同样的挑战。因此，我们可以把它们都归为聪明动物俱乐部的成员。

恐龙呢？

部分恐龙拥有羽毛，能够飞行，能够直立行走，在巢中产卵。鸟类是现存动物中亲缘关系最接近恐龙的类群。我们是否能从鸟类的大脑大小等方面来推断恐龙的智力如何呢？我们已经指出，不能直接从大脑大小来推断智力水平，因为大脑除了认知能力还具有其他功能。即使我们可以测量与认知相关的大脑区域——大脑皮层，我们仍然很难仅仅根据大脑大小就对这类灭绝动物的行为和认知能力做出推断。

尽管我们拥有恐龙大脑大小的数据，但数据并不完整，因为身体大小的数据必须通过部分骨骼遗骸来估计，而大脑大小是通过颅骨内的颅内容量进行估算。然而，我们可以得到大脑相对大小的近似值。所有的恐龙大脑相对于它们的身体都很微小。体积庞大的蜥脚类恐龙（如腕龙）的大脑相对大小却是最小的。我们可以推断出现最晚的恐龙，例如迅猛龙，它们和当代鸟类亲缘最近，大脑的相对大小最大，也因此应该是最聪明的。在电影《侏罗纪公园》（*Jurassic Park*）中，迅猛龙能够以类似灵长类动物的方式打开房门和解决各种问题。这一诱人的观点其实并没有实验数据支撑，因为迅猛龙只有两只大型火鸡大，虽然它们大脑的相对大小比其他恐龙更大，但与当代鸟类和哺乳动物相比还十分微小。实际上，它们的大脑比平胸鸟类［如鸸鹋（*Dromaius novaehollandiae*）和鸵鸟］这些智力平庸的鸟类更小。尽管迅猛龙和当代鸟类一样面对着各种危机挑战，但是它们更可能利用蛮力而不是智慧来解决麻烦。所以，任何一种恐龙都不可能像电影里一样具有十足的智慧。

物种	身体大小	大脑大小
霸王龙	6,200 kg	200 g
迅猛龙*	10 kg	3 g
始祖鸟	0.4 kg	1.5 g
鸵鸟	123 kg	42 g
乌鸦	1.2 kg	15 g
金刚鹦鹉	1.4 kg	24 g
大象	2,550 kg	4,500 g
海豚	180 kg	1,650 g
蓝鲸	180,000 kg	9,000 g
大猩猩	52 kg	430 g
人类	65 kg	1,400 g

*基于与其亲缘关系较近的白魔龙类（*Tsaagan* spp.）的颅骨体积估算而来。

鸟类和哺乳动物的大脑和身体尺寸

蓝鲸具有所有动物中最大的大脑，但是这个大脑也需要去控制所有动物中最庞大的躯体。霸王龙和其他恐龙一样，拥有相对身体大小较小的大脑，人类大脑的相对大小是所有灵长类动物中最大的。

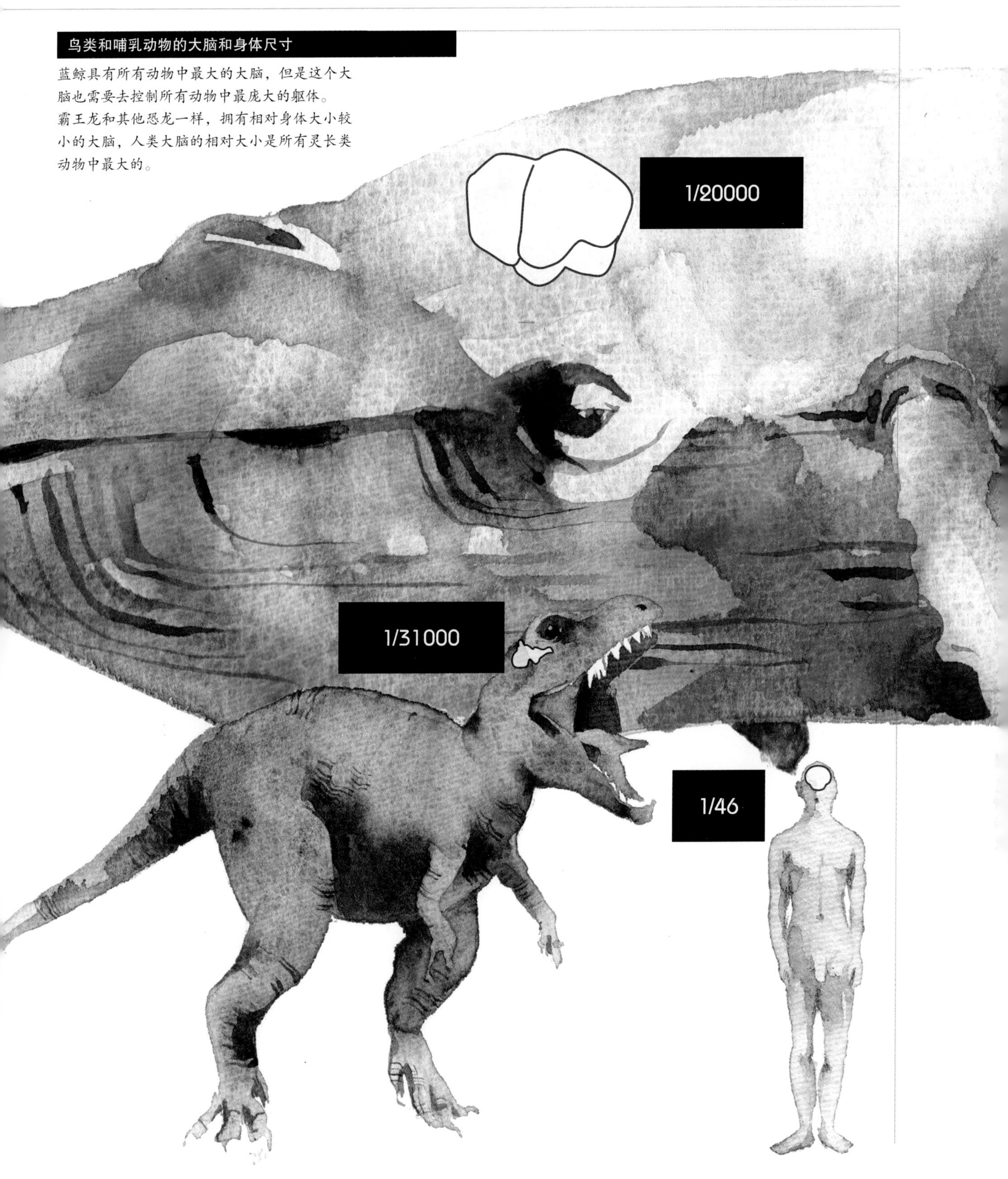

大脑和智力的相关理论

由于飞行需要消耗大量能量，鸟类进化出了用最少的神经元和最短的神经连接来处理信息以实现效率最大化的大脑。大脑相对大小较大的鸟类，例如乌鸦和鹦鹉，必须对自己的优势好好加以利用，因为它们的大脑消耗着全身20%的能量。

人们提出了不同的选择压力来解释为什么一部分鸟类的大脑更大且智力更高。这些鸟类的大脑长得更大是为了处理生活在一个大族群里的社交问题，还是为了适应生态环境的挑战？例如寻找遍地散布的食物。又抑或是用来处理全新的问题以及开辟崭新的栖息地？

社交小能手

最广为流传的理论是社交智力假说（social intelligence hypothesis），该假说认为，社会性动物需要进化出更大的大脑来处理族群内各个成员的信息，来分辨出族群中谁是它的朋友或是敌人，它们过去的交往关系如何，以及欺骗另一个个体或者判断其他个体的意图。较大的大脑能够储存这些信息并加以详细的运算。在灵长类动物中，更具社会性的动物其大脑也更大。然而，在鸟类之间却没有发现类似的联系。虽然一些鸟类形成了数目庞大的鸟群，但是这个群体并不稳定。因为雌雄个体会在繁殖季节形成一对，而在交配和养育后代之后就彼此分开。所以鸟类并没有必要去记得每个个体和个体的社交历史。对鸟类而言，更重要的是与另一个个体维持一段长时间的、互相选择的关系（配对关系）。社交智力假说认为，通过分享、模仿、合作保护鸟巢、养育后代来维持与另一半亲昵和谐的关系，比在一个大鸟群里相处需要更大的大脑。

食物与思考

另一种理论则关注的是周围环境的挑战，尤其是搜寻和处理食物的挑战。时空映射假说（spatio-temporal mapping hypothesis）认为，那些取食在不同时间不同地点成熟的季节性水果的动物，更加需要一个准确记得何时何地去搜寻果实的聪明大脑。这一假说具有证据支持，食果类猴子的大脑是食叶类猴子的大脑的两倍。但是在鸟类身上这一理论没有直接证据。然而，像西丛鸦这样的鸟类，具有何物—何时—何处的记忆来记得储藏食物的类型、时间和位置（见第2章），它们的大脑往往相对较大。其大脑的相对大小和我们的早期祖先南方古猿相当。

技巧娴熟

其余的理论则侧重于鸟类处理食物的过程，即提取食物假说（extractive foraging hypothesis）和使用工具假说（tool-use hypothesis）。前一假说认为，大脑越大，就越能掌握从封闭食物（如坚果、贝壳和硬皮水果）中获取可食用部分的技能。后一假说认为，应用工具来加工提取食物的物种往往拥有更大的大脑。目前，前一假说还没有在鸟类身上得到验证，但是后者已经拥有支持证据。使用真正工具（也就是说，利用独立的一个物品来达到目的，见第5章）的鸟类比不使用工具或仅仅使用原始工具的鸟类具有更大的大脑。使用真正工具的典型例子来自白兀鹫（*Neophron percnopterus*），它会用一块石头去敲开一枚鸵鸟蛋，而一只鸫把一只蜗牛摔砸在人行道上来打开蜗牛壳则是一个使用原始工具的例子，虽然两者都是去除外壳获取食物的例子，但是本质有所不同。最后一个理论是创新假说（innovation hypothesis），这一假说认为，大脑越大，就越能够产生新奇的行为来解决新的问题。创新能力使得动物能够快速适应新环境，当资源匮乏时能够快速探寻新的资源，并且能够应对各种变化，例如气候变化。

虽然一些鸟类拥有较大的大脑，但是目前还没有一个完全令人信服的理论来解释其中缘由。大脑较大的鸟

上图：一只白兀鹫将一块石头砸到鸵鸟蛋上来敲开鸵鸟蛋，以获取蛋壳里美味的食物，就是个使用工具的例子。如果把鸵鸟蛋砸到地面上就不构成使用工具的行为。

类往往生活在大群体中且形成终生配偶的关系，食性也比较复杂，往往会取食需要利用工具去除外壳的封闭食物，以及会利用创新能力去开拓新的资源和生存环境。行为的灵活性——改变行为以适应变化的环境和新的挑战——可能是以上所有特征的基础。这一观点可以通过实验加以验证，它可能比目前认可的理论更好地解释鸟类和哺乳动物的智力进化过程。

右图：鹦鹉是最具有社交性的动物之一，例如图中的金刚鹦鹉（*Ara macao*）。它们生活在数目庞大的鸟群中，通过一个精密复杂的鸣叫体系来保持彼此的联系，其中一些鸣叫类似于人类的名字，以此彼此呼唤。

身披羽毛的类人猿?

正如我们在本章中读到的一样，在过去的一百年中，我们对鸟类大脑进化的看法发生了巨大的变化。同样，我们对鸟类认知能力的看法也发生了巨大的变化。

鸟中的“海报男孩”

直到20世纪70年代，鸽子都一直是鸟类中的“海报男孩”，我们对鸟类智力的理解仅仅局限于鸽子的智力。鸽子被认为学习能力优异，拥有高超的分辨不同物品的能力，这种能力远远优于我们人类自己。然而，鸽子也被认为是无脑的笨蛋，在城镇里的广场和大街上悠闲踱步啄食。万幸的是，我们对鸽子和其他多种包括鹦鹉、乌鸦、多种鸣禽在内的鸟类展开了细致的研究，经过仔细评估，我们认为一些鸟类的智力刷新了我们对鸟类智力的认识，甚至可以被认为是身披羽毛的类人猿。身披羽毛的类人猿这一称呼是2004年出现的，在当时人们已经发现某些鸦科鸟类展现出了与类人猿同样优异的认知能力。

乌鸦和类人猿在3亿年前就分离了。而它们所有出现在过渡时期的近亲中，例如爬行动物、其他鸟类甚至是哺乳动物，都没有展现出与它们同等的认知能力。这表明乌鸦和类人猿的相似之处是由趋同进化产生的。本书的剩余部分将展示这些身披羽毛的类人猿的智力功绩，以及它们与类人猿甚至是人类之间的可比之处。

更聪明的大脑

为什么把鸟类叫作身披羽毛的类人猿呢？这一名词表明了某些鸟类的智力与类人猿相当，但是大脑又全然不同。乌鸦和类人猿的智力是否完全相当？我们又如何知晓呢？这两类动物的大脑相对体积是相近的，就它们的全身体积而言，乌鸦和类人猿的大脑体积都相对较大。聪明俱乐部的成员往往具有一项与众不同的能力，那就是具有一种灵活的广义思维，这一思维可以在其进化环境以外得以应用（见第5章）。

上图：一只新喀鸦制作了一个小棍工具，用来探测藏在树干中的幼虫。经过一番探寻，待幼虫卷住小棍的末端之后，新喀鸦就能拉出这根棍子来享用美食了。

不幸的是，物种数目庞大，物种之间又千差万别，能够让我们对不同物种进行平等测试的系统也尚在研发之中，因此认知的研究还尚在起始阶段。不过类人猿和鸦科之间的比较还是相对可靠的，因为它们都具有发达的视觉能力（见第3章），也可能操控各种物体。事实上，乌鸦并不会因为只有一个喙而没有双手，就像人们以为的那样对操控物体有心无力。我和我妻子亲眼见到一只人工饲养的秃鼻乌鸦迅速地拧开一对螺母和螺丝，而这对螺母和螺丝是人用扳手才拧紧的。

我们实验的目的并不是将动物分成不同类别来进行竞争，不是让动物进行智力的奥运会来看看谁能摘得智力界的桂冠。相反，我们是通过细致的实验来探索不同物种的学习和认知能力有什么相同或不同之处，以及这些不同之处在大脑结构上有什么体现。

右图：目前我们对于鸟类大脑的了解大多来自于对鸽子的研究，不幸的是，鸽子在所有动物之中并不算聪明，更谈不上是聪明的鸟类了。

2 我把虫子藏哪儿了?

鸟类如何导航

迁徙的动物都需要导航的能力。对于鸟类而言，导航尤其是个大问题。因为它们的迁徙距离远远超过了其他动物，有些种类甚至会跨越全球。与在地面迁徙的哺乳动物相比，鸟类还需要在极其复杂的三维立体环境中飞行。

找到方向

当一只幼鸟从巢中出飞后，找准自己的方向往往是它需要掌握的第一门技能。对于早成雏的鸟种，例如家鹅和家鸡而言，它们的雏鸟需要在孵化之后就掌握方向技能，因为它们只能跟随母亲走动来寻找食物喂饱自己。雏鸡并不需要空间认知能力，它们会牢牢记住它们来到世界上看到的第一个移动物体，而这通常是它们的母亲。一旦雏鸡离开母亲的保护，它们就得依靠自己辨明方向。对于晚成雏的鸟种，例如猛禽、鹦鹉和乌鸦，雏鸟由父母的一方或双方喂养照料，在鸟巢中停留的时间要长得多，只有羽翼渐丰时，它们才离开父母独自寻找食物。

空间问题

生活中的许多问题都需要导航。鸟类需要辨明方向找到回巢的路，尤其是当鸟巢中还有雏鸟需要成鸟的喂食和保护时。鸟类如果找到了一处觅食的好地方，最好的方法是第二天再去这里搜寻食物，而不是立马寻找新的地点。空间问题的距离有长有短，会影响某些鸟类的整个生命历程，影响鸟类大脑的构造和运作方式。接下来，我们举几个例子来看看鸟类面临的空间问题。例如，有些鸟类会按照年或季度进行迁徙，返回能为后代提供足够食物的繁殖地；鸽子找到回巢的路；有些鸟类会储藏大量的种子，待数月后食物匮乏时再找回这些种子，或是将易腐烂或者易被偷的食物好好藏起来；有些鸟类会查验其他鸟类的巢，记住巢的位置以备将来产卵（巢寄生鸟类，例如杜鹃）；亲鸟饲喂雏鸟时会记住巢的位置，以便及时返巢；蜂鸟在采食花蜜时，会记得它们刚刚采食花的位置，以及这些花何时会再次产蜜。

左图：北极燕鸥（*Sterna paradisaea*）是世界上迁徙距离最长的鸟类，每年都要在北极的繁殖地和南极的越冬地之间迁徙，部分种群的单程迁徙距离可达4万千米。

雨燕的绝技

在上述的例子中，找到正确的方向是生死攸关的重要技能。有一次我和我的妻子前往巴西的伊瓜苏大瀑布旅行，大黑雨燕（*Cypseloides senex*）在瀑布边的幽暗光线中快速飞行捕捉飞虫，给我们留下了极其深刻的印象。大黑雨燕的巢在瀑布背后，它们一直不停觅食直到光线十分昏暗，以至于回巢的时候十分困难危险。是在黑暗中找寻归巢的路，还是在没有吃饱而饥肠辘辘的情况下回到巢中度过饥饿寒冷的夜晚，大黑雨燕必须做出抉择。让人惊奇的是，大黑雨燕在几乎天黑时，会径直冲进瀑布的背后，准确找到巢的位置，而没有碰个头破血流。它们一定是预先知道了飞入的位置，但究竟是它们大脑中有瀑布后面的环境和巢位置的地图画面，还是只是朝着大概的方向飞进去然后寻找巢的具体位置，抑或是它们根本没有具体的巢只是冲进去再为此决斗，仍是个未解之谜。无论如何，这些雨燕已经进化出了出类拔萃的空间能力。

在本章中，我们将探寻鸟类如何导航，如何利用它们优秀的记忆力来寻找方向，如何寻找食物（包括它们之前储藏好的食物），甚至是记起它们具体在何时何地曾遇到或是藏起某一特定的食物，这一能力与人类的情景记忆能力类似。为此，我们将从鸟类每年一度不可思议的迁徙之旅开始讲起，而其中一些迁徙鸟类只有人类的拇指大小。

翼上鸟生

想象你自己是一只居住在北美郊区的小小鸣禽，例如一只旅鸫（*Turdus migratorius*）。冬季来临，气温渐渐下降，水面开始结冰，你会突然飞上枝头，展开向南的旅行，你会飞到美国的最南端，甚至是还要遥远的南方，最终你飞到了食物充沛的危地马拉越冬。你将在这里一直待到明年春天到来，此时你在北方的繁殖地也已经气候温暖，食物、昆虫和水果也已经充沛起来，足够你繁育下一代。

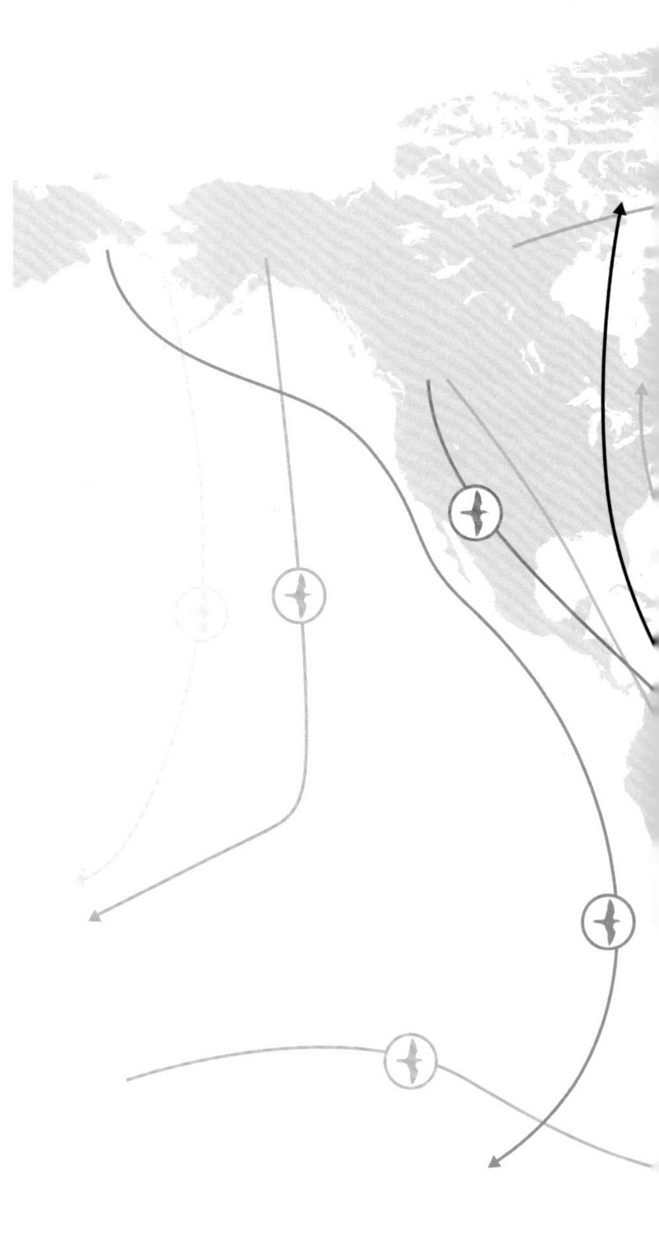

发痒的翅膀

对于候鸟而言，并不是它们的心理作用促使它们做出这样的长途旅行，它们根本不会有何时离开的想法，而是它们体内的激素水平根据每天光照时间的长短、气温的下降和食物的减少做出了相应的变化。而这些内分泌的变化引起了生理学和行为学上的改变，最终引起了鸟类对迁徙旅行的躁动与渴望。

而旅鸫的年度迁徙之旅与某些鸟类的迁徙简直不能同日而语。其中最令人惊叹的是北极燕鸥，在幼鸟离巢后，它们便会沿着美洲大陆的东岸或西岸，或者沿着非洲的海岸，从北极的繁殖地一路飞行到南极的越冬地，第二年春天又会踏上返乡之旅。每年往返的距离可达4.5万到5.5万英里（7万到9万千米），一年中的大多数时光都在空中度过。在右边这幅世界地图中可看到，大多数进行长途迁徙的鸟类都是在北方繁殖，在南方越冬，每年南北迁徙。

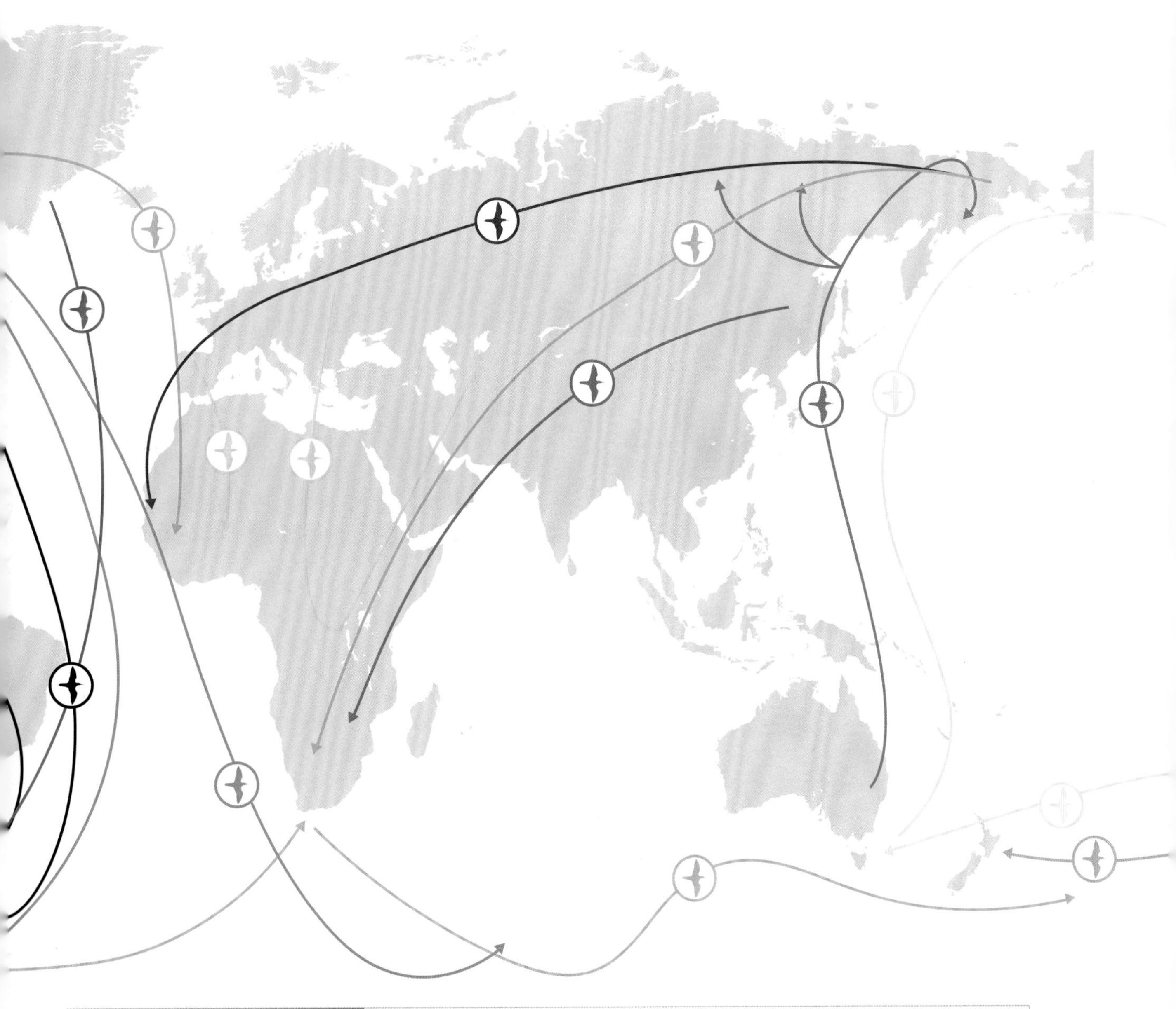

迁徙路线

鸟类长途迁徙路线。每条彩色线条代表一个鸟种，每条路线的大概长度见右侧标注。

- 流苏鹬（*Calidris pugnax*）30,000千米
- 大杓鹬（*Numenius madagascariensis*）6,000千米
- 黄喉蜂虎（*Merops apiaster*）10,500千米
- 红脚隼（*Falco amurensis*）22,000千米
- 花斑鹱（*Daption capense*）未知
- 北极燕鸥 38,000千米
- 大西洋鹱（*Puffinus puffinus*）11,000千米
- 穗䳭（*Oenanthe oenanthe*）30,000千米
- 短尾鹱（*Ardenna tenuirostris*）10,000千米
- 斑尾塍鹬（*Limosa lapponica*）11,700千米
- 美洲金鸻（*Pluvialis dominica*）25,000千米
- 刺歌雀（*Dolichonyx oryzivorus*）19,000千米
- 斯氏鵟（*Buteo swainsoni*）23,000千米

并不是简单的“两点一线”

鸟类是如何在只有极少路标，也没有现代科技来指路的情况下，完成长距离跋涉这样看似不可能的任务呢？对于候鸟而言，它们已经进化出一套天然的导航工具，相当于人类的指南针、卫星和GPS。

下图：黑顶林莺（*Buteo swainsoni*）会从德国向西南方迁徙，或者从匈牙利往东南方迁徙，最终抵达西非或者东非越冬。它们的后代也会采用同样的迁徙路线。而两个种群的杂交后代则会直接往南迁徙。

如果不借助先进的技术，我们将很难在长达5,500英里（9,000千米）毫无特征的海洋中找到正确的方向，而即使我们借助先进的技术，最终也会由于电池耗尽而失去卫星信号。事实上，在1735年约翰·哈里森（John Harrison）发明精密计时器以前，水手们只能依靠计算月角距来完成长途航行，而在不稳定的船只上，月角距的运算很容易发生错误。

迁徙基因

进行长距离迁徙的鸟类，或者是进行相对较短距离飞行的归巢鸽子，它们都借助于许多不同的机制来帮助它们找到正确的方向，而这些不同的机制会应用在旅途中的不同阶段。在获得启程的动力后，一只鸟是如何知道该飞往哪一个方向呢？出人意料的是，这是由基因决定的，关键就在于ADCYAP1这一基因中。在一项经典的研究中，两个不同种群的黑顶林莺向着不同的方向迁徙：北欧种群向西南方飞去，最初在西班牙南部停歇，最终到达非洲的赤道地区；而东欧种群则向东南方向迁徙到土耳其，最终到达东非。而当这两个种群的林莺杂交后，它们的后代携带了两个种群的基因，所以它们会直接向南迁徙，该路线位于它们父母以往既定的路线之间。

下图：鸽子利用它们居住环境中的多种信息来找到正确的方向，例如太阳在天空中的位置、地球的磁场，还有大的地标，例如山脉和森林，以及小的地标，例如道路、河流和特定建筑物。某些线索在离巢出发时很重要，而某些在返巢时发挥更大的作用。

回家的信号

在当下的研究中，我们对于鸽子归巢的机制比其他鸟类迁徙的机制有更深的了解，所以我以鸽子作为重点来讲解。一旦一只鸽子飞离巢，它就会根据周边地标的排列，以及离开家的方向，对当地环境的地图进行编码。

通过构建出这样一幅地图，鸟类就可以找到归巢的方向。它一开始是根据地标，例如建筑物和道路（也包含食物和水源），来建立起一幅地图，然后这一地图被储存在海马体中（见第52~53页）。一旦飞离巢周围，鸟类就会把认知性的导航系统切换成生理性的导航系统，以便适应日后更长的旅程。对于飞行距离长达数千英里的鸟类来说，生成并储存一张沿途多种地标的地图是不现实的任务。因此，鸟类会根据不同的条件，选择太阳、星辰或是磁场信号来指引它们的旅途。

太阳时钟

候鸟能够利用太阳来定位自身所处的位置，这是通过它们内部的计时器和太阳在天空中的实际位置来实现的。因为太阳的位置不是固定的，所以它只能作为一个导航器和一个装置同时使用。在鸟类体内，具有三种内部生物钟（昼夜节律），分别在视网膜、松果体和大脑中的下丘脑中，这些计时器利用光线明暗变化的周期来处理得出大概的时间。太阳在一天之中的特定时间处于一个特定的位置，这一位置可由它发散出的光线测得。为了判定出太阳在导航中发挥的作用，我们对鸟类进行了“时间更改”，即把鸟类关在没有自然光照的密闭房间里，再对它们加以与自然光线时间不同的人工光线的照射。例如，当房间外面一片漆黑时，我们对其进行长达数小时的人工光线照射。在这之后，我们会将其转移到其他地方释放，追踪它们是否能够找到回家的路。进行过“时间更改”的鸟类会由于它们体内生物钟的改变而走向错误的方向。例如，进行过6小时时差时间更改的鸟类，会向着偏离正确方向90度的方向飞行。

星辰导航

不是所有鸟类都只在白天进行迁徙飞行，有的鸟类会昼夜不停地飞行。那么在没有太阳的夜晚时它们是如何定位的呢？

夜间飞行鸟类可以根据星空获得方向信息。通过对身处天体运转模型中的候鸟进行实验，我们发现候鸟是通过某几个主要星座和星座相对南北两极的位置来确定飞行方向的。当天体运转模型展示出北半球春季的星空时，鸟类会向北飞行；当展示出北半球秋天的星空时，它们会朝向南方飞行。而展现出南半球的天空时，鸟类就会朝和北半球相反的方向飞行。鸟类迁徙中似乎不会用到北极星来定位，尽管北极星是夜空中唯一固定的星象，这可能是由于在一年中的某些时候看不见北极星的缘故。

磁场奇迹

天空中的天体，例如太阳和星星，是非常醒目却完全不固定的，所以鸟类也利用其他机制来进行导航，例如生物钟。相比之下，地球磁场提供了一个比较固定的地球表面的水平空间地图，地球磁场也许就是许多鸟类能够进行长途迁徙的关键。关于鸟类利用磁场进行自身定位的猜测已经流传许久，但是直到20世纪70年代的一项研究才得到证实。在这项研究中，研究人员在一个阴天将一块磁铁绑在鸽子身上，这时鸽子就无法找到归巢的方向，而将黄铜棒作为对照物绑在鸽子身上就不会引起迷失方向的问题。

为了探究鸟类是如何利用磁场导航的，人们提出了两种机制。第一，在鸟类的（主要是右眼）视网膜中，发现了一种名叫隐花色素（cryptochrome）的磁场感受器。它相当于一个化学罗盘，可以对磁场方向的变化做出反应。在靠近上皮层的背皮层内部，有一组特异分化的神经元叫作N丛（cluster N），这一神经丛或许参与了隐花色素信号的传递。N丛神经元在磁场变化时变得活跃，而当N丛受损时，鸟类利用磁场定位的能力就消失了，而它们利用太阳和星辰的定位功能未受影响。第二，在鸽子上喙的鼻腔和黏膜里，发现了氧化铁，或叫小磁铁。小磁铁保持与磁场相同的方向，为鸽子的位置信息提供了方向，成为导航系统的一部分。在灰胸绣眼鸟（*Zosterops lateralis*）迁徙过程中加入强烈的磁场信号能使它们飞行的方向改变90度。眼神经是三叉神经中的一个分支，支配着富含小磁铁的喙和鼻腔区域，但是目前还不清楚磁场变化是如何被感知以及如何转变成大脑能够处理的信号方式的。

鸽子的磁场感应

鸽子利用多种内部（海马体、机械性感受器、小磁铁）和外部（太阳、星辰和磁场）机制，来帮助它们找到回家的路线。

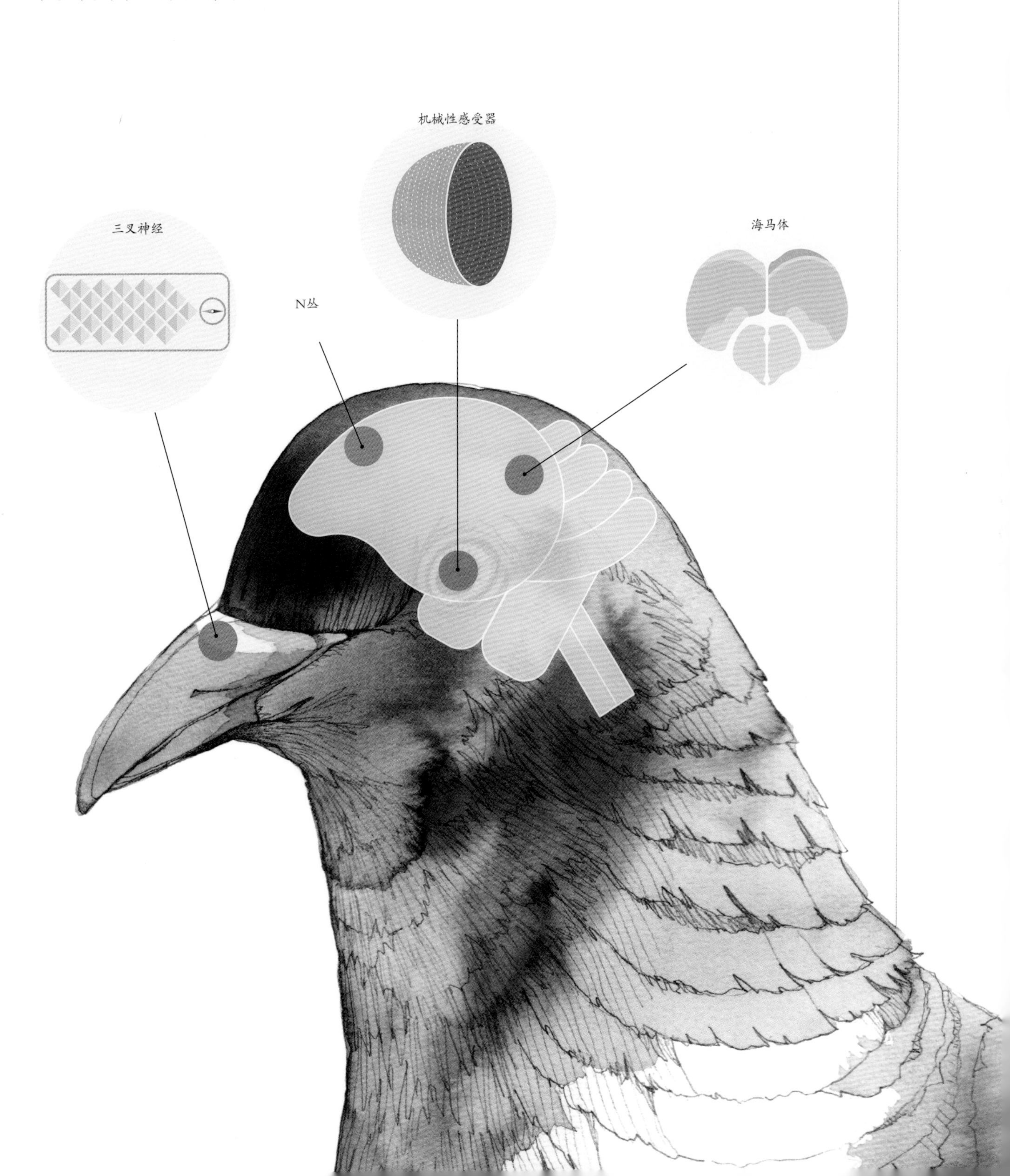

回忆往昔空间

大多数鸟类都不迁徙，但这并不意味着它们对空间记忆的需求比候鸟要少。事实上，迁徙时所需要的线索是不依靠记忆力获得的。而那些需要小范围导航能力的行为，例如寻找新的食物来源，然后返回栖息地点，或者寻找储藏食物的地点，则更有可能依赖于空间记忆。

推车里的鹅

动物利用不同形式的空间意识来获得空间的线索。所有能够移动的动物，包括无脊椎动物，都能够在没有任何线索的情况下，通过航迹推算，又称为路径整合，找到回家的路。你是否曾经在一个陌生的小镇上迷路，所有的建筑看起来都一样，但最终却在不知不觉中找到了回到你车里的路？这是行动中的航迹推算。动物在找到食物之前会走一条曲折的路，但它们回家时走的路径就更为笔直，例如在沙漠觅食的蚂蚁。它们没有任何地标指引方向，相反，它们在出发到达目的地的路程中，会不断记录着每一个方向的变化和行进的距离。然后，它们就会把这些信息集成为一个最佳向量，来指引它们回到出发的地点（这一过程不依赖思考）。把一群鹅装在未遮盖的推车里，把它们从养殖场运送到一个全新的地点A。然后，再将推车遮盖起来，将它们运送到另一个全新的地点B。当被从推车里释放之后，鹅群所选择的归家方向实际上是从A地点直接回养殖场的方向。这表明在未遮盖的推车里它们能够形成一个回家的向量，而第二段路径前往B地点时，它们就不能从遮盖的推车里获取路径信息了。因此，我们可以认为鸟类的路径整合是依赖于视觉的。

指引方向

许多动物第一次来到一个陌生的环境之中时，会记住这个环境的主要特征和特征之间的相互联系，在脑海中建立起一幅导航地图。这些特征首先包括信标，信标是靠近目的地的一个明显的特征。其次还有地标，地标是距离目的地较远的一个较大物体，被用来形成目的地位置的图像。对于寻找一顿饱餐的捕食者，或是要来投喂它们的亲鸟而言，雏鸟的啾啾鸣叫就是典型的信标。而松鸦会等距离地把食物藏在一棵高大的冷杉、一堆岩石和一排树篱之间，这些参照物便是一类典型的地标，它们的排列可以帮助松鸦准确地找到储藏食物的位置。

有两种理论来解释动物是如何利用地标来找到目的地的。一个单一的地标不足以找到一个目的地，因为一个地标只提供了地标和目的地的距离信息，而没有提供目的地的方向。而如果有两个或多个地标，地标之间的关系就能更准确地指出目的地所在。在向量和模型（vector sum model）中，根据两个地标之间的夹角所提供的信息就能够找到目的地，但是每个地标都是依次使用的。在一项实验中，鸽子被训练去寻找距两个地标距离相等的食物。其中一个地标被向左移动后，鸽子便根据已经移动的地标和未动的地标计算出新的平均距离，并在那里寻找食物。这种模式类似于路径整合，但是其中含有地标的计算。在多重方向模型（multiple bearing model）中，我们引入了一种更具认知性的方式，在此模型中，寻找目的地需要利用多个地标以及它们之间的关系。相比之前对于每一个地标都计算出一个向量的方法，多个地标之间的特定方位可以作为一个整体定位目的地。而增加更多的地标最终会提高搜索的准确性。例如，北美星鸦（*Nucifraga columbiana*）在利用多个地标来寻找过去储藏的食物时，就似乎应用了多重定位的技术。

右图：北美星鸦是生活在极端恶劣环境中的鸦科鸟类，它们生活的环境海拔极高，气候严酷。因此，它们需要为食物稀少的漫长寒冬尽早做好准备，它们会埋藏很多种子之类的食物，以免在严冬时挨饿。

野外回忆

对于生活在落基山脉的棕煌蜂鸟来说，有一个困难的空间问题深深地影响着它们的生存质量。这种鸟以花蜜为食。但是每一朵花中的花蜜都是有限的，只有一段时间之后花朵中的花蜜才能自我补充。

寻找花朵

在一片充斥着成千上万朵同样颜色鲜花的花田里，蜂鸟需要记住有哪些花朵的花蜜已经被采过了以及这些花朵的准确位置，以便于在吸吮这些花朵的花蜜之后，再于适当的时间之后待花蜜补充时再次拜访。对于这种总是不停振翅飞翔，体重只有十分之一盎司（3.2克）的小鸟来说，它的大脑只有一粒米那么大，但它身体的代谢强度相当于一百名芭蕾舞舞者，所以蜂鸟非常需要充分的高热量食物，因此它们进化出了首屈一指的空间认知能力。

花田里的人造花

棕煌蜂鸟性情温顺，但是也具有领地意识。因此它们常常停留在特定的区域之中。雄性常常飞来飞去寻找雄性竞争对手或是雌性蜂鸟的身影，因此它们需要每10到15分钟就进食一次来维持能量代谢。它们可以被训练来在装有糖水的人造假花中吸食。这些人造花由一端粘在棍子上的注射器做成。围绕注射器端口的是一些彩色硬纸板做成的花瓣，不同花朵的花瓣之间略有分别。通常有八朵花围绕在蜂鸟周围。

一开始，所有的人造花都富含花蜜，但是蜂鸟只会采食其中四朵。经过5分钟到1小时的间隔时间之后，再次把蜂鸟放归到花朵之中时，在它四周虽然有八朵人造花，但是其中只有四朵花富含花蜜，而这四朵花是蜂鸟

下图：蜂鸟的新陈代谢十分旺盛，因此它们需要复杂的空间记忆能力，以便于找到那些有足够时间补充新鲜花蜜的鲜花来及时补充能量。

第一次没有采食的。这时，蜂鸟就更倾向于去采食四朵它们之前没有采食的花朵。

颜色或是位置?

蜂鸟是利用什么信息来记住不同的花朵的呢？在迁徙之路上，蜂鸟似乎更偏爱出现于红色花朵之间，那么颜色是否就是线索呢？我们将四朵不同颜色的假花摆放成矩形。其中一朵的花心中装有糖水，但是糖水的量只足够一次吸食。一旦这朵假花被吸食之后，我们就把这朵假花清空，并把矩形中的其他假花转移到这朵假花的位置。当蜂鸟回到这个矩形花阵中时，会更加倾向于从原有位置的花朵上寻觅花蜜，而不是寻找和之前的假花颜色相同的假花。这说明鸟类是利用位置而非颜色来作为记忆线索的。也许因为生长在同一片花田里的花朵都是同一个种类而具有相同的颜色，所以蜂鸟利用位置而非颜色来作为记忆线索，因为位置能提供准确的信息而颜色毫无用处。

进食的时间和地点

当花朵的花蜜被吸食干净后，它会开始产生新的花蜜。花蜜可以吸引生物飞来花朵上，来把花朵中的花粉传播到周围广大的区域中去。因此，花朵迅速补充花蜜能够尽快吸引下一位顾客，有利于更加广泛地传播花粉。那么，蜂鸟是否知道花朵多长时间重新产生花蜜呢？如果它们了解到花朵产生花蜜的具体时间，就能够以最大的效率来觅食花蜜。于是，研究人员在蜂鸟面前摆放了8朵人造假花，这其中的4朵假花每10分钟重新补充满花蜜，而另外4朵假花每20分钟补充一次。结果，比起20分钟补充一次的假花，蜂鸟会更加频繁地去吸食10分钟补充一次的假花，说明蜂鸟不仅记得两种假花的位置还记得假花装满花蜜的时间。这表明，蜂鸟记得两种假花补充花蜜的速率。

蜂鸟空间实验

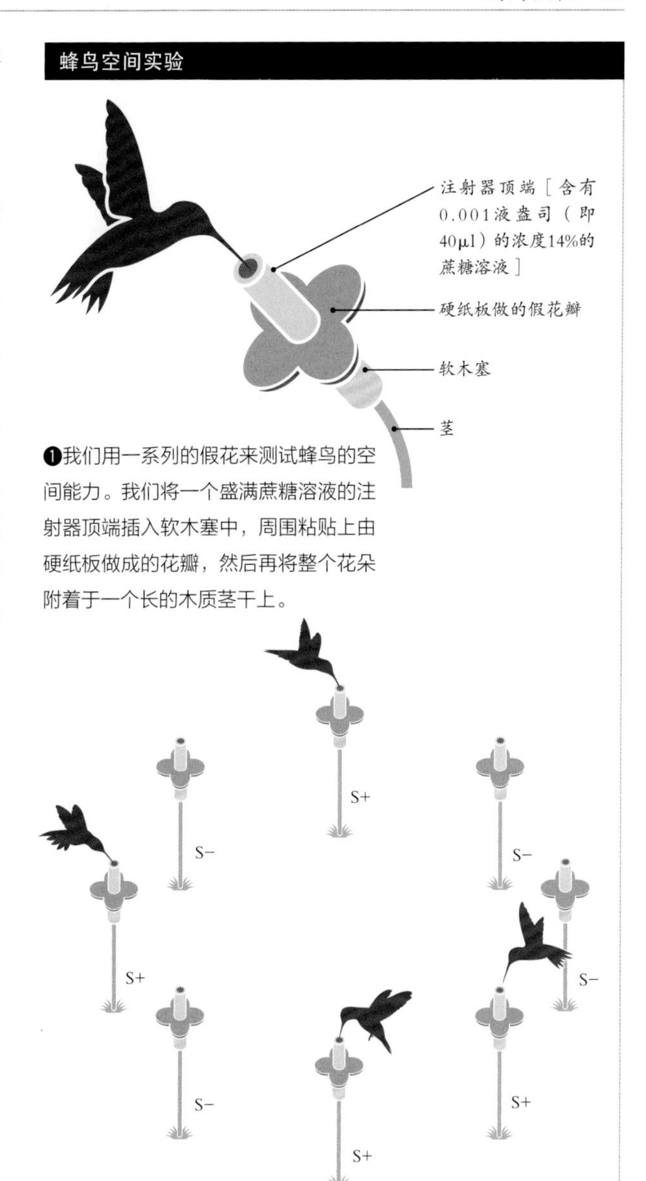

❶我们用一系列的假花来测试蜂鸟的空间能力。我们将一个盛满蔗糖溶液的注射器顶端插入软木塞中，周围粘贴上由硬纸板做成的花瓣，然后再将整个花朵附着于一个长的木质茎干上。

❷在一个典型的实验中，8朵假花排成一圈。其中一些假花含有花蜜（标注为S+），其余花朵不含花蜜（标注为S-）。参与测试的鸟最终记住了S+花朵的位置。

❸鸟儿利用位置而非颜色作为记忆线索。

一个处理空间信息的器官

在大脑中处理导航信息的区域是海马体。海马体有一段很长的进化历史，它存在于鱼类、爬行动物、鸟类和哺乳动物的大脑中并参与空间信息的处理。

海马体的结构

鸟类的海马体由两个主要结构构成，即海马体本身和海马旁区，它位于鸟类大脑的两个半球的顶部中间部分，从大脑皮层的中间部分一直延伸到后部。尽管鸟类的海马体看上去与哺乳类的海马体截然不同，但它们接收信号并投射信号到大脑其他部分的模式，是一模一样的。这个模式在图中看起来很复杂，但是我们十分有必要去了解海马体与大脑哪些区域有关联，它是如何处理收到的信息，又是如何通过处理信息来了解空间问题的。海马体是最能够影响鸟类行为的大脑区域，因为它能够直接接收来自感官的信息，连接到引发情绪反应和做出决定的区域，并输出到负责产生行为或激素变化的区域。

导航的硬件

我们对海马体在（非缓存）空间记忆中发挥的作用的了解，大部分数据都来自于在鸽子身上开展的实验。海马体受到损伤（毁坏）后，便会对鸽子的导航能力产生不利影响，例如在迷宫中寻找隐藏食物的能力，或是在飞回家的路上形成新的路线图的能力。但海马体的破坏不会影响到其他形式的记忆。因此，我们可以得知，在鸽子大脑中，海马体已经进化到可以处理空间问题，但是我们还缺乏海马体在其他鸟类身上的实验数据，因此不能判断海马体是否还在其他记忆能力中发挥作用。

神经科学研究已经揭示海马体可以在各种导航问题中发挥作用。候鸟的海马体体积比和它亲缘相近的留鸟的海马体要更大一些。虽然海马体在长距离飞行导航中不起作用，但是候鸟在第一次开始长途飞行时需要记住家园附近的地标，这对其从远方返回时准确找到家园非常重要。因此，鸽子可能会在它们的海马体之中储存一个基于它们家园附近各个地标的导航地图，并利用这个地图找到安全回家的路。大杜鹃（*Cuculus canorus*）和牛鹂这样的巢寄生鸟类，把自己的卵产在其他鸟类的巢中，让其他鸟类把这些卵当作自己的后代来抚养，这也需要一种依赖于海马体的特殊空间记忆。雌性巢寄生鸟类会四处调查潜在的寄主巢并记住地址，然后当自己准备产卵时返回寄主巢，将它们与寄主的卵处于相似发育阶段的卵产在寄主巢中。雌性牛鹂的海马体体积远远大于雄性牛鹂的海马体，而雄性牛鹂不需要记忆寄主巢的位置。尽管蜂鸟的大脑相对大小非常小，但它们的海马体相对于整个大脑的体积却是所有鸟类中最大的。

新神经元，新记忆

海马体是成年个体大脑中最具有可塑性的区域，因为它可以产生新的神经元（神经再生过程），这一过程可能有助于形成新的记忆和更新旧的记忆。神经再生和记忆形成之间的关系目前还存在争议，在成年哺乳动物中的争议尤其更大，因为我们还不清楚是新记忆的产生导致了新神经元的产生，还是其他外在的、不是记忆本身但参与了学习过程和记忆任务的变量导致了新神经元的产生。其中一个原因可能是锻炼的结果，因为动物的绝大部分记忆任务都需要消耗大量的能量。实际上，候鸟比非候鸟表现出了更显著的海马体神经再生现象，可能更多是由于剧烈的体力活动，而不是记忆能力。

海马体的连接

鸟类的右半球海马体示意图，正前面观。红色箭头表示与其他大脑区域的连接。紫色箭头表示海马体内部的连接。下方的小图表示信息是如何通过海马体传递的。浅灰色是感觉区域，浅蓝色是海马体本身，棕色是影响行为和情感的区域，绿色是参与决定的区域。

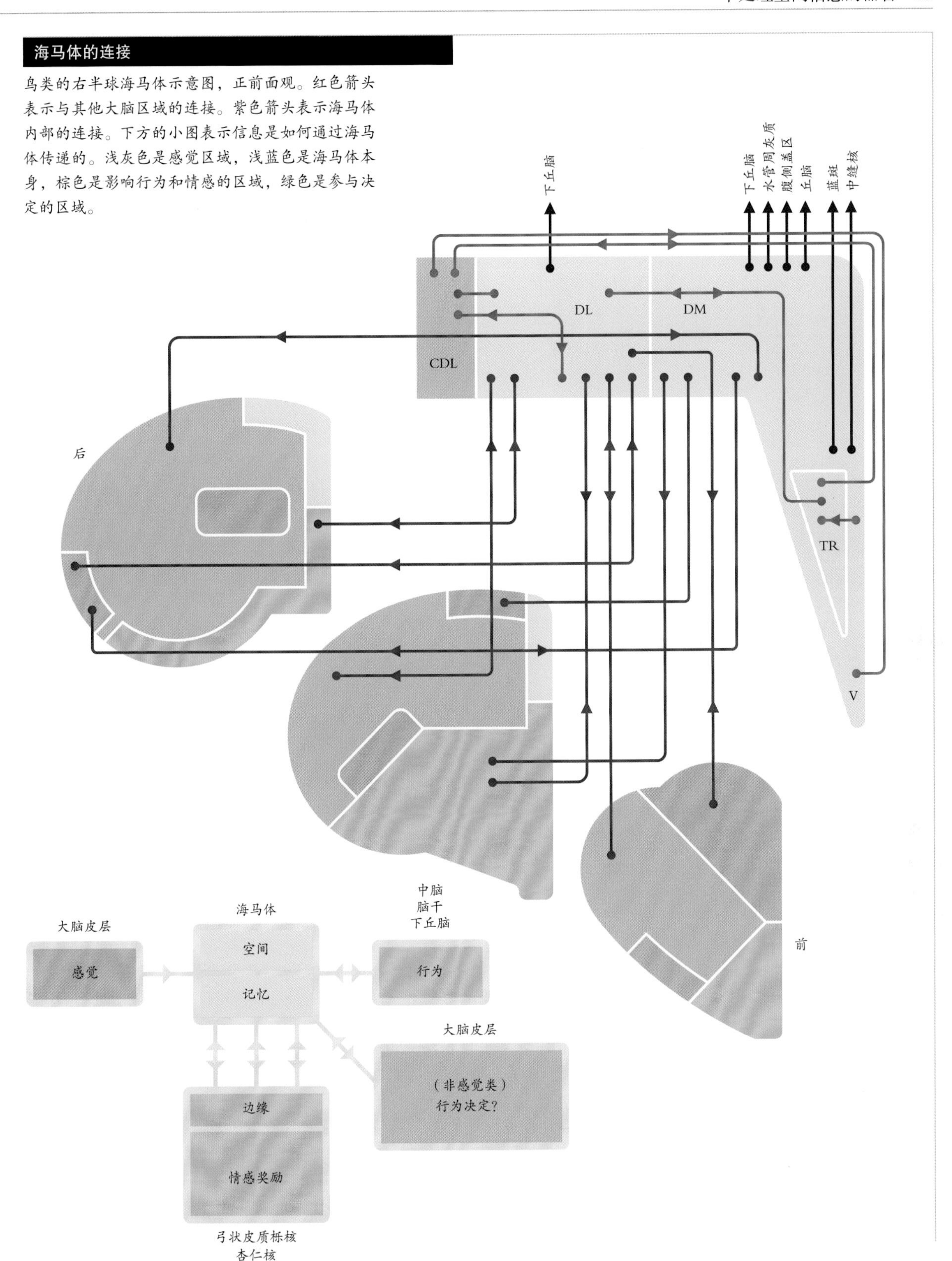

储藏食物

对许多鸟类来说，它们最大的问题不是如何找到足够饱腹的食物，而是找到食物之后如何处理。对于绝大多数物种来说，根本不存在这个问题，因为它们只需找寻到满足每顿所需的食物即可。然而，也有一些动物需要多多找寻食物，以备在将来青黄不接的萧条季节里有足够的食物来度过饥饿时光。

稍后再吃

对于一些生活在恶劣环境中的鸟类来说，例如内华达山脉的黑顶山雀（*Poecile atricapillus*），在寒冷的冬季，食物会变得稀缺。一些哺乳动物可以通过冬眠来解决这个问题，它们在冬季之前吃大量的食物，以维持它们接下来几个月的冬眠。这种策略对鸟类来说并不实用，因为它们无法储存在这段时间里所需的足够脂肪。相反，黑顶山雀以及其他鸟类，就会储存或储藏食物，以备来日之需。

一个或多个篮子？

储存食物的鸟类可以分为两类：集中储存型和分散储存型。集中储存型的鸟类会找到一个储存场所，把所有的食物放入其中并守护此处。守护一个储存场所比守护多个分散的储存场所要容易得多。进行集中储存的鸟类是非常稀少的。橡树啄木鸟（*Melanerpes formicivorus*）是其中代表之一，它会在树木上啄出一个个的小洞然后把食物储存于其中。大多数鸟类不太可能集中储存的原因是它们大多数都是昼行性动物，在白天比较活跃，而大部分食物窃贼都是夜行性动物，因此昼行性鸟类基本不能在储存场所附近守卫这些食物。对于昼行性鸟类来说，将食物分散储存是更合理的选择。它们把食物分散储存到较大的区域中，隐藏在隐秘之处使得食物难以找到，而不是为食物发起战斗。

笨蛋专家

将食物隐藏起来不被别人看到带来了另一个问题，那就是它们自己也看不到这些食物了。因此它们必须进化出一个强大的空间记忆能力，以便日后能够再找到这些储存场所。而这不是一个轻而易举的任务。某些鸟类，例如北美星鸦，能够在秋天时在3,000多个不同地点埋藏多达33,000个松子，而在某些气候恶劣的高海拔地区，它们要将这些食物的位置记长达9个月。而由于食物储藏地点的环境在食物储存时和再发掘时常常已经发生了变化，使得这一壮举显得尤其艰巨。例如，皑皑白雪可能会覆盖之前储存地点附近的地标。因此，鸟儿们通常会选择高大树木这样的地标而不是小石子或是灌木丛，因为高大地标不会被积雪所掩埋。

记忆线索

鸟儿是如何找到储存的食物的呢？在两类研究最透彻的鸟类，即山雀和鸦科鸟类中，我们发现鸟类可能不是根据储存食物的气味来找到食物的，因为大多数鸟类的嗅觉极差。如果储存食物散发的气味强烈到足够吸引到一只嗅觉较差的鸟，那么它也极有可能吸引到一只嗅觉灵敏的哺乳动物。它们似乎也没有把埋藏地点的地面（基质）打乱来作为记忆线索，因为大部分鸟类都会把储藏地点遮盖好以至于看不出这底下藏有东西。

鸟类不会在它们储藏食物的一大片区域里随机地寻找食物，因为这样重新找到食物的效率十分低下，可能在找到食物之前就已经消耗了比食物能量更多的体能。它们可能确实进化出了优秀的空间能力，所以在需要发掘食物之时能够准确快速地挖掘出储藏的食物。

右图：伯劳拥有一种全新方法来储存食物。它们会在易腐败的昆虫受伤但没完全死掉的时候吃掉这顿新鲜的大餐，所以它们会用树木的小刺刺穿昆虫的身体，避免昆虫逃走，而它们自己则飞走寻觅更多的食物，当它们飞回来时，之前鲜活的昆虫还可供自己食用。

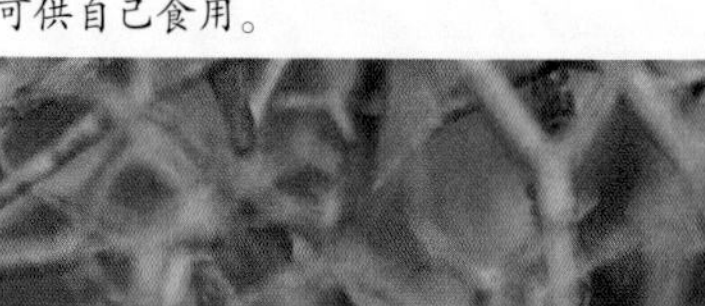

空间记忆，储藏食物和海马体

对于北美星鸦而言，生活是艰难的。为了在落基山脉的积雪苔原上度过寒冬，它们必须依靠空间记忆能力准确地找到几个月前藏好的储备食物。北美星鸦的喙已经适应了啄食松子和在坚硬地面凿洞。在食物短缺时它们没有其他食物来源，所以深深依赖于它们的储备食物。

数字游戏

对于另一种北美鸦科鸟类蓝头鸦来说，生活就轻松快活多了。它们同样生活在高海拔地区，但是它们的食谱并不仅仅限于松子，它们每年大约会储存22,000颗松子，但是也会食用并储藏其他类型的食物。西丛鸦的生活则相对更加轻松，它们生活在加利福尼亚州海拔非常低的环境里，在城市的灌木丛与公园中活动。它们同样也有储藏食物的习性，但是储藏的食物数量远远不如北美星鸦和蓝头鸦，一年藏食的总量大约在6,000粒。在储藏食物与寻找食物的实验室研究，以及与储藏食物无关的空间记忆测试中，北美星鸦和蓝头鸦的表现都远远优于西丛鸦。它们在寻找藏匿的食物时犯错更少，而且能在储藏后更久的时间间隔里准确找到之前藏匿的食物。西丛鸦的生活不大依赖于储藏的食物，这反映出它们的空间记忆能力相对较差。

不仅是一张简单的图片

下面一张相对简单的图片展示了藏匿食物强度、气候多样性和空间记忆能力之间的关系，这是一个具有适应特异性的认知例子，即认知能力（例如空间记忆）是为了解决特定的生态问题（例如找寻储备食物）而进化而来的。然而，这一图片远比它第一眼看起来要复杂得多。首先，我们并不知道每个鸟种每年储藏种子的准确数量，以及它们储藏过程的具体时长；种子的数量是根据实验室数据来估计的。其次，这张图的重点是鸟类储藏松子的数量。北美星鸦和储藏量稍小的蓝头鸦，它们的任务主要就是食用和藏匿松子，而西丛鸦的食谱要更加广泛，还包括无脊椎动物和各种浆果。西丛鸦生活的海拔比北美星鸦和蓝头鸦要低，但是这并不意味着它们的生活环境要相对轻松。以我自己居住在加州中央山谷的经历而言，我可以推断，生活在气温高达115华氏度（46摄氏度）并且水源稀少的环境中的小鸟，其生活并不容易。西丛鸦偏爱于保质期极短的新鲜食物，而这些食物在烈日高温下放置会快速腐烂。这些珍贵的食物当然也是小偷的目标，所以不能长时间没有看护。因此，对于某些鸟类来说，例如北美星鸦，它们的空间记忆进化成了记忆大量食物储藏的位置，而另一些鸟，例如西丛鸦，它们的空间记忆可能朝着解决不同的问题而进化，例如食物储藏的时间，食物的类型和储藏的地点，储藏时有谁看到了自己的藏食行为。

鸦科鸟类并不是唯一会储存食物的类群。某些啄木鸟、新西兰鸲鹟（*Petroica australis*）以及伯劳也会

左：黑顶山雀的生活条件十分艰苦，它们生活在高海拔地区，食物稀少。它们必须在秋天就开始储存食物，以备在漫长而寒冷的冬季有食物可吃。

下图：生活在不同海拔、不同环境中的美洲鸦科鸟类对储存食物的依赖程度不同。生活在较高海拔的鸦科鸟类比生活在较低海拔的鸦科鸟类需要更多的种子作为储藏食物。

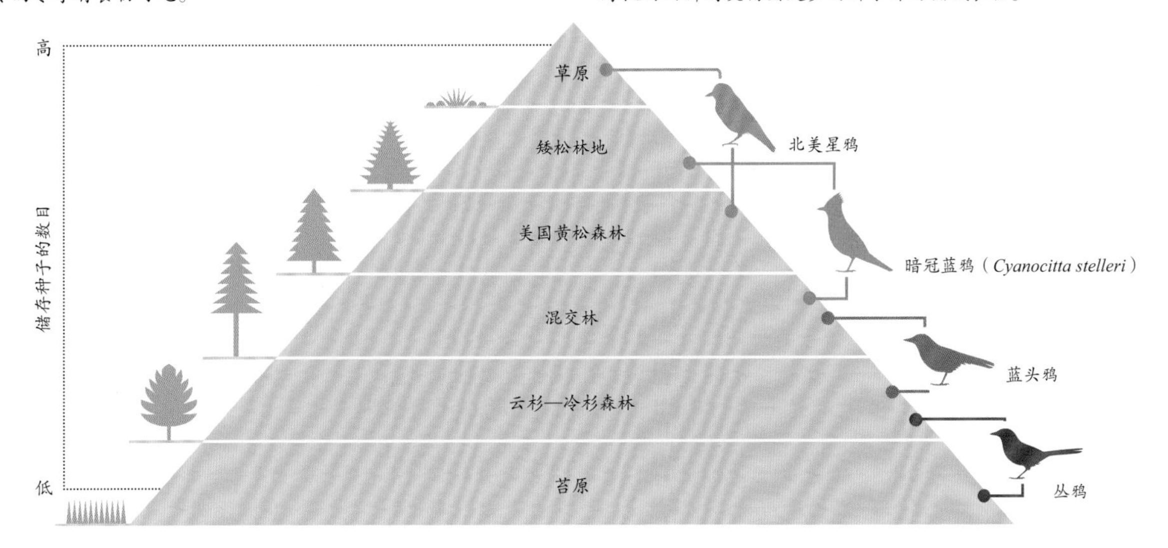

储藏食物，但山雀是最为“提心吊胆”的储食鸟类。它们不会像鸦科鸟类那样长时间地离开食物储存地点，这可能是因为山雀体型较小，如果没有食物供给就无法在寒冷条件下长期存活。就像鸦科鸟类一样，山雀类也可以根据是否储藏食物而分为两类：一类具有食物储藏习性，如煤山雀（*Periparus ater*）、褐头山雀（*Poecile montanus*）以及沼泽山雀（*Poecile palustris*）；另一类没有食物储藏习性，如青山雀和大山雀（*Parus major*）。在不需储藏食物的空间记忆实验中，不管是记起在何处见过食物或是利用空间而非颜色作为线索去找到食物，具有食物储藏习性的山雀都表现得更加出色。

藏食地点的地标

北美星鸦和黑顶山雀是如何在藏食的数月之后再找到储藏的食物的？最广泛流传的观点认为它们利用的是藏食地点和自然地标（例如树木和岩石）的关系来定位的。这些地标足够大，在积雪覆盖时依然清晰可见，而多个地标的存在使得定位更加精确。鸟类会同时利用局部性和全局性的地标。例如鸽子在寻找回到鸽房的路时，会利用到大型的全局性地标（如山脉和林木线）来找到正确的区域，然后利用较小地标的构造，例如树木，来找到藏食的地点。

为了证实这一点，我们将北美星鸦放在一块铺有沙子和几个石块的区域里。这些北美星鸦会把食物储藏在靠近石头地标的区域里。在它们藏完之后，我们将这块区域中一半的空间以及地标向右移动8英寸（20厘米），然后再让它们进入沙地来觅食。在它们发掘食物的过程中，由于地标的移动，它们会倾向于在沙地的右边区域去挖掘，而非在食物的真实埋藏地点寻找。而在沙地的左边区域，它们会利用未曾移动的地标来准确找到埋藏的食物。

我的海马体比你的大

海马体在储藏食物的过程中发挥作用吗？有储食习性的鸟类比无储食习性的鸟类更加依赖于空间记忆，而空间记忆则依赖于海马体正常发挥功能。尽管在此议题上争论由来已久，但是一个鸟种是否储藏食物和它的海马体体积之间有着明确的关系。具有储食习性的山雀的海马体比不具储食习性的山雀的海马体要明显更大。有储食习性的沼泽山雀的海马体比没有储食习性的大山雀的海马体大31%。具有储食习性的黑顶山雀的海马体比与它血缘相近却不具有储食习性的墨西哥山雀（*Poecile sclateri*）和白眉冠山雀（*Baeolophus wollweberi*）的海马体更大。在鸦科鸟类中，唯一已知的不具藏食习性的寒鸦，它的

北美星鸦与地标

北美星鸦在一块覆盖沙子和石头的地面藏匿种子。待其藏完之后，我们将右侧的地标向右移动8英寸（20厘米），于是北美星鸦就沿着石头的新位置来寻找右侧的食物藏匿地点。蓝点表示在左侧的原始藏食地点，红点表示在右侧的原始藏食地点，橙点表示搜索食物的地点。

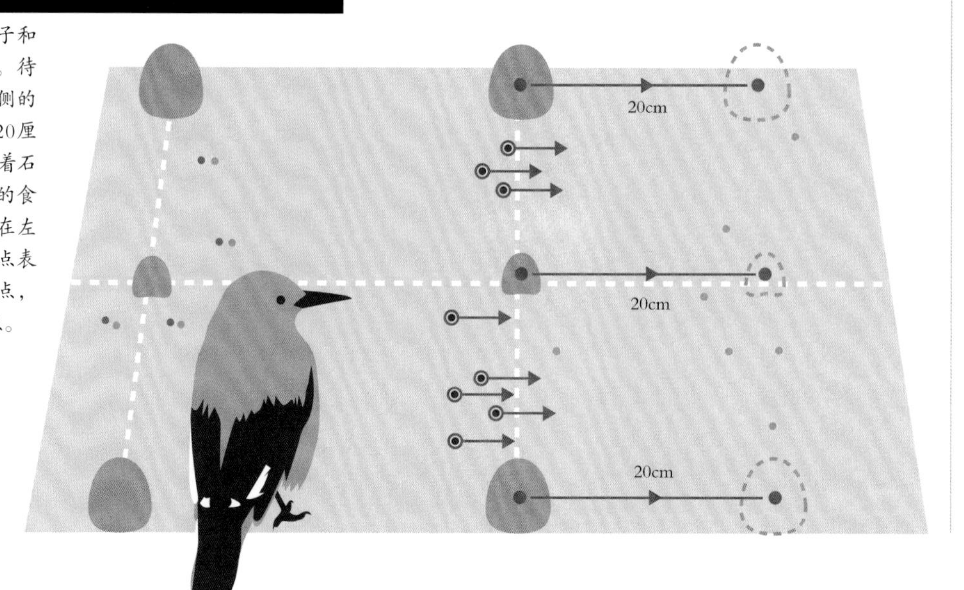

一个更大的海马体

沼泽山雀有储藏食物的习性，所以需要准确记得储藏的地点以便在严冬里挖掘种子填饱肚子。而大山雀没有这一习性，所以没有开发出复杂空间记忆的压力。因此，沼泽山雀的海马体体积比大山雀的海马体大31%。

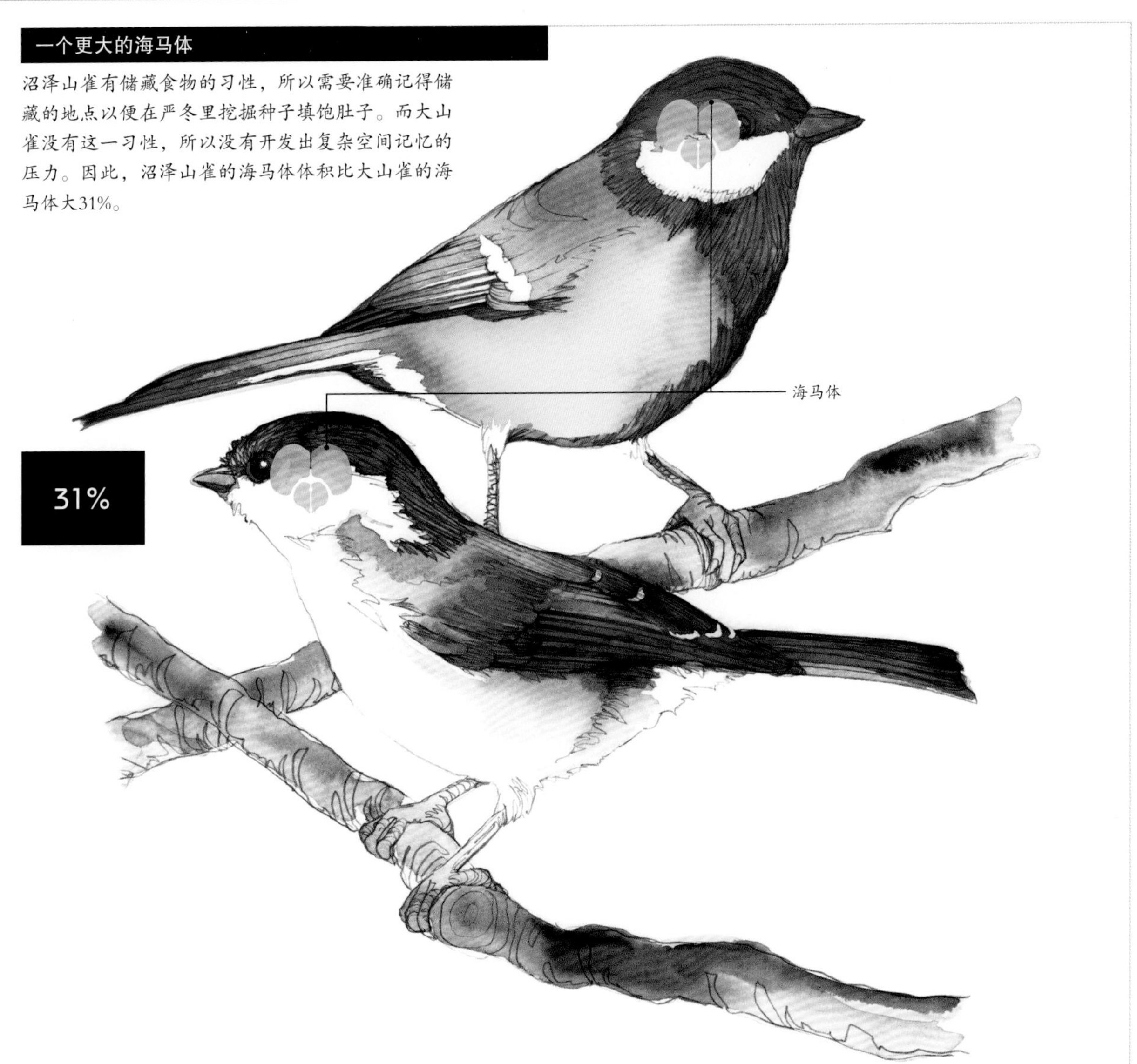

海马体比其他鸦科鸟类都要小。有趣的是，生活在欧洲的鸦科鸟类的海马体比生活在北美的鸦科鸟类的海马体要更大一些，但是我们还不知道这一现象的原因所在（尽管事实可能就像在不同的实验室中，大脑的处理方式不同一样简单）。

用进废退

海马体的体积会根据自身是否发挥作用来增长或减少（产生新神经元与否）。它的体积变化同时具有季节性，山雀海马体的体积以及新神经元产生的数量在十月份的食物储藏季迎来最大增长。海马体的体积同样依据需求发生变化，生活在较高海拔的山雀比生活在较温和环境的山雀更依赖于准确记得藏食地点的能力，因此也具有较大的海马体。对具有储食习性鸟类的年轻个体而言，其海马体发育依赖于幼年时期的几次储藏和寻觅食物的经历，这会刺激海马体的增长和神经元的发生。但是如果鸟类停止储食仅仅一个月，海马体的体积也会明显缩小。这一现象表明，海马体的体积和空间记忆能力在一年当中会随着需求发生变化，以及海马体会在不需要储藏食物的几个月里体积缩小——这是个用进废退的绝妙例子！

类情景记忆

当一只具有储食习性的鸟在储食后很长时间再去找寻储藏的食物，它是否真的记得之前储藏食物这一事件，是否在大脑中用某种记忆标签记住了自己在何时何地藏了何种食物？鸟类或许对地点以及储藏的食物有个大概的感觉，但是并不记得藏食行为本身。

罗马的记忆

情景记忆的定义是：记得过往发生的某件事的地点（何处）、事件的内容（何事）以及事件发生的时间（何时）。定义里的这些特征可能是微妙的，但是却非常必要。这与拥有某一事情的相关知识，但却没有与该知识有关的个人特征形成了对比。例如，我知道罗马是意大利的首都，但是我不知道我是何时何地了解到这个知识的，但我确实知道这个知识。这种情况叫作语义记忆。然而，我记得在2001年7月，我和我妻子在罗马度蜜月时，我们在酒店附近的露天餐厅享用了美妙的一餐，这是只有我亲身经历过的，这便叫作情景记忆。这一记忆对我而言是个人的，所以即使是我妻子和我在同一个假期享用了同样的一餐，她对此的记忆也与我完全不同，因为她带着与我不同的情绪，她吃的餐点与我不同，她在同一张桌子上坐的位置与我不同，诸如此类。尽管我们享用了同样的一餐，但是我们的情景记忆仍将是截然不同的。

自主意识

在最简单的层面来说，情景记忆包括何事、何地和何时。这种记忆也曾被叫作何事—何地—何时记忆，这种记忆和我们个人经历过的过去的情景记忆稍有不同。实际上，何事—何地—何时记忆不包含个人经历在内，又叫作自主意识。这一部分的缺失使得动物的记忆形式非常难以研究。说到底，你如何能问一只青山雀是怎样经历了过去的某一事件呢？相比之下，问它是否记得这件事要容易得多。

情景记忆的进化

科学界对于非人类的动物是否具有情景记忆这一问题，一直就存在争议。大体上，我个人认为由于情景记忆和自主意识之间联系紧密，因此情景记忆应该是人类的独有体验。我们在多种动物身上进行了一些意义重大又设计巧妙的实验，这些动物包括乌贼、老鼠以及猴子，我们发现这些动物能够形成何事—何地—何时记忆，例如能在某时（何时）于迷宫中的某处（何地）找到某种食物。这一系列的实验并没有涉及意识。然而，对于储藏食物的西丛鸦的一系列开创性研究发现，它们能够对过去的特定事件形成记忆，更重要的是，这些记忆能够被灵活运用和实时更新，并影响当下做出的决定。

右图：西丛鸦生活在美国西部，这里的夏日气候炎热，而冬季又十分潮湿。它们需要超凡的记忆力，以便在浆果和昆虫腐烂前重新找到它们并饱餐一顿。

何事—何地—何时记忆

西丛鸦不会储藏大量的食物，也不会长时间地储藏食物。然而，它们确实会储藏多种多样不同价值的食物（即它们对不同食物的喜爱程度不同），而这些食物的品质会随着时间推移而渐渐变差。

新鲜食物

和蜂鸟一样，西丛鸦需要拥有记录时间的能力，以便于在藏匿的食物还新鲜可食用时重新回到藏食的地方。因此，这一能力有助于西丛鸦记得它们储藏食物的类型、地点和时间，以确保这些食物再发掘时是新鲜可食的。尼基·克莱顿和托尼·迪金森利用这一现象设计了一系列实验来测试西丛鸦是否能够将何事—何地—何时的信息整合在一起，形成一个类似于人类情景记忆的对过去某特定事件的内在重现。为了避免纠结鸟类是否对自己的过往记忆有意识的问题，他们将这种记忆命名为类情景记忆（episodic-like memory）。

类情景记忆实验

在这一实验中，所有的西丛鸦都是从小被人饲养的。研究人员将其分为两组：一组为补给组，这一组的永远不会认识到所藏的食物会腐败，因为它们找到储藏的食物时，食物永远是新鲜的；另一组为变质组，它们会了解到某些食物在储藏124小时之后便会腐败。西丛鸦可以在装满沙子的制冰格中来储藏食物，为了和其他制冰格加以区别，研究人员在制冰格一侧放有乐高的小积木块。在变质组的实验中，鸟类可以在制冰格的一侧储藏花生，而另一侧暂时被遮住，120小时后研究人员揭开另一侧，这时它们可以在另一侧储藏蠕虫。再经过4个小时，它们就可以去挖掘之前储藏的食物。因为西丛鸦更喜欢吃蠕虫而不是花生，所以它们会去挖掘之前储藏的蠕虫。在另一项实验中，它们首先拿到蠕虫去储藏在一边，120小时后再得到花生去储藏在另一边。再过4小时，它们就可以去重新挖掘花生和虫子。这一次，因为距离埋藏蠕虫已经过去了124小时，而蠕虫已不再新鲜，所以西丛鸦会选择去挖掘那些还可以食用的花生。

在这种情况下，西丛鸦可能只是简单地发掘最后埋藏的一种食物（蠕虫或是花生）而不是记得特定的储食行为。因此，研究人员又将变质组和补给组的西丛鸦进行了对比。两组西丛鸦都将蠕虫和花生储藏在制冰格里，然后过4小时后重新挖掘出食物。两组都重新挖掘

左图：西丛鸦生活在多种多样的栖息地中，从加州内华达山脉的温带森林到圣巴巴拉的后花园都有它们的身影。

出了蠕虫，因为此时蠕虫还新鲜可食用。但当124小时后再让它们挖掘时，变质组就会去挖掘花生而非蠕虫，而补给组依然会去挖掘蠕虫，因为蠕虫对于它们而言曾永远是新鲜的。因此，变质组的鸟似乎会在储藏两种食物之后记录时间，并对两种不同食物做出相应处理，在食物依旧新鲜时重新挖掘，而在食物变质后则弃之不用。因为两种食物都是同时被储藏的，因此可以说西丛鸦不仅仅只记得它们最后埋藏的食物。因此，我们可以说西丛鸦记得它们储藏的内容（何事），记得储藏的地点（何地），记得储藏的时间（何时），这些要素都是类情景记忆的组成部分，这也是非人类动物中的最佳例子。

类情景记忆测验

西丛鸦的类情景记忆实验。

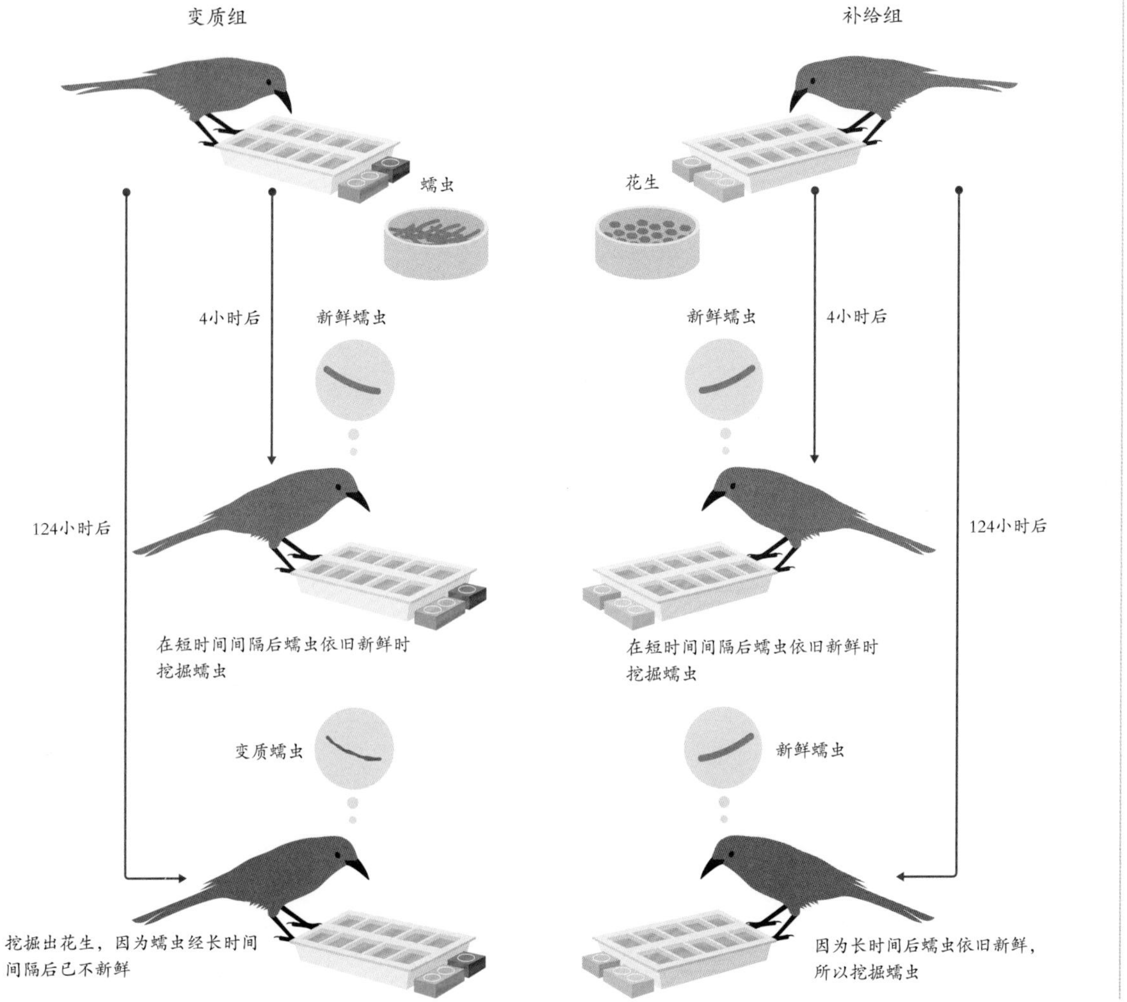

变质组
补给组
蠕虫
花生
4小时后
新鲜蠕虫
新鲜蠕虫
4小时后
124小时后
124小时后
在短时间间隔后蠕虫依旧新鲜时挖掘蠕虫
在短时间间隔后蠕虫依旧新鲜时挖掘蠕虫
变质蠕虫
新鲜蠕虫
挖掘出花生，因为蠕虫经长时间间隔后已不新鲜
因为长时间后蠕虫依旧新鲜，所以挖掘蠕虫

3 信息的传递

需要多么聪明才能够进行交流?

交流是将信息从一个生物个体（发送者）传递到另一个生物个体（接收者）的过程。发送者产生一个包含有信息的消息，并且其形式能够被接收者的大脑所解码。

信息传递

信息的传递可以是简单的，也可以是复杂的；它可以在同一物种的个体之间传递，也可以在不同物种的个体间传递。例如，猎物的警戒色可以警告捕食者远离自己，或者在识别出另外一个物种遭遇捕食者时发出警告性叫声。不同物种之间的信息可能是相似的，例如，生活在城市的鸟类发出的警告鸣叫都是7,000赫兹。而信息可能具有不同的形式，依靠不同的介质（空气，水，光线，等等）向着不同的距离之外传递，并且根据背景噪音和行为所在环境的不同发生变化。为了传递有用的信息，发送者将自己感受到的刺激重新组织再进行编码，将周遭世界的某个方面的信息传递给接收者，而如果没有信息传递，接收者将无法感知这一方面。

信息内容

复杂且涉及多个方面的沟通需要认知能力的参与。复杂的消息包括关于特定对象和时间的信息，因此消息的一部分需要引用到现实世界的一些具体事物。例如警告鸣叫，一个特定的声音模式只代表某一种捕食者，例如雕。当发送者看到一只雕时，它会利用一系列的和声发出呼叫，向其他听到鸣叫的接收者说“雕来了”。而其他的声音模式指代的是不同的捕食者，例如猫。独特的声音模式指代的也可以是独立的生物个体，这类似于人类的名字。在人类学习语言的过程中，了解到某些声音和这些声音所指代的事物之间的关系是至关重要的一步。这也是我们可以在其他动物学习部分人类语言时可观察到的步骤。其他步骤如递归和语法，则相对不那么普遍，同时也是最受争议的。

使用来自两种不同方式的信息，会大大提高信息传递的效率，例如利用视觉和声音信号来描述同一个物体。警告鸣叫可以告诉其他鸟类个体现在周围有捕食者，但是不能说明捕食者所在的位置。一只鸟目光注视的方向会告诉其他个体这个方向上有有趣的东西出现，但是其他个体并不知道这只鸟所注视的内容。收到鸣叫信息又同时看向注视的方向，将有助于信息接收者了解到附近有捕食者，并且了解到捕食者所在的位置。

意向性

我们是否能够假设得出，因为信息在两个及以上个体之间传播，所以发送者就具有沟通的意向呢？这个问题的关键在于，发送者是否想通过传递信息促使接收者的行为发生改变。一只雄性欧亚鸲向另一只入侵自己领地的雄性欧亚鸲发出刺耳鸣叫，它是想要后者离开呢，还是想告诉后者再不离开领地就要受到攻击？当一个发送者发出警告鸣叫时（当心！有一只雕来了！），是想要其他个体快速逃跑而导致发送者自身陷入危险，还是这一警告鸣叫只是看到捕食者时的情绪性反应（啊！一只雕！）？而如果没有捕食者出现但发送者发出了警告鸣叫，这是由于发送者搞错了（例如误把树叶间的沙沙作响当作捕食者出现），还是因为发送者想让其他个体分心飞走以便偷取它们的食物呢？第一个是偶然的行为，第二个是故意的行为，但是两种行为导致的后果是完全一致的，只是发送者脑袋里进行的想法是不同的。接收者如何去理解发送者信息里的隐藏意向，是一个长久存在的谜题。

左图：夜莺是最会歌唱的鸟类之一。它们在白天和晚上都会歌唱，但通常只有单身的雄鸟会在夜晚歌唱，而雌鸟则会比较这些单身雄鸟的歌声并做出选择。

鸟类的感觉系统和大脑

鸟类的大脑能够很好地处理外部世界的信息，并将其转化为行动计划。为了交流顺利，鸟类会发出视觉或声音信号，这些信号需要被另一只鸟的大脑解读，并转换为需要做出特定行为反应的信息。

产生感觉的大脑

所有的感觉信息都需要通过特定的器官进入大脑，例如眼睛和耳朵，这些器官已经进化到可以将光波或声波能量转换成神经活动的模式，大脑能把这些神经活动作为信息理解并最终做出反应。

红色、黄色、粉色和绿色

鸟类的眼睛比大多数哺乳动物的眼睛复杂，这是因为鸟类需要处理的视觉信息更加复杂，尤其是在飞行时。与哺乳动物不同的是，绝大多数鸟类的眼睛含有四种颜色的光感受器，即视锥细胞，因此，鸟类能比哺乳动物感受到更多不同波长的光线。大多数的哺乳动物，除了新大陆猴（柽柳猴和狨），旧大陆猴（猕猴和狒狒），以及包括人在内的人科动物以外，都是两色视觉，即只拥有两种视锥细胞，因此它们都是部分色盲，不能够区分出红色和绿色。色盲对于绝大部分哺乳动物来说并不带来麻烦，因为它们基本都是夜行动物，在夜晚昏暗的光线下捕猎以及觅食。大多数灵长类是三色视觉，拥有三种视锥细胞，能够区分出红色和绿色，因此能够分辨出成熟或不成熟的果实，也能够分辨出雌性动物发情期的不同阶段。然而，绝大多数鸟类是四色视觉，使得它们能够看见所有可见光谱里的光线，也能看见不可见光谱里人类肉眼无法察觉的光线（紫外线）。鸟类进化出这样的视觉系统是有重要原因的。

耳朵，耳朵

鸟类没有外耳或者耳廓，但是某些鸟类如猫头鹰，它们的耳羽能帮助将猎物发出的声波集中到耳状结构上。在猫头鹰身上，一只耳朵的位置要比另一只耳朵的高一些，因此声波进入两只耳朵的时间是不同步的，猫头鹰可以借此准确定位移动的猎物，从而有效地捕杀。

感觉传导通路

光波或者声波进入到感觉器官（光感受器或耳状结构）以内后，感觉器官将光能或是声能转换成能被感觉神经元识别到的电信号，神经元将这些信号传递到大脑的特定感觉通路中（视顶盖，丘脑，或是感觉皮层）。之后，大脑会将这些信息转换成鸟自身所能感知到的声音刺激，如鸟儿的鸣唱，或是视觉刺激，例如一张脸庞或是一段舞蹈。

左图：猫头鹰是最高效的捕食性鸟类之一。作为夜行动物，它们在夜间捕食，依靠超凡的听力来定位哺乳类猎物发出的极其细微的声音。它们的头部能够在很大的角度内移动，再加上独特的耳羽，使得它们即使在飞行过程中也能准确地定位到猎物。

鸟类的感觉系统

视觉和听觉是鸟类主要的感觉系统。左图：鸟类视网膜不同细胞的示意图。中图：鸟类眼睛的内部结构。右图：鸟类耳朵的内部结构。

鸟类为什么需要交流，又如何进行交流？

鸟类之所以互相交流，是因为它们是社会性动物，需要把信息传递给其他同类。在这方面，它们利用视觉信号（颜色，展示，舞蹈，社交线索），也同样利用听觉信号（鸣叫和鸣唱），来产生各种信息并且感知各种信息。

视觉和听觉

如果一只鸟在正确的沟通环境中使用了恰当的信号也利用了最佳的方式来接收信号，那么它就是一个高效的沟通者。例如，夜行性鸟类不会产生只有白天才看得见的视觉信号。鸟类倾向于利用自己的视觉和听觉系统进行交流，因为它们的嗅觉很不发达。但有些具有迁徙行为的海鸟例外，它们甚至可以嗅出回家的路。

鸟类之所以传递信息（或是隐瞒信息）是因为这有利于发送者或是接收者，并且常常对双方都有利。我们往往不清楚发送者在发出信号时内心在想什么，或者发送者是否考虑过潜在接收者所处的状态。例如，一只鸟在见到捕食者时发出鸣叫，这是否反映出发送者的利他行为？它发出这一鸣叫是为了警告周围的所有动物，还是仅仅警告自己的同族近亲尽快逃离？或者说，这一鸣叫仅仅是一种不带交流性质的情绪化鸣叫？

信号特性

鸟类的视觉和声音信号已经进化到能够足够高效地传递信息，这些信号是固定的，不能够脱离信号使用的环境进行使用。一只雄孔雀从父亲那里遗传到了华丽尾羽，因为这美丽的羽毛使得它的父亲吸引到了配偶，并得以把这华丽视觉效果的基因传递下去。然而，孔雀无法控制尾羽上眼斑图案的大小、颜色或是数量，它只能控制在某个时刻向某个对象展示自己的尾羽。大多数的信号具有四个特性。第一，刻板的，即信号通常是以相同的（可预测的）方式来显示。第二，重复的，这些信号通常重复多次来强调信息。第三，简化的，即信号中的组成部分被尽可能地减少了。第四，夸大的，意味着这些信号在视觉和听觉背景中引人注目，易被察觉。

性与暴力

鸟类在不同的背景下进行各种信息的交流，例如在吸引潜在的配偶或是警告捕食者的时候。在求偶的过程中，鸟类会应用到多种多样的视觉和听觉信号，从色彩鲜艳的羽毛，到建造“凉亭”时使用的夸张饰品，或是吟唱出自己所会的全部复杂歌曲。配对的鸟儿会进行问候仪式，它们将彼此交流的鸣叫合二为一成为合唱，以此巩固彼此的社交纽带也同时把彼此的关系广而告之。其他信号常被用来指代环境中的某个物体，如告知食物位置或食物出现的鸣叫信号，或是代指发现捕食者出现的警告鸣叫。简单的信号同样在正常社交互动中发挥作用。地位较高的个体做出反映自己支配地位的姿势，通过抖耸羽毛和直直站立使自己显得高大。而处于较低地位的个体则表现出服从的姿态，弄平自己的羽毛并蹲伏身体。这两个是相似动作的两种截然不同的表现形式，即达尔文所说的对立。宣示领地是鸟类鸣叫的两种主要功能之一，鸟类通过沿着领地边界鸣叫，向其他雄性个体宣示它们对这一片区域的所有权。雌性鸟类通过这一信息来判断哪只雄鸟的领地最大，从而决定谁是最佳的配偶；雄性需要在斗争中取胜才能保有更大的领地，这一优势可能在它们的基因中已然存在。

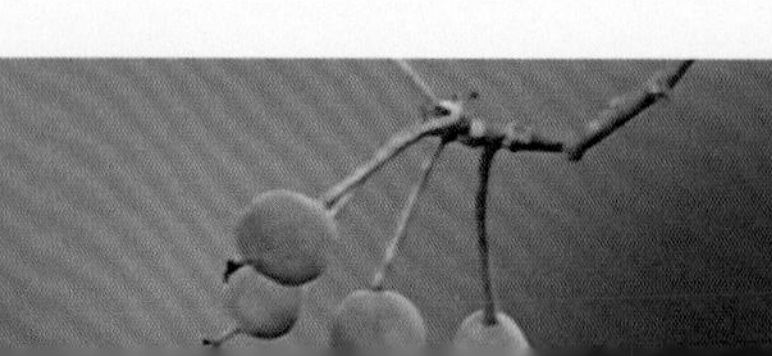

本页图：雄性极乐鸟展示了它美丽惊人的羽毛。只有雄性的外表色彩鲜艳并饰以精美羽毛，它们的外表反映出雄鸟的健康状况和基因质量。与雄鸟的外表相比，雌鸟的外表通常比较单调平凡。图为雄性蓝极乐鸟（*Paradisaea rudolphi*）。

视觉交流

许多鸟的颜色都是多彩缤纷的，很难不引起观者注意。在巴布亚新几内亚的鸟类身上，你会见到动物王国中最五彩斑斓的羽毛。但是它们是否知道如此鲜艳的色彩也向捕食者宣告了自身的存在呢？

绚丽多彩的雄鸟

以上的问题有个简单的答案，它们绚烂的羽毛不是为了吸引捕食者，而是为了吸引潜在的伴侣，因为视觉展示是吸引最佳伴侣的好方法。在男性主导的人类看来，雄鸟拥有最绚丽的羽毛多少有些令人惊讶，更别说它们还拥有婉转动人的嗓音了。但在鸟类世界里，雄鸟是毫无疑问最爱炫耀外表的，背景中的雌鸟只是单调的壁花。然而，正因为是雄性试图去吸引雌性，而雌性可以向前来示好的雄性表示接受或拒绝，所以雌性拥有绝对的权利。而且，不像人类之间的两性礼仪，它们之间的接受和拒绝都不需要任何理由！

舞蹈团队

不是所有的雄鸟都像极乐鸟或某些热带的雉类一样拥有绚丽明亮的羽毛。以孔雀为代表的一些鸟类进化出了夸张的饰羽，这些饰羽的功能如同人类身上的文身或身体穿孔。在一些情况下，这些特别长的尾羽和头部饰羽甚至会导致个体不能飞行，孔雀那精致美丽的尾羽使得它们尤其难以飞行。然而，部分鸟类并没有进化成绚烂多姿的样子，它们认为好的行为举止才是吸引雌性的最佳方式。例如娇鹟，它们会花费7年时间来学习如何在一个舞蹈团队中跳出协调的团队舞，它们的舞蹈中包含有多种多样的舞蹈风格。然而，最终只有舞蹈团队中的真正舞蹈大师才能得到雌性的青睐，而非其他同伴，大师的学徒们只能在大师退役后才能组建自己的舞蹈班底。其他鸟类，如艾草松鸡（*Centrocercus urophasianus*）或黑琴鸡（*Lyrurus tetrix*），它们会跳一种被叫作求偶炫耀的舞蹈，即在一个求偶场上，多个雄鸟向感兴趣的雌鸟展示自己的毕生本领。黑琴鸡会进行短距离的奔跑并一边甩动自己的肉垂，发出共鸣的声音。而雌性则会选择声音最具吸引力和动人奔跑的雄性作为配偶。

宣告健康

在两性关系中借用五彩斑斓的羽毛或是活泼多姿的舞步作为自己的宣传点，是为了让信息接收者尽量看到自己。不巧的是，这同时也吸引了捕食者的目光。那么它们为什么还要如此炫耀呢？因为雄鸟在危机中的生存能力也同样反映出它们的良好基因和健壮身体，而这同时也是雌性评估雄性质量的一个标准。一个优秀的舞者可能因为集成了它父亲的优秀舞蹈基因或是优良基因而成为一个优秀的舞者。而尾羽长或者大这样的特征，可能导致鸟类无法逃避捕食者而被认为是一种残疾。而雌鸟却偏爱这样的特征，可能是因为它们认为具有这类尾羽的雄鸟既然能活到足够长的时间来养育后代，那么雄鸟的基因就足够优良到可以遗传给后代。

本页图：皇信天翁（*Diomedea epomophora*）夫妻之间的关系是紧密的，但是它们总是分道扬镳各自飞向南大洋去寻觅食物，然而当它们回到同一地点共同繁殖时，它们还会找到彼此并且通过同步的仪式性舞蹈重建双方的关系。

左图：一只色彩明艳的雄性娇鹟向潜在伴侣展示自己的舞蹈。它只有在练习这支舞蹈数年之后才会向雌鸟展示舞姿。尽管它尽到了最大努力，如果未达到雌鸟要求的标准，雌鸟就会拒绝雄鸟的求爱并且飞去寻找别的对象。图为梅花翅娇鹟（*Machaeropterus deliciosus*）。

眼睛的重要性

和所有脊椎动物一样，鸟类拥有两只眼睛。大部分鸟类的眼睛位于头部的两侧，而少数鸟类的眼睛则向前聚焦。眼睛位置的不同反映出该物种是捕食者还是猎物。

双眼向前看！

被捕食者需要拥有更加宽广的视野来发现捕食者，包括从后方悄悄接近的捕食者；而捕食者则必须将注意力集中到眼前的猎物身上。例如家鸡这样的被捕食者，能够察觉到周围眼睛的存在以及眼睛的数量，因为眼睛是周围是否有捕食者存在的重要依据，家鸡还能敏锐地察觉到捕食者是否正看向自己，这样的情况下最好是立刻溜走；或是看向其他方向，这样的情况下最好是保持静止不动直到捕食者离开。捕食者的眼睛位于头部前方，因为捕食者的眼睛通常不具备复杂的眼部肌肉结构，所以它们的眼睛常常随着头部方向的改变而改变。因此，被捕食者只需分辨出捕食者头部方向而非目光的方向即可，因为两者通常是一致的。在捕食者移动它的头时，眼睛也会随着一同移动。而一只被捕食者可能更需要注意到眼睛的存在而非眼睛注视的方向。我们通过实验发现，麻雀可以分辨出人类作为潜在捕食者的头部方向，而不能分辨眼睛朝向的方向。

心灵的窗户

眼睛所发出的信号远比其他人是否正在看向你复杂。眼睛可以表明对方对什么感兴趣，对方在看向什么，对方是否和你一样对某物感兴趣。而鸟类对眼睛的了解有多少呢？在一项关于椋鸟和寒鸦的实验中，研究人员将一份食物放在户外，并有一名实验人员面对着这份食物。在不同的实验阶段，实验人员要么直接盯着食物或是看向其他地方，其眼睛和头部要么朝向同一方向或是眼睛和头部朝向不同方向（例如头部朝向食物之外的方向而眼睛直直地盯着食物）。而参与实验的鸟则需要决定何时才是取食的最安全时机。它们是否懂得，“眼睛是心灵的窗户”的意思是只有眼睛看向某个物体才能发挥作用？参与实验的鸟只有在实验人员的目光没有看向食物时取走食物才能免受惩罚，例如当实验人员看向别处时（即使实验人员的头部朝向食物）或是实验人员双眼紧闭或是实验人员转身背过去时。而参与实验的鸟在实验人员眼睛睁开（哪怕只睁一只眼）或是看向食物（即使头部朝向其他方向）的时候去取食都会受到惩罚。

椋鸟和寒鸦都分辨出了人类头部面向食物或是转开的区别，也区分开了双眼睁开或双眼紧闭或直接看向食物。寒鸦在这个实验中表现得更好，它们发现实验人员只睁开一只眼和睁开两只眼都能同样看得见，而双眼都闭上就完全看不见了。有趣的是，寒鸦只对陌生人（和有潜在威胁的人）做出反应，而对于从小喂养抚育它们长大的人，即使这些人给出相似的目光线索，寒鸦也对他们毫不惧怕。所以，眼睛能提示你什么不应当做，能提示你危险的行动时机。而眼睛同样也是你从其他人身上了解世界的重要线索，例如其他人的兴趣所在，食物的可能位置，其他人的行为计划。

右图： 鸟类眼睛的形状和色彩是多种多样的。这一多样性和每一物种对视觉交流的依赖性息息相关，尤其是颜色，食物，以及栖息地。

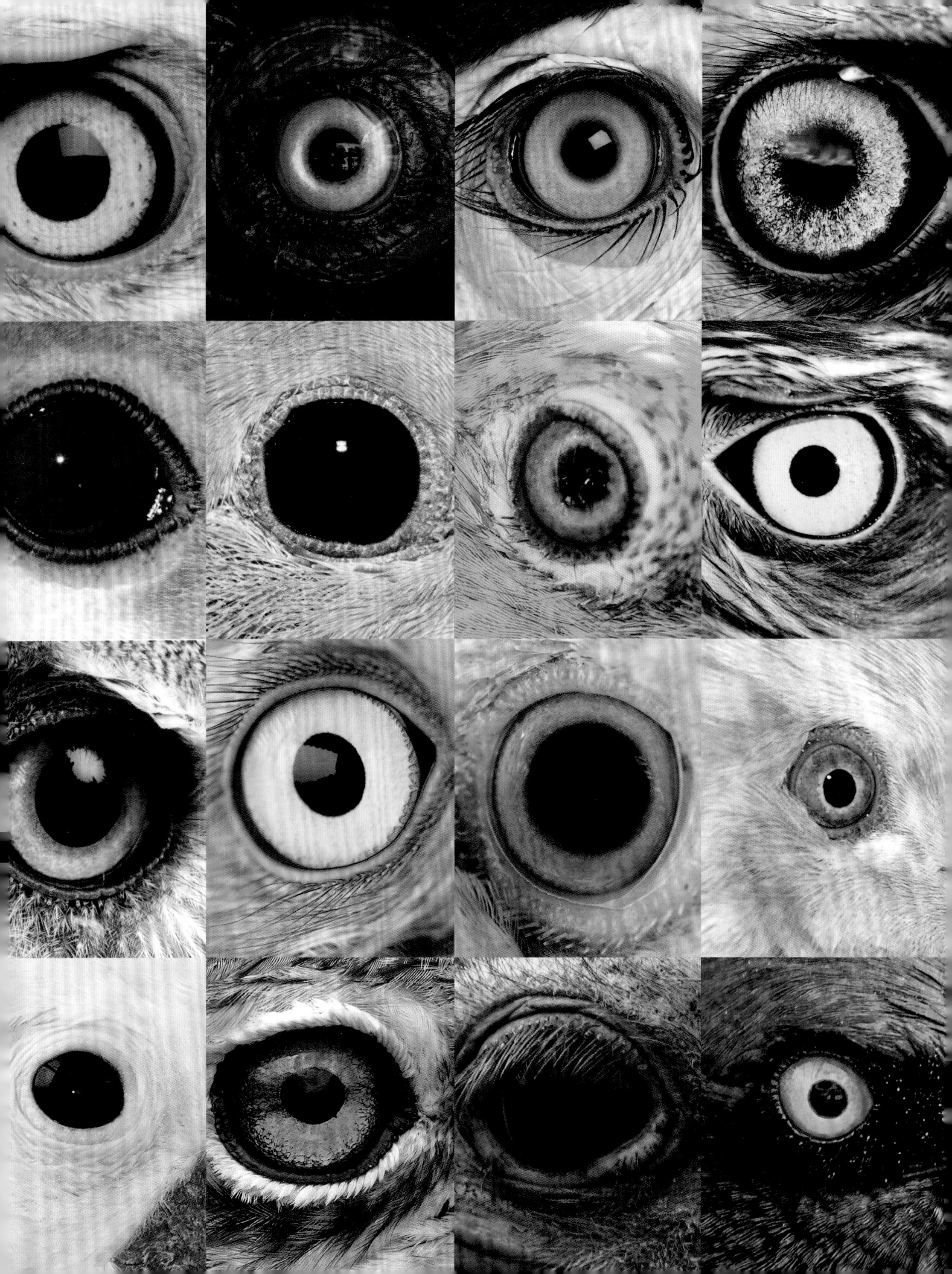

追随他人的目光

眼睛不但可以告诉我们其他人是否看向我们，或是猜测其他人对我们的意图，而且因为其他人也可以看向东西，我们可以借助这一点来了解世界里的物体和事情。

你在看什么?

个体看向某个物体通常是因为这个物体非常有趣，或是其想与这一物体进行交流。我专注地看着奶油蛋糕可能是因为我爱吃奶油蛋糕，或是我准备拿起这块蛋糕然后吃掉。同样地，我可能会拒绝掉一些我不感兴趣的东西，例如盘子里的面包碎屑。

对象选择任务

在竞争激烈的社交生活中，根据另一个个体的视线来区分出它所感兴趣的物体的能力叫作视线追随。可能让人吃惊的是，这是一种大多数动物都不具备的能力。要想判断一个个体是否能够根据其他个体的目光方向来判断出其他个体的意图，最常用的方法是对象选择任务。因为动物除了在双眼紧闭的时候，时时刻刻都在注视着周围的世界，而一个观察者为了从自己的目光中获取信息，就必须将视野中随机出现的物体和真正感兴趣的物体区分开来。我们可以通过比较观察者观察某一物体和另一个物体的注视时间长短，来检验其对哪个物体真正感兴趣。我们可以对一个受训者进行训练，使其了解一个不透明盒子里可能装有食物，也就是说即使它看不到盒子里是空的还是装有食物，它都知道这个盒子里

下图：为什么寒鸦能够识别出人类视线的方向？就像人类眼睛的白色巩膜一样，寒鸦的黑色瞳孔周围有一圈颜色对比鲜明的银色虹膜。这是人类能够互相理解彼此的眼睛和目光的部分原因，可能也解释了寒鸦为何具有类似能力。

可能有食物。然后，受试对象会看到一个人或是一个同类专注地盯着两个盒子中的一个。注视者所提供的线索可能是用手指指向其中一个盒子，或是头部和眼睛朝向这个盒子，或是仅仅眼睛注视这个盒子而头部不动。在这个实验中，只有这个具有提示的盒子才装有食物。当受试者去调查搜索两个盒子时，它会先开启哪一个盒子呢？令人惊讶的是，大多数能够跟随他人视线的动物，包括黑猩猩和渡鸦，选择正确的盒子的概率都和随机选择盒子的结果差不多。而只有在人类家庭中成长的类人猿，以及家养的狗和人工饲养的寒鸦，才正确地选择了受到目光注视的盒子。

只为你的眼睛

只有被人类有意识地社会化或抚养长大（或被人类驯化上千年）的物种才能从眼神中获取他人的意图。也有一些证据表明，其他物种也会使用其他类型的线索，例如朝向某个物体，但这种行为仅仅是手指指向某个物体的简化版。在利用同种动物的线索的研究案例中，很少取得肯定的结果，可能因为动物之间很难做出具体的线索，那些极少数有正面结果的研究用到的动物往往彼此之间具有强有力的社交结合。寒鸦一生都只有一个配偶，所以对于寒鸦而言，它们非常擅长从伴侣的一个简单线索就推测出伴侣的未来行为。

对象选择任务

❶一位实验人员指向或看向两个不透明盒子中的一个，而这个盒子中装有只有实验人员才知道在这里的食物。寒鸦能够根据收到的社交线索来选择正确的盒子。

❷第二个实验中，一只寒鸦的所在方向能看到哪个盒子里装有食物，这只寒鸦的身体正朝向这个盒子。为了防止这只寒鸦走到目标盒子旁，研究人员把它固定在栖木上。第二只寒鸦看不到盒子的内容物，只能依据其他寒鸦给出的社交线索来选择正确的盒子。

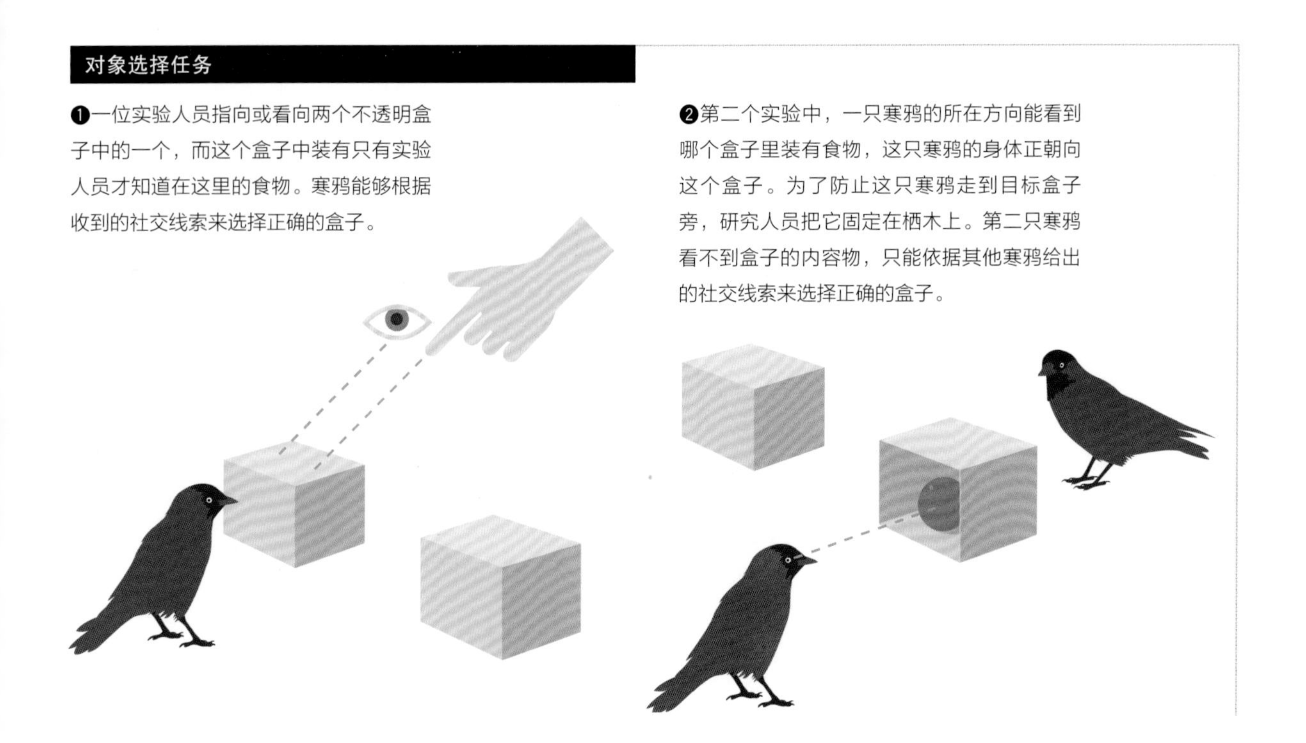

鸟类的美学观

吸引力对于鸟类是至关重要的。雄鸟花费难以计数的大量时间和精力来装扮自己，使得自己在雌鸟眼中尽可能显得美丽。毕竟，它们的基因能否遗传就决定于此。那么，我们是否能说鸟类具有某种美丽或美学的概念呢？

欣赏艺术

雄鸟或许可以发展出美学观点来使自己对雌鸟的吸引力最大化。而雌鸟或许也可以发展出美学观点来评价不同雄鸟的吸引力，从中挑选最佳的伴侣（即最具吸引力的雄鸟）。

鸟类中最具艺术家气质的是园丁鸟。雄性园丁鸟可以用草叶和树枝交织成一个巨大的网状结构，即凉亭，雄性园丁鸟会搜集各种明亮多彩的自然或人工饰物放置在凉亭的周围和顶端。另外，雄性园丁鸟还会竭尽所能地去破坏竞争对手的机会和凉亭，这样做往往会分散竞争对手的注意力。

雄性园丁鸟在建造和搜集装饰物时，它们的脑海里似乎已经有一个特定的凉亭结构和物品摆放方式，因为当它们精心摆放的物品仅仅是轻微移动或是被竞争对手偷走，它们都会立马察觉。雌鸟在决定拒绝或接受雄鸟前，会对雄鸟的凉亭、收集的物品以及雄鸟的嗓音进行考察评估。而雌性园丁鸟可能是动物王国里最挑剔的雌性之一。

我们可以认为园丁鸟的雌雄双方都有一定的美学意识：雄鸟以此来决定什么样的凉亭最吸引雌鸟；而雌鸟以此来鉴定不同的凉亭，并且根据这个美学标准来挑选最美观可靠的凉亭。

只是错觉

大亭鸟（*Chlamydera nuchalis*）在对艺术的追求上更进一步。它们建造的凉亭由一条上面覆盖树枝屋顶的通道和前后两个由彩色或白色的物品装饰的宽阔庭院组成。白色的物品按照大小依次排列。距离通道入口越远的

上图：雌性缎蓝园丁鸟（*Ptilonorhynchus violaceus*）通过考察潜在追求者的建筑技能来评估它的价值。雄性园丁鸟不但会筑造一个精巧美丽的凉亭，还会小心翼翼地用同色或异色的物品来装饰凉亭的里里外外。它对这些物品的摆放非常讲究，以此提高凉亭的整体美观来赢得雌鸟的青睐。

白色物体尺寸越大。这种排列会引起一种称为强迫透视的视觉错觉，这种视觉效果会造成雌鸟眼中的庭院大小发生变化，而庭院中展示的物品将雌鸟的注意力都集中到庭院中。这是艺术吗？约翰·恩德勒（John Endler）将艺术定义为“一个人通过创造一个外部视觉来影响其他人的行为，而艺术技艺是创作艺术的能力”。根据这一定义，雄性大亭鸟可以被看作是艺术家。

那么雌性大亭鸟呢？它们是否更像是艺术评论家而不是艺术家呢？美学是需要美感的，它需要一种判断和区分的标准。因为根据评估者的审美观来看，某个物品总会比其他物品更美观或更丑陋（艺术家的感觉也一样）。许多不同种类的雌性动物会对不同的雄性动物做出判断，这些判断基于身体体征（如颜色、羽毛、尾巴长度、体型），身体能力（如舞蹈和打架能力），或雄性身体能力展示出的成果（如凉亭和鸟巢）。当雌性动物根据以上特征做出选择时，它们会做出美学的判断吗？

大亭鸟通过建造凉亭来达到操控雌鸟行为（和选择）的目的，它们凉亭中通道的强迫透视效果表明雄鸟具有美学感受。而雌鸟则在一个个凉亭中互相鉴别判断，应当说雌鸟比雄鸟更有美学感受。但是我们还不清楚雌鸟如何做出这些判断，什么样的判断标准影响了它们的选择，以及它们的选择是否是为了后续的生育提供最佳保障。可以肯定的是，在大亭鸟的例子中，由于雌性大亭鸟受到了错觉的影响，所以它们更会去选择带有强迫错觉的凉亭而不是不具有强迫错觉的凉亭。然而近期的研究表明，雄鸟并不是刻意成为马基雅维利主义者来吸引雌性的（马基雅维利主义即个体利用他人或各种手段达成个人目标的一种行为倾向。——译者注）。相反，它们对物体的选择造成了这种错觉，某些物品自然而然地造成了雌性产生错觉。这一解释使得被欺骗的雌鸟心里稍感安慰。

上图：一只雄性大亭鸟在通道或隧道上方用弯折树枝建造起一个凉亭，凉亭的外部用自然和人工物品铺垫装饰。放置于通道之外的物品比通道内部的物品更大，造成了一种强迫透视的错觉，使得凉亭比它本身看起来更大。

声音交流

声音交流使得你能够把信息传递给尽可能多的听众。声音交流在黑暗中也能进行，虽然相对不太明显，同时也可以在飞行的时候进行。

鸣唱与鸣叫

鸟类通过鸣唱和鸣叫两种方式发声。所有的鸟类都能发出鸣叫，但不是全部的鸟类都能够鸣唱。而哪些鸟类会鸣唱以及它们又为什么鸣唱，则让人略微疑惑。能够鸣唱的鸟称为鸣禽，均属于雀形目。年幼的鸣禽从自己的导师那里学习鸣唱，它们的导师通常是它们的父亲。会鸣唱的基本都是雄鸟，因为雄鸟要用鸣唱去追求雌鸟。另外，雀形目下中的亚鸣禽也会鸣唱，包括霸鹟、阔嘴鸟和娇鹟等。这些鸟类鸣唱的曲目相对简单，但是它们的鸣唱不是后天学来的，而是似乎天生就会，并且这些鸟类的雌性和雄性都会鸣唱。更加复杂的是，还有其他两类鸟能够模仿这些鸟类的鸣唱。蜂鸟会以类似鸣禽鸣唱的方式来鸣唱，鹦鹉不能鸣唱但雌雄个体都能模仿别的鸟类的鸣唱。有观点认为它们学习鸣唱是为了学习伴侣的呼唤鸣叫（通常是它们的名字），经过很短时间后，伴侣之间的呼唤就汇聚成了一种独特的鸣唱系统来宣传和巩固它们之间的配对关系。更有意思的是，就如本书最后一部分所叙述，鹦鹉能够利用它们的声音学习能力来模仿部分人类语言。

要唱的歌

雄性鸣禽一般从自己的父亲或邻近的雄性导师那里学到鸣唱的曲目。这些曲目声音较大且比较长，而且通常结构复杂，包括一系列的音节、音素、乐句和变化无穷的颤音。鸣唱在宣示领地和求偶仪式中发挥作用，所以往往是季节性的，通常在繁殖季节达到高峰。雄鸟在自己的领地上漫游并鸣唱，来打消其他雄鸟入侵的企图。积极捍卫领地的雄鸟对于雌鸟而言更有吸引力。而鸣唱本身

左图：紫蓝金刚鹦鹉（*Anodorhynchus hyacinthinus*）是一种能够学习模仿其他声音的鸟类，它能够学习部分人类语言。

也对雌鸟有着吸引力，这种吸引力可以通过鸣唱的质量（如不同音节的数量）和长度或是求偶时所唱的曲目展现出来。鸣唱的产生和感知，尤其是准确模仿导师鸣唱的能力，取决于大脑皮层和纹状体中核团的复杂系统。

野性的呼唤

和鸣唱不同，鸣叫不是后天习得的，但是却被雄鸟和雌鸟普遍应用在各种方面。鸣叫通常结构简单，持续时间短，而且全年任何时间都在发挥作用，包括进食鸣叫、警告鸣叫、聚集鸣叫、乞求鸣叫、联络鸣叫和飞行鸣叫等。尽管许多鸣叫可能只是对某个物体的情绪化反应，例如见到捕食者时的恐惧鸣叫，但鸣叫同时也非常复杂，包含的信息量和信息类型也各不相同。

尽管鸣叫不是刻意学来的，但是某些鸣叫尤其是警告鸣叫可以得到灵活应用。例如，叉尾卷尾（*Dicrurus adsimilis*）会在没有捕食者时模仿斑鸫鹛（*Turdoides bicolor*）的警告鸣叫来吓走斑鸫鹛，以此来霸占斑鸫鹛的食物。黑顶山雀在见到较危险的捕食者如小型猫头鹰时会发出更多的鸣叫，因为小型的捕食者对于山雀而言更加致命。阿拉伯鸫鹛（*Argya squamiceps*）在捕食者越来越近，情况越来越危险时，发出的鸣叫声音的频率会越来越高。犀鸟会对狄安娜长尾猴（*Cercopithecus diana*）对雕发出的警告叫声做出反应，但是对狄安娜长尾猴对豹发出的警告声置之不理，因为豹不对犀鸟造成威胁。最后，家鸡能够根据不同警告鸣叫的声音结构来区分不同类型的捕食者，当它们收到地面捕食者的警告鸣叫时便会在地上找寻捕食者的踪迹，而当它们听到空中捕食者的警告鸣叫时则会抬头仰望天空。

结构与功能相关

鸣叫中的信息是与它的功能息息相关的。欧乌鸫（*Turdus merula*）的聚集鸣叫十分短暂，频率很广，所以其他个体在听到叫声后能够很容易地定位到呼叫者的位置并最终聚集起来。而欧乌鸫的警告鸣叫则耗时较长，频率稳定在7,000Hz左右，这种长时间的鸣叫使得信息能够顺利传达出去并且捕食者难以定位呼叫者的位置。很多捕食者听不到这一频率的声音，所以很多鸟类都用频率7,000Hz的叫声作为警告鸣叫。

动物的听力范围

鸟类的鸣叫和鸣唱都在人类可听到的范围内，而许多昆虫、蝙蝠及鲸类的交流声音则超出了我们的听觉范围。

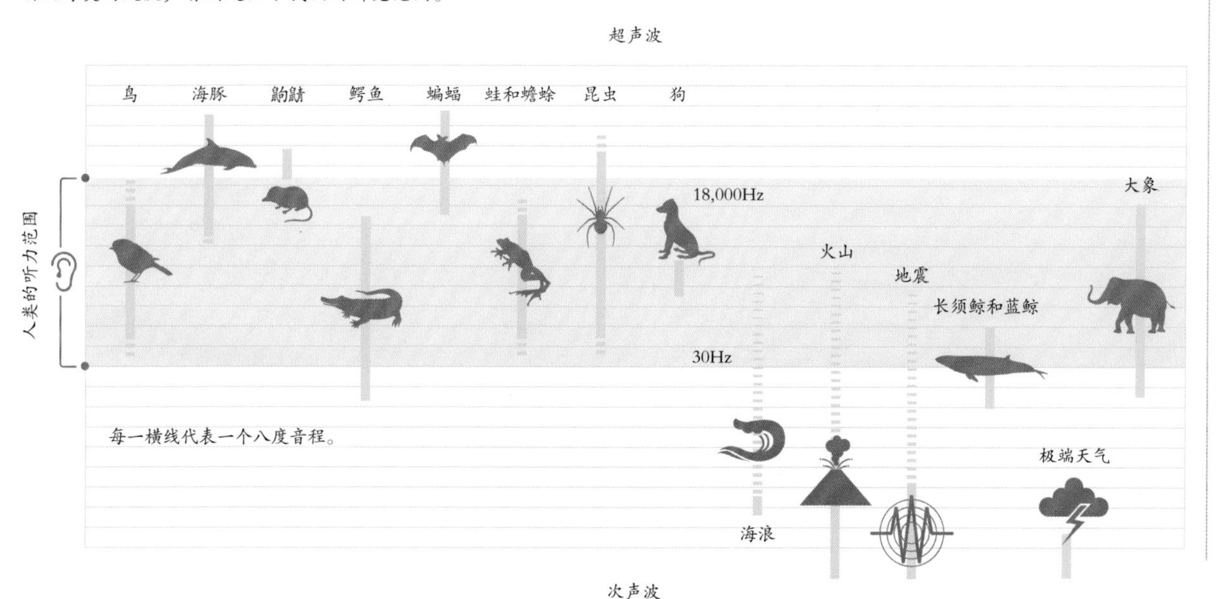

经久不衰的“老歌”

鸣叫是天生就会而非后天学习得来的。如果把一只家鸡从其未听到鸣叫时就与其他家鸡隔离开来养大，或是从小使它致聋，那么待到它成年时，同样会发出鸣叫。而没有通过学习就能鸣唱的亚鸣禽鸟类，即使它们未曾听过同类的鸣唱，在其成年时也能鸣唱。

敏感期

鸣禽和蜂鸟只有在成长中的敏感时期听到一个鸣唱的榜样，通常是其父亲，才能学会歌唱。这一时期以前被称为关键期，暗示着鸟类的声音学习阶段相对会比较固定，而现在我们知道某些种类的鸟的歌唱学习时期并不局限于这一个时期。例如，金丝雀不具有敏感期，它们终其一生都在不断地学习新歌曲。

父辈的歌

在学习鸣唱的过程中，一共有两个阶段：一个是感觉获得阶段，一个是感觉运动阶段。在感觉获得阶段，幼鸟听到一个往往来自父亲的鸣唱范本。在这个阶段之后会有一个沉默期，此时幼鸟会去记住这一鸣唱的格局和结构，但此时它还不发声。幼鸟的大脑中自带一个鸣唱模板，其中包括了这个鸟种鸣唱的基本元素。睾酮的激增启动了感觉运动阶段，在此阶段幼鸟会反复练习这首“新歌”（鸣唱草稿），并通过听觉反馈反复将这首歌和内在模板进行对比。它会记住学过的鸣唱，并根据自己内在的模板唱出音符，将这些音符与记住的鸣唱匹配起来。接下来，它要继续完善这首可塑的鸣唱，保留匹配的元素，删除不匹配的元素，直到这首鸣唱与习得的鸣唱完美一致（鸣唱定稿）。而某些年龄有限的鸟种，一生只学习这一首歌，且必须在敏感时期学会。不同鸟种的学习鸣唱的时间长短各自不同。白冠带鹀在第10到

学习鸣唱

这幅图展示了一只雄性鸣禽幼鸟从导师那里学会如何鸣唱到向雌鸟求偶的各个阶段。

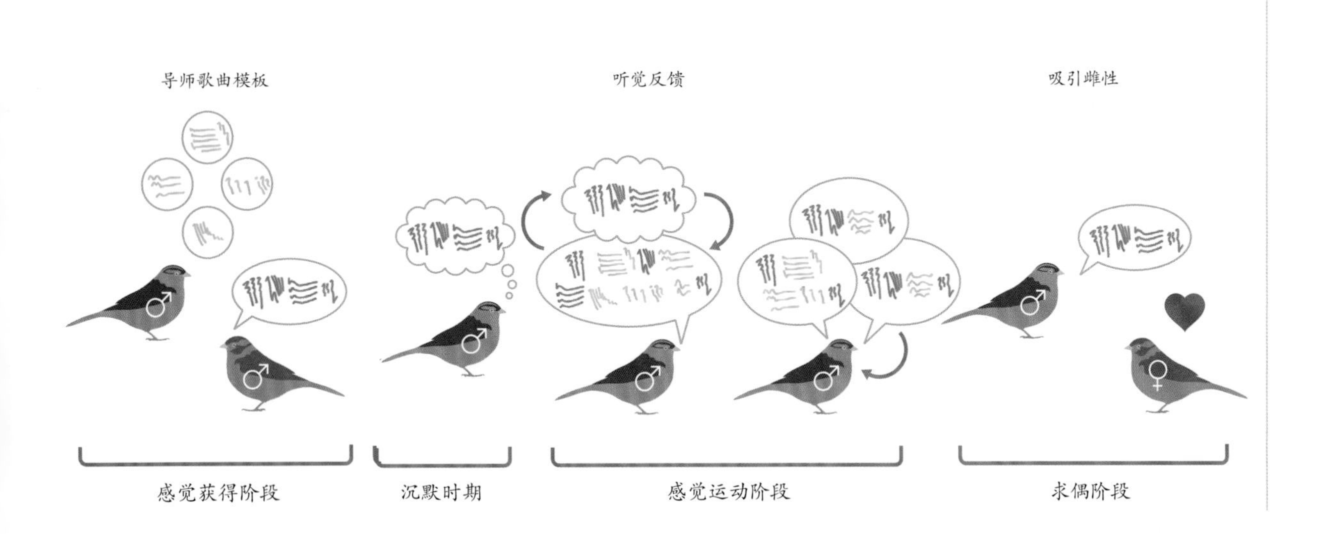

50天大时学习鸣唱，而苍头燕雀（*Fringilla coelebs*）则从10到12个月大到第一次繁殖期时学习。没有在敏感时期听到鸣唱的幼鸟不能唱出正确的曲调，但是它们终究还是会鸣唱，只不过鸣唱较为简单，音符较少，频率变化少，对雌鸟的吸引力也较小。而其他鸟类如琴鸟和嘲鸫，是开放性的学习者，没有明确的敏感期，它们能将其他声音和鸣叫加入到自己的曲目中来，包括其他物种的声音和人造物品发出的声音。

声乐文化

同一个鸟种内的鸣唱也因地域之分表现出不同。这种多样性通常发生在两个种群之间被自然屏障隔开而不能互相交流的情况下。因为幼鸟只是模仿与自己熟悉或有亲缘关系的导师的鸣唱，所以曲目往往缺少多样性，因此同一地区的鸣唱类型会受到限制。就像人类之间的方言差异一样，同种鸟类不同种群之间也具有方言。这种差别可能是结构性的，也可能是产生的方式不同，如鸣唱的速度。鸟类鸣唱方言的经典案例来自彼得·马勒关于旧金山湾区白冠带鹀的研究。方言在守卫领地的时候发挥作用，当发出陌生方言的雄鸟靠近时，领地上的雄鸟会表现出比发出相同方言的附近雄鸟接近时更大的攻击性。通过复制一只年长但仍能生育的雄鸟的鸣唱，年轻雄鸟会将这种鸣唱方言继续传承下去。

鸣唱可以被看作是父子之间传递下去的文化传统（垂直传递），但该文化同时也在相邻的同辈之间传递（水平传递）。就像人类的文化传统一样，鸣唱的核心结构保持不变，但在代代传承的过程中，一些全新的变化会自然而然地不断增加到曲目之中。

左图：金丝雀是世界上最出色的鸟类歌手之一。在17世纪，它们是欧洲君主的珍爱至宝，但很快就成了普通的宠物。金丝雀是被用来研究鸟类歌唱神经基础的首批鸟类之一。

鸟类的鸣唱控制系统

在鸟类的大脑中，有一个神经回路控制着鸟类对鸣唱和鸣叫的感知、记忆、模仿和产生。

喋喋不休

鸣禽、鹦鹉和蜂鸟的大脑皮层和纹状体中都具有这样一个神经回路，这个神经回路可以将听觉系统的输入和鸣管（相当于人类的喉咙）的运动输出连接起来。尽管这三类鸟的大脑结构各自不同，但是它们的大脑中具有功能相同的声音学习区域。

不用进行声音学习的鸟种就不具有这些区域，例如家鸡，家鸡的声音发生回路要简单得多。与此相反，各种八哥、亚马逊鹦鹉和蜂鸟大脑中的声音系统则十分相似。右图中用同样颜色标记的神经核团在鸟类神经系统中构成了传导通路。

鸣唱回路

在鸣禽中，三个神经网络将鸣唱的感知、记忆、复制和发声过程连接起来。因为雄鸟在繁殖季节鸣唱，所以我们推测鸣唱回路的相对大小有性别的区别和季节性的变化。雄性的鸣唱回路要大很多，雄性金丝雀的高级发声中枢（HVC）是雌性的3倍大，雄性斑胸草雀（*Taeniopygia guttata*）的高级发声中枢是雌性的8倍大。同时这个区域在春季比夏末要更大。新神经元在春季产生，在繁殖季节被取代。金丝雀每年都产生新的鸣唱，它的高级发声中枢也每年都产生新的神经元。因此，我们十分确定鸣唱回路和海马体一样具有可塑性。

在感觉获得阶段，歌曲的信息通过次级听觉区域，包括巢皮层体部（NCM）和旧大脑皮层（CM），进入到脑干、丘脑和L区（Field L，主要听觉区）。在这个区域，鸣唱（和其他声音相比）被当作鸣唱信息来感知。来自导师的鸣唱被识别出，并与背景杂音和其他鸣唱区分开来，然后这首正确的鸣唱就被复制出来。次级听觉区域不被认为是鸣唱控制系统的一部分，因为它们并不只有鸣唱一种功能。鸣禽、鹦鹉和蜂鸟的这些区域都一致，从它们的最后一个共同祖先起，这些结构就一直存在于它们体内了。来自导师的鸣唱被存储在次级听觉区域加以保留。当一只鸟再次接收到一首听过的鸣唱信息时，这一区域的神经元会显示出更强的反应。阻断在鸣唱学习过程中活跃的巢皮层体部的感受器会阻碍来自导师的歌曲信息储存，并导致形成异常的歌曲。

在感觉运动阶段，幼鸟开始练习鸣唱——如同人类孩童牙牙学语——此时鸣唱运动回路被激活。这一通路包括高级发声中枢，该区域从记忆中接收过去所学鸣唱的信息，并从鸟类天生的内在模板中产生鸣唱草稿。高级发声中枢投射到RA核团，而RA核团则激活控制着鸣管运动和鸣唱时呼吸运动的运动系统。于是鸟儿开始鸣唱，并且听到自己的鸣唱，通过听觉反馈与记忆中的鸣唱进行比对并纠正自己的错误。

最后一条前脑通路对于将鸟类感知到的鸣唱元素翻译成记忆中的歌曲副本非常重要。通过一个由高音中心、X区域（Area X，基底核）、丘脑、LMAN（巢皮层头部）和RA核团构成的环形通路，大脑对这首鸣唱（具有可塑性的歌曲）的内在元素进行提炼，并将这些元素与记忆中的鸣唱进行比对，鸟儿最终发出了对这首鸣唱的精确模仿。LMAN到RA的通道在此环节中尤其重要，因为当LMAN受到损伤时，就将这首可塑鸣唱转变成了不变的鸣唱而非成型鸣唱，所以在此阶段受损的幼鸟只能不成熟地鸣唱，发出互不关联的歌曲元素。一旦这首鸣唱成型，鸟类就能以一种模式化的顺序发出鸣唱元素，这和它们导师的鸣唱类似。

鸣唱学习的神经基础

这张鸣禽鸣唱系统的图表明了次级听觉中心（听到歌曲）之间的连接。红色箭头表示前脑通路（模仿歌曲）之间的连接。绿色箭头表示歌曲运动通路（产生歌曲）之间的连接。

下图展示了三种能进行声音学习鸟类的大脑（鸣禽、鹦鹉和蜂鸟）和一种不进行声音学习鸟类的大脑（家鸡）。红色核团为前脑通路，绿色核团为鸣唱运动通路，而蓝色核团为次级听觉通路。家鸡的大脑中只有部分的次级听觉通路，在其发声时发挥作用。

声音模仿

大约20%的鸣禽能够进行不限期的声音学习，它们学习新的鸣唱是没有时间限制的，有的鸟每一年都能够学习新的鸣唱。嘲鸫、椋鸟、八哥和琴鸟是有着超强声音模仿能力的鸟类代表，它们不仅模仿大量的鸣唱曲目，还能模仿其他鸟的鸣叫，甚至还能模仿人类的机器声。

模仿者

鸟类模仿声音往往十分准确，甚至有时能够愚弄人类。黄嘴喜鹊（*Pica nutalli*）常常模仿主人的电话铃声，使得主人不断地跑向并没有来电的电话，以此来捉弄它们的主人。一些模仿者还可以无限制地增加自己的曲目。例如嘲鸫的鸣唱里就有150多首曲目，并且这个数字会随着它们的年龄增加而增加，包括了蛙类、昆虫和鸟类的叫声及不同的警报声。候鸟中的模仿者能够搜集其他地域不同物种的叫声并进行模仿。湿地苇莺（*Acrocephalus palustris*）能够模仿多达76个物种的声音，其中60种生活在它们越冬的非洲。鹦鹉是最负盛名的声音模仿者，因为它们有模仿人类语言的能力，因此常被当作宠物饲养。想想看，如果狗能够与我们交流，那我们与狗的关系会多么不一样！

为什么模仿

这些鸟类花费如此多的能量，以如此高的准确度去模仿大量的声音，一定在进化上具有重要的意义。有一种观点认为，能够以极高精确度发出包含非声乐的大量声音的雄鸟，比那些只能发出少量声音的雄鸟更具吸引力。这一能力和雄性缎蓝园丁鸟的例子一样，这种鸟搜集大大小小的各种蓝色物体来装饰凉亭，其中的不少物体还很难得到。具有最多曲目和最高歌唱精确度的雄性缎蓝园丁鸟，其繁殖的成功率也最高（最具吸引力）。另一种观点认为，鸟类之所以模仿是为了模仿捕食者的声音，以此把其他个体从目标旁边赶走，例如食物。园丁鸟会模仿捕食者的声音并以此来吓走对手，然后再破坏对手的凉亭，使得对手在雌性眼中不具竞争力。鹦鹉进化出模仿的能力可能是为了加强与伴侣之间的关系，因为雌鸟和雄鸟最终会将它们各自的联络鸣叫的结构转变成同一组的联络鸣叫。鹦鹉的主人在教鹦鹉人类语言的时候同样可以利用这一点，即当鹦鹉与主人关系密切的时候，它们学习人类语言的速度就会更快。

跟随节拍舞蹈

声音模仿者还具有另外一项技能，此技能与理解人类的音乐和舞蹈相关。当向声音模仿者播放一段带有节奏的音乐时，它们很快被音乐所吸引，然后随着音乐舞动身体。在网络上有一段非常火的视频，视频里一只名叫“雪球”（Snowball）的葵花鹦鹉（*Cacatua galerita*）随着后街男孩的音乐而翩翩起舞。它准确地随着音乐的节拍上下晃动脑袋，交替移动自己的爪子，昂起脑袋调整自己的运动节奏使得与音乐节拍一致。对鸟类的广泛研究发现，声音模仿者比非声音模仿者更有可能随着音乐形成动作节拍，但我们还不清楚为什么声音模仿能力能在这种技能中发挥作用。

上图：嘲鸫以能模仿各种自然和非自然的声音而闻名，这些声音包括其他鸟类的鸣叫和鸣唱，同时也包括人造的声音，例如汽车的警报声。

本页图：琴鸟是自然界最令人印象深刻的声音模仿者之一，它能够模仿照相机的机械快门声、电锯声、汽车警报声，以及包括笑翠鸟在内的一系列其他鸟类的鸣叫声。图为华丽琴鸟（*Menura novaehollandiae*）。

教鹦鹉说话

鹦鹉大脑皮层中的声音学习通路，功能上类似于鸣禽的声音学习通路，这一通路为鹦鹉学习人类语言提供了功能结构。因此，模仿他人说话的能力也被称为“鹦鹉学舌”。

鹦鹉学舌

许多饲养鹦鹉的人都惊叹于他们的毛绒小朋友是多么的能说会道，有时候它们甚至能进行与当下语境相符合的对话。那么，这是否意味着鹦鹉说话不仅仅是“鹦鹉学舌”呢？鹦鹉对人类语言不仅仅是模仿的最著名例子来自于一只名叫Alex的非洲灰鹦鹉，它被艾琳・佩珀伯格训练并测验了30年。不幸的是，Alex于2007年去世，但是对它语言理解能力的研究首次展示了鸟类大脑和认知的复杂性。

一只名叫Alex的鹦鹉

Alex是佩珀伯格从芝加哥一家宠物店随机挑选出来的，她对鹦鹉是否能被教会说话很感兴趣，但她特别热衷于用语言作为一种工具来研究鸟对概念的理解，例如数字，物体如何分类，物体是否有共同的特征。直接询问实验对象一些问题当然比设计复杂的实验要容易得多。研究人员通过使用模范/竞争技术来让Alex学习人类单词以及单词的意思，在这个过程中，两个训练师拿着一个物体相互交流，其中一个（训练师）问另一个（模范/竞争对手）关于这个物体的问题（例如“这是什么?”“什么颜色?”）。当模范做出正确的反应时，他或她会得到表扬，并且可以得到这个物品作为奖励。不正确的回应，例如故意歪曲或不正确的回应，会受到斥责，而这个物体也会被拿走。Alex也会受到询问，回答接近正确答案也会获得奖励。随着时间的推移，正确答案的范围变得越来越窄，所以Alex最终学会了正确的单词。在实验过程中，训练师和模范/竞争对手在不同的会话中交换角色，使得Alex不能只关注训练师，而不关注模范/竞争对手。

Alex学会了什么?

最终，Alex能够正确说出超过50种物品的名字，七种颜色，五种形状（基于物品的角数，最多到八边形），物品的三种描述方式（颜色，形状，材质），简单的命令如“不”“过来”“想要去某处”“想要某物”，以及更抽象的概念，例如两个对象是否相同（基于抽象属性，而不仅是物体的外观），以及它们的大小和/或数量是否不同。Alex还学会将不同标签合并起来，以便于它去识别、索要、评论或拒绝物品。

Alex明白自己在说什么吗?

当Alex面对一组不同颜色、形状或材料（或有共同特征）的物体，研究人员就这些物体提出问题时，它非常准确地给出了正确答案。Alex正确地回答了诸如“什么物品是蓝色的?”以及需要跨类别理解的问题，如“蓝色四边形是什么物质?”或“一共有多少蓝色物体?”。某些物品具有共同的特征，如颜色，但其他特征有所不同，如形状。区分出一批物品中蓝色物品的数量（如蓝

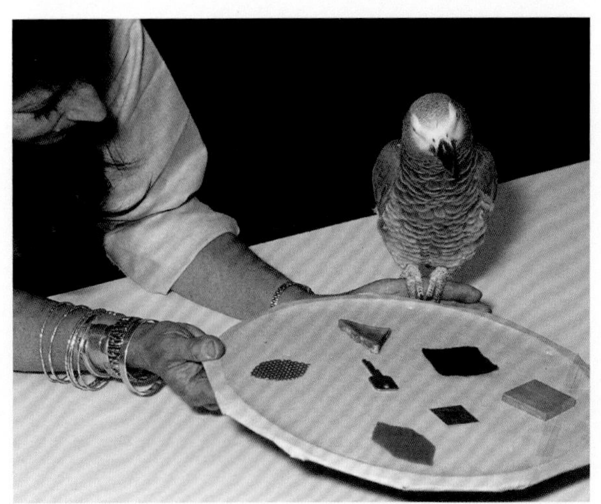

上图和左图： Alex还可以完成其他需要理解多个概念的任务，例如依据不同的特征来区分出不同的物品。左图：Alex被要求数出同一颜色的物品的数量。上图："蓝色四边形是什么物质"即"蓝色的四边形物体是什么材质做成的"。而Alex的回答总是十分准确。

色的圆形加上蓝色的方形一共2个）和区分出四边形物品的数量（如蓝色的方形加红色的方形一共2个），需要综合应用对象的多个属性（也就是说一个物体具有多个属性，可以将其和其他具有部分相同属性的物体区分开来）。因此，Alex似乎是理解它所说出口的话语的，所以它能够正确地应用语言，并在语境之外自然而然地使用这些学习的语言。但这种语言是人类语言吗？Alex的确产生并理解了标签、概念、动作和物品之间的关系，所以它的确是进行了象征性的交流，而这正是人类语言的核心部分。而语言却不仅仅只是象征交流，语言还用语法和句法来支持言语背后的含义和意图。至今为止，只有一对受过语言能力训练的倭黑猩猩和海豚表现出这种程度的语言能力。

4 有羽毛的朋友和敌人们

鸟类为何群居？

大多数鸟类都群居生活，但群居生活有利有弊。与其他个体共同生活可以增加单只个体抵御捕食者的成功率，但是个体数量的增加也使得鸟群更加明显可见。事实上，个体数量的增加也使得潜在捕食者的选择面更广，所以，对于一只鸟而言，只要比身边的那只鸟更强壮就会增加自己侥幸生存的概率。

人多才保险

如果生活在群体的边缘，处境就大事不妙了，因为在这里很容易被捕食者抓走，但如果处于群体中心就大可放心。当然，群体中的绝佳位置通常被社会地位最高的个体占据。在繁殖期，集群繁殖可以为后代提供更多的保护，但是也增加了幼鸟被捕食者发现的概率。然而，群居生活也有助于更早发现捕食者，只要群体中的一个或几个个体发现捕食者便可通过警告鸣叫告知其他个体。对于时常面临捕食者突然袭击的鸟类来说，危险来临时的警告鸣叫可以让它们又多活一个晚上。另一方面，某些群居鸟类，甚至是不同种类的鸟，会一起积极行动起来，采取更激进的生存战略，它们聚集起来一起凶残地去抢劫其他鸟类的食物。

机遇与挑战并存

群居生活还有其他好处，如增加了向其他个体学习的机会，如去学习寻找食物或是在困难的情况下拿到食物。鸟类在找寻季节性食物或者某个地点特有的食物时会大量聚集起来，这样会不可避免地吸引捕食者到来。而且，短时间内食物聚集在同一个地方也会导致其他问题，如同一个时刻过多个体一起进食，难免会出现打架抢食的情况。

对于群居鸟类来说，找到配偶要相对更加容易，尤其对一个繁殖季节和多名配偶交配的鸟类而言。即便是只与一名伴侣交配的鸟类，例如皇信天翁，它们依然大量群居生活。在像南极这样的极端环境中，和其他个体一起生活意味着可以相互拥抱在一起聚集取暖，这大大增加了生存的机会，帝企鹅（*Aptenodytes forsteri*）便是最典型的代表。

左图：帝企鹅生活在大群体之中，有时一个群体的个体数量甚至会超过一百万。它们在盛产鱼的地区大量聚集在一起抱团取暖，但由于环境严苛，一对雄性和雌性帝企鹅只能养育一只雏鸟。

进化出社交智慧

除了共享资源或者无法安静进食外，群居生活还带来了其他的缺点，其中一点就是增加了传染病和寄生虫的传播概率，距离携带者较近的个体更容易患上这两类疾病。除了这些危险以外，群居生活也并不轻松，但大部分鸟类都选择群居而非独居生活，所以鸟类通常都能够克服群居生活的各种困难。绝大多数鸟类会根据自己在族群中的社会等级来解决绝大多数问题，而这些问题通常也不需要与诡谲多变的社交世界相适应的特殊认知技能来解决。然而，仍有极少数鸟种可能已经发展出一种社交智慧，而这种智慧过去曾被认为是灵长类动物所独有的。

科学家相信，由于社交生活需要回馈，因此，促进人类认知能力进化的首要动力是社交生活而非解决身体问题。和群体中的其他个体打交道，需要根据他们的个性、人际关系、喜好、厌恶、意图和打算来处理和他们的关系，这类事情的复杂程度是处理物理对象时所不能遇到的。人们一直都认为只有人类才具有复杂的社交技能，直到20世纪60年代，珍·古道尔（Jane Goodall）和黛安·福西（Dian Fossey）首次报道了我们的近亲类人猿中也存在类似的复杂社交技能。现如今，我们已经知道，这些技能要比60年前我们设想的情况更加广泛地存在于脊椎动物中，包括很多鸟类。在这一章的其余部分，我将讲述如今已知的鸟类社交智慧，包括它们与哺乳动物共有的社交智慧，以及鸟类独有的社交智慧。

鸟类与蜜蜂

对于大多数动物而言，它们聚集并生活在一起只为了一个目的：生育健康的后代。数量增加带来的安全感、觅食机会的增加以及能够学习新东西都是随之而来的间接好处。

配对游戏

在一个较大族群中找到合适伴侣的机会将会更大。除此之外，在较大族群中生活也能够提高后代健康存活到成年的概率。群体生活也有利于多配制的产生，雌雄个体都尽可能与更多的伴侣交配。在一夫多妻制的婚配系统中，雄鸟在繁殖季节与尽可能多的雌鸟交配，理论上就能产生更多的后代。雄鸟在交配后就离开，不参与养育雏鸟的工作；然而，绝大多数的鸟类不会这样做。鸟类中还有一小部分种类实行一妻多夫制，在这一婚配系统中，一只雌鸟同时与多个雄鸟交配（这与一夫多妻制相反），雄鸟单独把雏鸟抚养长大，雌鸟则在产完卵后便离开。然而，大部分的鸟类都实行一夫一妻制，在这一婚配系统中，一只雄鸟与一只雌鸟配对，并参与到养育雏鸟的工作之中，帮助雌鸟喂养和照顾雏鸟。有的鸟类的配对关系可以维持终身，一旦在年轻的年纪选择了伴侣就会与伴侣相伴一生。

两性冲突

有的鸟类终其一生都在不断地改变自己的婚配制度，例如林岩鹨（*Prunella modularis*），大部分情况下它们都是一夫一妻制，但是在需要的情况下也可能实行一夫多妻制或一妻多夫制。雄鸟与雌鸟受益点不同，因此它们之间便可能在利益上有冲突。总体来说，如果雄鸟帮忙抚养后代，雌鸟会得到更好的照顾，因为这能降低雌鸟的压力并提高雏鸟的生存机会。假如雄鸟参与照顾后代，但如果它与多个雌鸟产生了多个后代，那么它的时间就会支离破碎，大大减少了它花费在其中一只雌鸟和它的后代的时间。一夫一妻制对雌鸟有利，但对雄鸟却较为不利。一夫多妻制对雄鸟更有利，是因为雄鸟可以与大量的雌鸟交配，并且在交配后就离开，不用承担作为父亲的责任。虽然没有父亲的参与，它的后代中很多都会早夭，但总体而言雄鸟生下了更多的幼鸟，活到成年的幼鸟最终也会比较多，而在这个过程中它只付出了小小的一点责任。与此相比，一夫一妻制就使得雄鸟把自己的全部时间精力投入到照顾一窝雏鸟中，而这些雏鸟随时可能会被捕食者全部抓走，这是一种把所有鸡蛋放在一个篮子里的行为，具有很高的风险。

“骗子”林岩鹨

在林岩鹨中，当雌鸟和雄鸟都分别使用欺骗性的手段使得自己利益最大化时，它们之间的冲突就达到了高峰。一只占统治地位的雄鸟与雌鸟交配，但交配后这只雄鸟就会离开，一只等级较低的雄鸟会到这只雌鸟附近碰碰运气并试着与它交配，而雌鸟则可能会同意。林岩鹨之间的交配过程十分简单，精子很快地从雄鸟泄殖腔（雄性林岩鹨没有阴茎）排到雌鸟的泄殖腔中。低等级雄鸟在交配后会偷偷溜走，而雌鸟在偷偷与低等级雄鸟交配后，则可能会把自己的尾羽拂到原配偶雄鸟的脸上，让该雄鸟知道自己与其他雄鸟交配过，这时原配偶雄鸟就会强制地把上一只雄鸟的精液从雌鸟泄殖腔里啄取出来，然后再与雌鸟交配。虽然前后有两只雄鸟与雌鸟交配过，但只有占统治地位的雄鸟才能成为雌鸟孩子的父亲。更有意思的是，这两只雄鸟都会帮助雌鸟养育后代，从而增加了后代存活的机会。然而，其中一只雄鸟受到了欺骗，它将时间和精力用来抚育不具有自己基因的雏鸟。如果没有经历这些它会活得更好。

目前我们还不清楚，鸟类是否需要社交智慧来看穿这些看似复杂的欺骗行为？雌鸟的这种行为是在数百万年间不断进化形成的，这种行为在适当的情况下就会发生，而不是雌鸟深思熟虑的结果。我们可以通过实验来测试雌鸟灵活性和智力的极限，但是这些实验目前还未被设计出来。

鸟类的社会系统

❶在这张图的上部分展示的是为了躲避捕食者攻击而生活在较大群体中或者领域有部分重叠的鸟类。渡鸦（上左）代表的一种经典的鸟类社会系统，在这个系统中，鸟类成对生活（P，深色区域），不同繁殖对的领域（浅色区域）不重叠，也没有繁殖帮手（NH）。

❷冠蓝鸦（*Cyanocitta cristata*）（上中）为另一种类型，成对生活，每对的领域有所重叠，周围也有非繁殖个体。

❸寒鸦（上右）则是大型集群繁殖的例子，许多对鸟共同生活在一个领域里（也就是说，每对个体的领域重叠度非常高，以至于无法区别）。

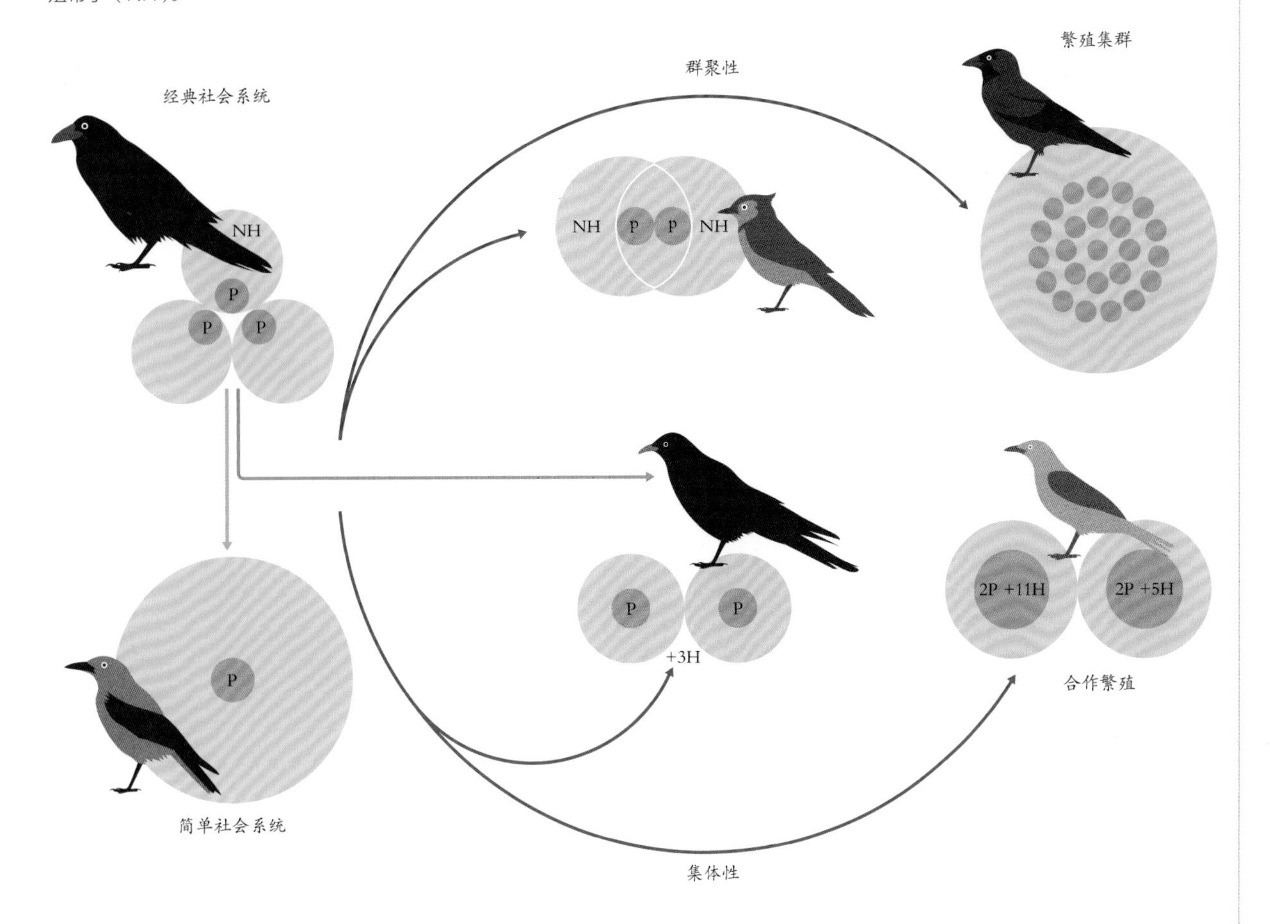

❹在图片底部，展示的是生活在小群体且领域分明的鸟类。最简单的形式是北美星鸦（下左），一对个体生活在一大片领地中，它们在非繁殖季节也是这种相对独居状态。

❺黄嘴山鸦（*Pyrrhocorax graculus*）（下中）基本上也是成对生活，但是在环境变化的情况下，也可能成对生活在简单的社群中，没有繁殖帮手。

❻墨西哥丛鸦（*Aphelocoma wollweberi*）（下右）则是一个真正群体共同合作繁殖的例子。多对个体和它们几年前的后代生活在一起，而这些较大的后代会帮助抚育年幼的后代。参与抚育的帮手（H）数量视当下环境情况而定，这可能会耽误它们成立自己的小家庭。

鸟类的社交头脑

鸟类所面对的环境挑战可以分为社交性的（等级，繁殖）和非社交性的（觅食，栖息地选择，捕食）两大类，它们已经进化出相应的神经系统来应对这些挑战并创造出新的机会。

所有脊椎动物的大脑都在处理动物个体本身所处的环境中的实时信息，使得个体做出正确甚至常常是性命攸关的应对。我该吃哪个水果？我该向哪个雌性求偶？怎样才能避免被吃掉？对于生活在群体中的动物而言，这样的问题是最重要并且最难以抉择的，因为这些问题需要能够做出自主选择才能解决。

社交大脑的共同性

总体而言，所有脊椎动物的社交头脑的运作方式是相同的。与社交有关的信息刺激，如外观、气味或声音，通过某个适合的感觉器官进入大脑，在鸟类和灵长类中主要是通过视觉和听觉系统，而在啮齿类中主要是通过嗅觉系统。这些信息被分析，然后归类为脸庞、激素或者叫声。但是这些脸庞、激素和叫声是来自于谁呢？这个个体与你是什么关系又处于什么社会地位？这个个体过去是否帮助过你而你现在是否要报答这一善行？因此，对于一个处于社交生活中的生物而言，仅仅识别一个社交刺激是不够的，还需要去评估刺激的特点，刺激的情感价值，或者社交重要性，然后再启动相应的回应。例如，一个生物个体向你做出了恐吓性的面部表情，那就意味着这个生物想要占据你的上风。这时就需要特定的动作来回应以避免它对你展开攻击，例如展现出服从的姿态。而如果等级较低的个体向你展示威胁动作，那么反应就应该完全不同，例如你应该向它回应威胁甚至展开攻击。

脊椎动物的大脑中有两个基本神经网络构成了社交评价系统（social evaluation system）的一部分，分别是社交行为网络（Social Behavior Network）和中脑边缘奖赏系统（Mesolimbic Reward System）。社交行为网络由下丘脑、杏仁核内侧和中脑导水管周围灰质（红色）组成，这一网络参与评估社交刺激的情感重要性，尤其是在性行为中，可以通过激素作用激起性反应。如果一只雌性邀请一只雄性交配，那么社交行为网络就会把雌性邀请的表演翻译成交配的正确行为。而中脑边缘奖赏系统则是由海马体、纹状体、苍白球和基底外侧杏仁核（蓝色）组成的大脑回路。中脑边缘奖赏系统在形成社交关系的场合将发挥重大作用，例如记住一位长期的伴侣。在鸟类当中有两种神经肽：抗利尿激素和鸟催产素，在哺乳动物中则是催产素。这两种神经肽都是这一系统中必不可少的传递介质，社交关系越强的物种，其神经网络中的这些激素含量也更高。在我们的案例中，一只雄性可能因为这一奖励系统的激活而与一只雌性多次交配，并和该雌性结成牢固的配对关系。侧间隔（lateral septum）和终纹床核（bed nucleus of the stria terminalis）（紫色）既是社交行为网络的一部分又是中脑边缘奖赏系统的一部分，它们也许构成了这两大网络之间的连接。

社会知识网络

数百万年以来，这两个大脑系统一直保持稳定，并存在于从鱼类到哺乳动物的所有脊椎动物中。然而，几乎没有证据表明它们在社交知识中扮演非常重要的角色。因此，在稳定的群体中进行重复社交互动的物种，它们的大脑中可能需要一个额外的神经系统来处理社交刺激，把这些刺激分类并将它们长时间储存。这样的记忆可能包括他人与他人的关系（支配与从属的关系），合作历史（谁欠谁一笔人情），过往互动的记忆，以及一个预测其他人未来意图的系统。这个社交知识网络目前来说仅存在于理论，但初步研究表明这一系统可能包括鸟类大脑的更高级部分，例如内皮层、中皮层和巢皮层。

鸟类的社交大脑

下图展示了社交大脑各区域之间的连接。蓝色区域显示的是社交行为网络的部分组成部位，这一网络对于将社交刺激转换成情感重要性至关重要。而灰色部分是中脑边缘奖赏系统的部分组成部位，这一系统将刺激转换成价值（奖励）。紫色区域是以上两个网络共有的组成部位，可能构成了两个系统之间的连接。右侧的示意图展示了社交决策的主要环节（从感知到评价再到反应）。

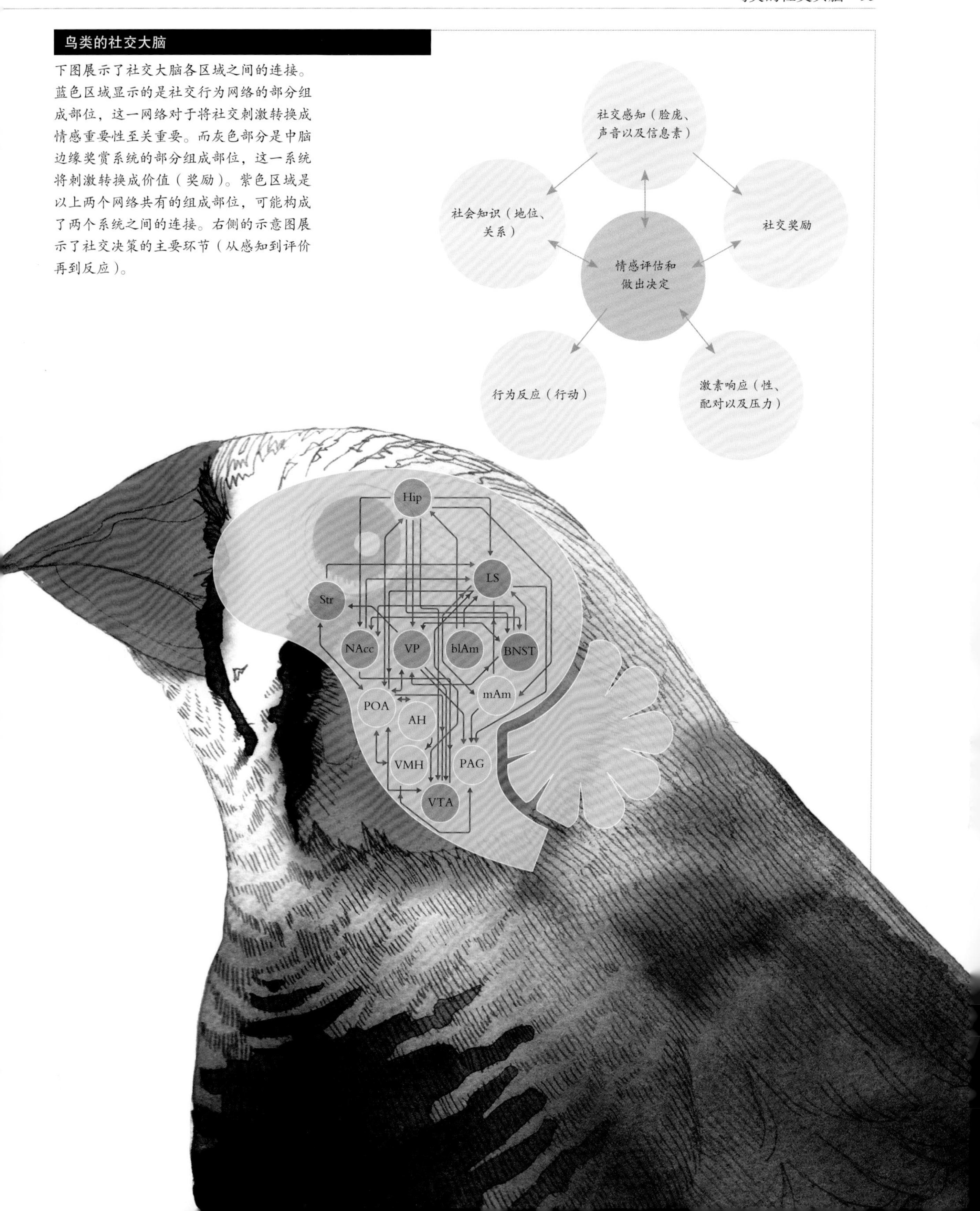

追求地位

如果生活在一个大群体之中，你如何来决定谁得到某个东西，又以什么样的顺序来得到东西？其中一个办法便是通过打斗来决定。不同个体在体型大小、速度和打架能力上都有着区别，打斗可以决出占统治地位的个体。自然而然地，具有最高地位的个体将享有最优良的资源。

明白你的地位

挪威动物学家索里夫·谢尔德鲁普-埃比（Thorleif Schielderup-Ebbe）通过对群养家鸡的观察，发现鸡群内部存在着“等级制度”。他发现当给两只鸡喂食时，它们会为了食物而打斗，而最好斗的鸡会尽可能多地去啄另一只鸡，来确保自己得到食物，用暴力来得到它想要的东西。任一一对新的参与该实验的家鸡都可能重复这一过程，直到每个个体都能够准确评估自己能否赢得战斗。从此时起，它们不再需要真刀实枪的战斗来决定谁先进食，因为攻击带来的主导者地位已经非常明确。在一个群体中占据主导地位可以使这个个体不用经过危险的打斗就能够享用资源。

在等级制度中，个体被分为顶层的高统治地位（即最具攻击性）和底层的服从地位（即最服从温顺）。在这一等级制度中，当受到其他个体的啄击时，要么立即反击回去（如果发动啄击的一方地位较低），要么采取恭顺的态度，例如低垂下脑袋（如果攻击方地位较高）。于是统治地位的一方不用开展实质性攻击就能展开威胁，而服从的一方不用受到攻击就能展示出服从。接受这一准则之后，知道自己地位的个体就能在群体中相对和谐地生活了。

啄击的次数可以构成一个稳定的等级系统，如果A个体的啄击率最高，那么它的地位就最高，其他个体在群体中的地位线性降低，表现为A>B>C>D>E。在知道自己在这个排序中的地位以及谁比谁更占主导地位之后，就能够明白这个群体中的两个个体谁对谁有支配权，即使两个个体之间还没有真正接触。例如B对C有支配权，C对D有支配权，那么B和D相遇时，D就应当做出服从的姿势来避免B对自己发动攻击。在这一过程中，一种叫作传递推理的能力发挥着作用。

身体攻击并非衡量支配地位的唯一标准。体型大小也很重要，体型大的动物往往比体型小的动物更具攻击性而且社会地位更高。而其他的线索，例如声音、威胁姿势，以及个体之间的联盟和联盟伙伴也都与地位息息相关。大部分个体都清楚自己在等级制度中的位置，因此不会争斗。而争斗往往发生在地位相近的个体之间，这些个体可能会因为地位上升而获利，也可能会因为地位下降而有所损失。等级制度通常是线性的（A>B>C），但也有非线性的。在非线性的等级制度中，个体的社会地位取决于其他个体的支持，或者来源于配对关系（例如，在一对配偶中）。

荣誉勋章

有些鸟类拥有能够反映自己支配地位的身份勋章。这一勋章通常是身体上的某一或某些特征，例如一片彩色的羽毛，或是颜色较深的喙，通常颜色越深，地位越高。例如白冠带鹀，它们头顶的白色部分越多，地位就越高。这些勋章需要比较容易改变，以便和地位的变化相匹配，因此，这些勋章要么受到激素的影响，要么受营养物质摄取的影响。地位较高的个体比地位低的个体拥有更好的营养，是因为它们取食的食物质量更好。而营养优良的食物可能又最终导致了亮丽的羽毛和喙。

右图：一只公鸡“统治”着一群母鸡。每一只鸡都在与其他个体为了进食打架之后，清楚了自己的地位和进食的顺序（即啄食顺序或啄序），赢家得到了食物，而失败者只有等到赢家吃完之后才能吃到自己的残羹冷炙。

尊重啄食顺序

在拥有灵活等级制度的物种中，个体之间需要分辨出其他个体并且长久地记住它们，而它们也会不可避免地遇到其他小群体（或者大群体中就包括多个小群体，每个小群体有自己的等级制度）。它们需要一个机制，来通过观察其他个体的互动判断陌生个体间的地位高低和相对等级。

来自不同小群体的蓝头鸦会为了同一资源相互争斗。为了减少任何潜在的身体攻击，最好有一套比较好的方法来决定个体间的相对地位。随着群体成员的增加，社交记忆（记住其他个体的关系和地位）的压力也随之增加。因此，通过观察来判断未知关系，再通过传递推理来推断未知关系将会十分有利。例如，“我知道自己相对于X和Y的地位关系，同时我又知道A比X和Y的地位更高，所以我能够推断出我和A的相对地位，哪怕我还没见过A。”

在实验室中，研究人员将蓝头鸦分成了三组：第一组（A到F），第二组（1到6），第三组（P到S）。每一个组间和组内都形成了线性的等级关系。群体内的等级关系通过两两争夺食物来决定。具有支配地位的个体首先获得食物，并常常向其他个体施加威胁，而处于服从地位的个体不会得到食物但会展现出服从的姿势（例如低头或鞠躬）。在群体间的等级关系实验中，在各自组

下图： 蓝头鸦是北美鸦科中典型的群居鸟类，它们常常几十只共同生活。个体之间通过共同梳理羽毛和伴侣受到攻击时提供帮助形成专一紧密的伴侣关系。而这种社交智慧形式曾被认为只存在于灵长类和鲸类之中。

别中拥有相似地位的一组鸟被放在一组（例如B对2，或A对B）来进行食物争斗，在争斗时会有另一只个体在旁边观察，而这一观察者将根据观察到的信息来确定自己与其中未谋面个体的等级差异，以便在下次碰到时确定自己应该采取支配行为还是服从行为。被选中的参与群体间等级关系实验的鸟都是处于各自群体的中间阶层，因为争斗的输赢对于它们来说都非常重要（因此对于它们地位的评估标签不是简单的“那个总是失败的鸟”）。

在实验阶段中，鸟3观察了组内遭遇战（例如，鸟A对鸟B，鸟B输了），和组间遭遇战（例如，鸟B对鸟2，鸟B赢了）。那么在实验第三阶段，因为鸟3服从于鸟2，而鸟2输给了鸟B，所以当鸟3遇到了鸟B，鸟3就展现出了服从的姿态。另外，在控制实验中，鸟3仅能观察到组内的遭遇战，因此不能得到组间遭遇战的有效信息。所以鸟3看到鸟B输掉了与鸟A的战斗，但赢得了与鸟C的战斗，在这一情况下，当鸟3与鸟B正面遭遇时，鸟3没有了解到鸟B与自己所在组的鸟的相对实力强弱的信息，因此鸟3一开始不知道如何去回应鸟B。蓝头鸦利用自己从组间遭遇战中观察到的信息，使自己在遇到其他组的成员时采取恰当的姿势，例如遇到第一组时采取服从的姿态而遇到第三组时采取支配的姿态。这些姿势在见面的最初一分钟发生得最为频繁，而之后迅速减少。而如果没有得到这些信息，它们就会在第一次见面时无所适从，不知如何回应，这表明它们对其他的身体信号不做出反应。因此，我们可以推断蓝头鸦运用传递推理来得出支配优势的关系。

蓝头鸦的社交推理

一项以蓝头鸦为实验对象的实验，展示了传递推理在社交关系中的应用。文本中详细展示了这一实验的不同阶段（社交等级，实验阶段，控制实验，测试阶段）。

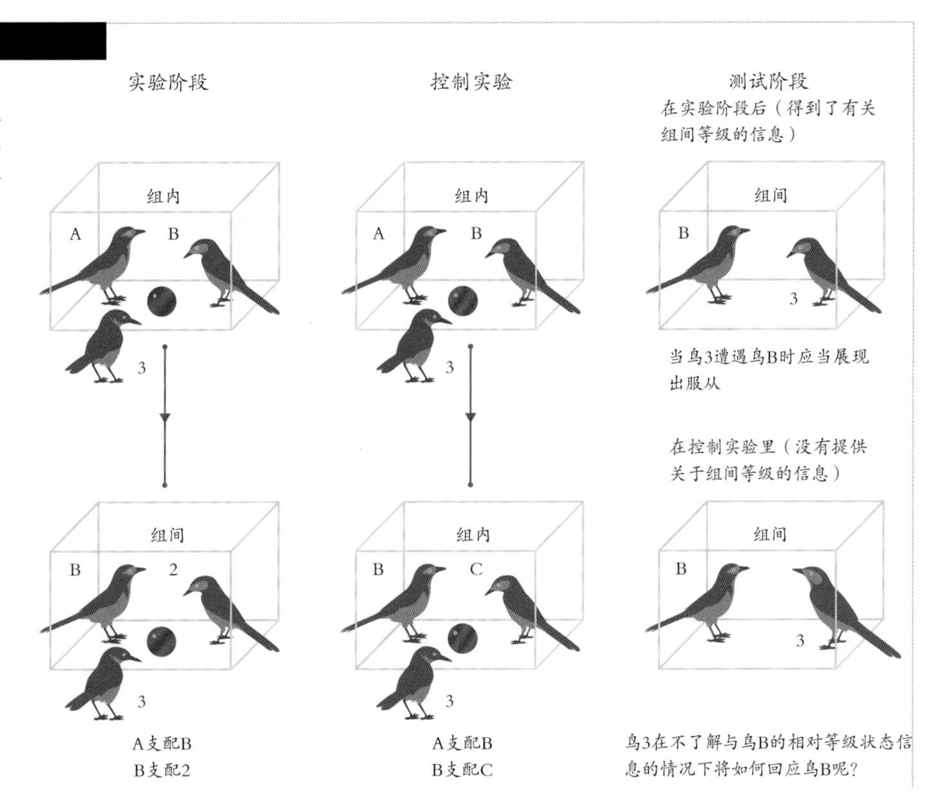

脱颖而出

想象一下，如果你是一只生活在有着百万之众群体中的帝企鹅雏鸟。群内各个个体的叫声震耳欲聋，在这样的喧闹声中似乎很难听到某一个个体的叫声。现在再想象一下，如果你与自己的父母分开了，在这样喧闹的地方，你将如何找到你的父母呢？

百万分之一

我们知道，这样的情形在小企鹅孵化后的一段时间里，每一天都会发生，所以小企鹅是如何找到自己的父母呢？令人惊讶的是，小企鹅是根据父母的独特联络鸣叫来认出并且找到父母的，而这种叫声在小企鹅孵化5周后就能掌握。小企鹅甚至不用听完整个联络鸣叫就能认出父母，只需要前0.23秒（半个音节）和前三个和声（低频）就足以认出父母的声音。因为帝企鹅不筑巢，它们会带着鸟卵和雏鸟四处行走，所以雏鸟能找到父母的唯一方法便是个体识别而非记住鸟巢的地址。

其他鸟类也使用声音线索来辨明身份，例如在寒鸦中，一只鸟与另一只鸟的联络鸣叫之间的细微差别，足以让寒鸦根据叫声的结构和模式分辨出叫声的主人是谁。在鸟类中，联络鸣叫是否足够独特对于区分个体间的差别十分重要。而对于其他鸣叫来说，例如进食鸣叫或是警告鸣叫，这些鸣叫是谁发出的并不太重要，因为这些叫声总是意味着有食物或是有捕食者存在，而鸟群

下图：不同品种的鸡看起来差异甚大，它们拥有不同色彩的羽毛、不同夸张的羽饰和不同的鲜艳鸡冠。尽管这些品种都是人工培育出来的，而且彼此之间是不同的，但我们可能很难将它们一个个区分开来。然而，它们自己却可以轻而易举地做到！

不会因为是鸟X而不是鸟Y发出的警告鸣叫就不逃离躲避捕食者。

个体识别

在一个个体之间具有选择性从属关系以及具有等级制度的社群中，区分出每个个体以及长时间记住这些个体的特征是十分有必要的。这种个体识别的发生方式很大程度上取决于这个物种采取的主要沟通方式。对鸟类来说，它们主要采取视觉和听觉进行沟通。它们通过识别个体的独特面部特征（眼睛位置、喙的长度、面部颜色、羽毛图案）、个体的运动方式、个体的行为和声音来区分。如果一只鸟能够识别出个体，那么即使这种信号是从全新的视角来呈现，它也能够识别得出来，因为这只鸟的大脑中应该已经形成了其他个体所有特征的一个全视角图像。它们应该能够以一些二维而非三维的特征来识别和区分个体，例如它们的脸庞、姿势和声音。

在一些交叉感觉模式（cross-modal）的研究中，向一个受试对象展示与它相熟悉的一只鸟的视觉图像，再向受试对象播放同一只鸟的叫声，或者是另一只鸟的叫声（或是播放一只鸟的叫声，再呈现同一只鸟的图像或者另一只鸟的图像）。如果受试者认出了面部图像和声音来自同一只鸟，即这是它预料之中的情况，因此不会对此做出反应。然而如果面部图像和声音不一致（即它们不是来自于同一只鸟），它就会识别出这种前后矛盾的情况并且在行为和发声上表现出异常。不幸的是，大多数研究并不严格，只是简单地给出像是面庞这样的一系列刺激，而没有在给出一个新的脸庞之前先去询问受试对象之前是否见过这张脸庞。这只是区分辨别，虽然区分辨别是个体识别中必要的因素，但是区分辨别并不能和个体识别画等号。

扫描乌鸦，扫描脸庞

鸽子经过训练后，能够分辨人的脸庞，甚至可以分辨不同的性别和不同的表情。但是，鸽子经过训练后虽然能学会很多能力，但在陌生的环境中却不知道如何使用这些能力。

我从未忘记过一张脸庞

人类的脸庞是一种视觉刺激，但是鸽子可以分辨出不同脸庞之间的区别不代表它们将这些脸庞识别为一个个不同个体。鸽子只会处理局部的视觉信息，例如人脸的个体特征，而人类则会处理全局的视觉信息，看到的是整体的画面。对于脸庞，我们看到的是整体而不只是独立的组成部分。因此，识别复杂的东西（尤其是需要多角度观察的东西）对鸽子来说非常困难，而对我们来说却很简单。如果要求鸽子辨认不同于它们平时所受训练的另一种视角的面孔，它们会比较困难，因为新视角给出的局部信息与它们所学的有所不同。

然而，有些鸟种在不需要什么训练的情况下就能够多年牢牢记住不同人的脸庞。在我们越来越多侵入到鸟类世界的时候，那些不得不和我们生活在一起鸟类就成了研究人类面孔识别的良好候选对象。在一项实验中，一位戴着面具的人去干扰正在巢中孵卵的小嘲鸫（*Mimus polyglottos*，一种小型鸣禽）。在实验的前四天，戴面具的人离巢越来越近，威胁也随之增大。作为对威胁的回应，孵卵的雌鸟发出警告鸣叫并试图攻击面具人。而在第五天，一个戴着不同面具的新的人类靠近了鸟巢（距离和第一次接近的第一天相同）。小嘲鸫的行为和它第一天见到上个面具人的相似，这表明它可以分辨出两个面具之间的区别，尽管它们利用的可能是区分辨别而不是识别。如果人类面孔足够令人难忘，有的鸟就能够长时间地记住这些脸庞。当短嘴鸦（*Corvus brachyrhynchos*）被戴面具的人类捕获时，它们能很快地把面具与被捕获联系起来。为了发泄自己的沮丧，短嘴鸦会发出一种用来召集和斥责捕食者的声音。在被戴面具的人捕获之前，它们不会发出这种声音，而之后一旦它们被面具人捕获了，它们就能将面具和这倒霉事联系起来。在这一事件发生的3年之后，当面具人再次靠近这群短嘴鸦时，之前被捕获过的短嘴鸦还会发出同样的斥责叫声，表明它们依然记得捕获它们的这些“坏蛋”。

大脑成像

乌鸦能够识别并记住人类的面孔长达三年之久，还有很多鸟类能通过视觉外观识别出同种个体，但对于参与其中的神经系统我们还知之甚少。社交大脑中负责接收脸庞信号的回路可能包括中皮层、内皮层和巢皮层。首先由一名佩戴“威胁性”面具的实验人员捕获到乌鸦，然后由另一名佩戴“关爱性”面具的实验人员来一直喂养它。这只鸟会被关四星期。在测试当天，它们将要面对戴着“威胁性”面具或是“关爱性”面具或什么都不戴的实验人员，之后立刻对它们进行麻醉并实行PET扫描（正电子发射断层扫描），以此来测试当它们在经历威胁、关爱或空白对照时大脑里的神经活动。通过对威胁、关爱和空白对照下的大脑状态进行对比，研究人员可以了解它们在经历不同情绪状态时，大脑中活跃的脑回路分别是什么，以及这些大脑回路之间是否有差别。大脑中的巢皮层、中皮层、弓状皮层、杏仁核的带核、背侧丘脑核，以及脑干在看见威胁性面具的情况下表现出了明显的活跃状态，而在见到关爱性面具时，上皮层、中皮层、视前区，以及内侧纹状体表现出了明显的活跃状态。如果我们相信乌鸦的大脑可以像灵长类

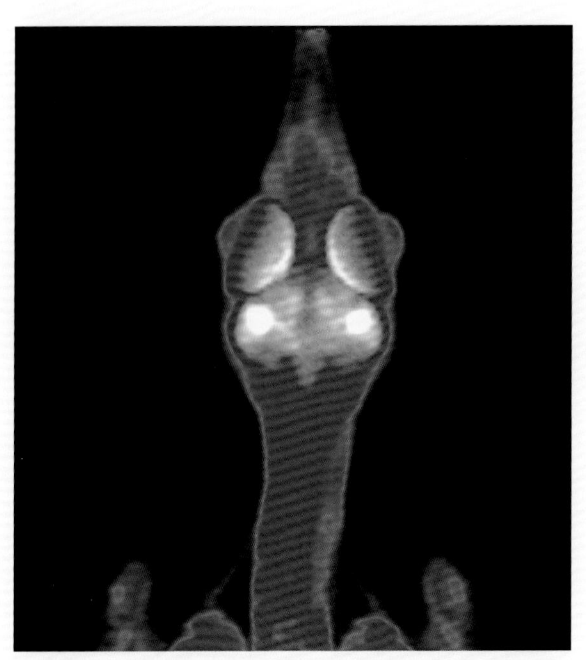

上图：一只PET扫描下的短嘴鸦。在进行PET扫描时，它的大脑展示的是对麻醉前看到的东西做出的反应，例如威胁性或关爱性的面具。

右图：城市环境也逐渐成了短嘴鸦的重要栖息地，许多短嘴鸦因此生活得和人类非常接近，它们也已经适应出与当前新的挑战相适应的行为举止，例如识别出人类的面部表情，以及辨别出人类眼光的方向。

动物的大脑一样灵活处理社交和情感信息，那么这个结果就不足为奇。具有威胁性的面具通过社交行为网络引发负面情绪，而具有关爱性的面具则与食物奖励相关，从而激活了中脑边缘奖赏系统。

没有鸟是一座孤岛

为了在社交世界里生存，你需要去交朋友，需要识别你的敌人，还需要识别出敌人的朋友。这些社交推算需要具有识别个体以及识别个体与个体之间关系的能力，即所谓的第三方关系。

马基雅维利式谋略

在政治舞台上，能够正确区分出敌人和朋友是一种优势。对于那些不能通过自己的实力和智慧来达成目的的人来说，要想最终达成目的，就需要建立正确的人际关系，以及打破可能阻碍自己的人际关系。有充分的证据表明，灵长类动物能够运用社交心理游戏来达到自己的目的，因此它们也是我们研究马基雅维利主义演化的良好动物模型。

社交妨碍

多种鸟类表现出类似于灵长类动物的复杂社交智慧。在这里，我将重点介绍渡鸦和灰雁（*Anser anser*）。这两种鸟虽然亲缘关系很远，却进化出了相似的方法而在复杂的社交世界中生存下来。这两种鸟都形成了具有选择性的长期伴侣关系，但渡鸦从亚成体到开始形成伴侣关系可能会经历长达十年。年轻的渡鸦会结成小团体共同活动，个体会从一个鸟群迁移到另一个鸟群。尽管在这一时期，渡鸦没有结成长期伴侣关系，但是它们与其他个体之间形成了有价值的关系，这种关系是互惠互利的双赢关系，通常存在于亲属之间，也可能存在于没有血缘关系的个体之间。结成一对生活比自谋生路要更有优势。配成一对的鸟更具支配力，能够获得更多的资源，因为两个脑袋必定比一个脑袋更好用。当两个个体达成同步时，配对关系就形成了，两个社交大脑就开始协同工作。与配对有关的激素，如催产素和血管加压素等大量分泌，通过鸟类的情感和奖励系统加强了这对伴侣的关系。这种配对关系表现在它们共度时光、互相理羽、分享食物以及在打斗的时候支持对方。渡鸦能够识别出竞争对手的关系——谁是主导者，谁是服从者——并且能够干预新关系的形成，尤其是这种新关系可能会威胁到自己主导地位的时候。

权力游戏

渡鸦能够识别出其他个体间的主导关系，并且通过未知个体与已知个体的攻击性互动来推断自己与未知个体攻击性互动的结果。渡鸦能够识别出哪只鸟比哪只鸟地位高，而如果这种典型的主导关系受到侵犯，渡鸦就会立刻警觉起来。如果给渡鸦播放的是主导者的自我强化叫声，而服从者根据这种已知的主导关系表现出正确顺从反应，渡鸦就不会对此在意。然而，如果它们听到的是一个服从者发出的主导性叫声，而主导者发出一种服从的叫声，它们就会注意到这种现象，并表现出高度的压力和自我导向行为。和其他鸦科鸟类一样，渡鸦也有很长的社交记忆，每只渡鸦都能认出不同的个体，并与它们保持多年的关系。渡鸦会在战斗中支持它们的亲密伙伴以及曾经支持过自己的个体。

团结的雁

雁也会形成结对关系，但是它们的社交群体是以家庭单位为中心的。灰雁能识别个体至少长达1年之久，并且和鸦科鸟类一样，它们能够清楚地识别出其他个体之间的主导关系。雁类个体之间的社交关系也非常强，但是由于这种关系从根本上和鸦科与灵长类动物的不同，所以在过去长期受到了错误的理解。大多数鸦科动物的关系建立在触觉和非触觉行为的共同基础上，而大雁只将它们的关系建立在非触觉行为上，例如庆祝胜利、同

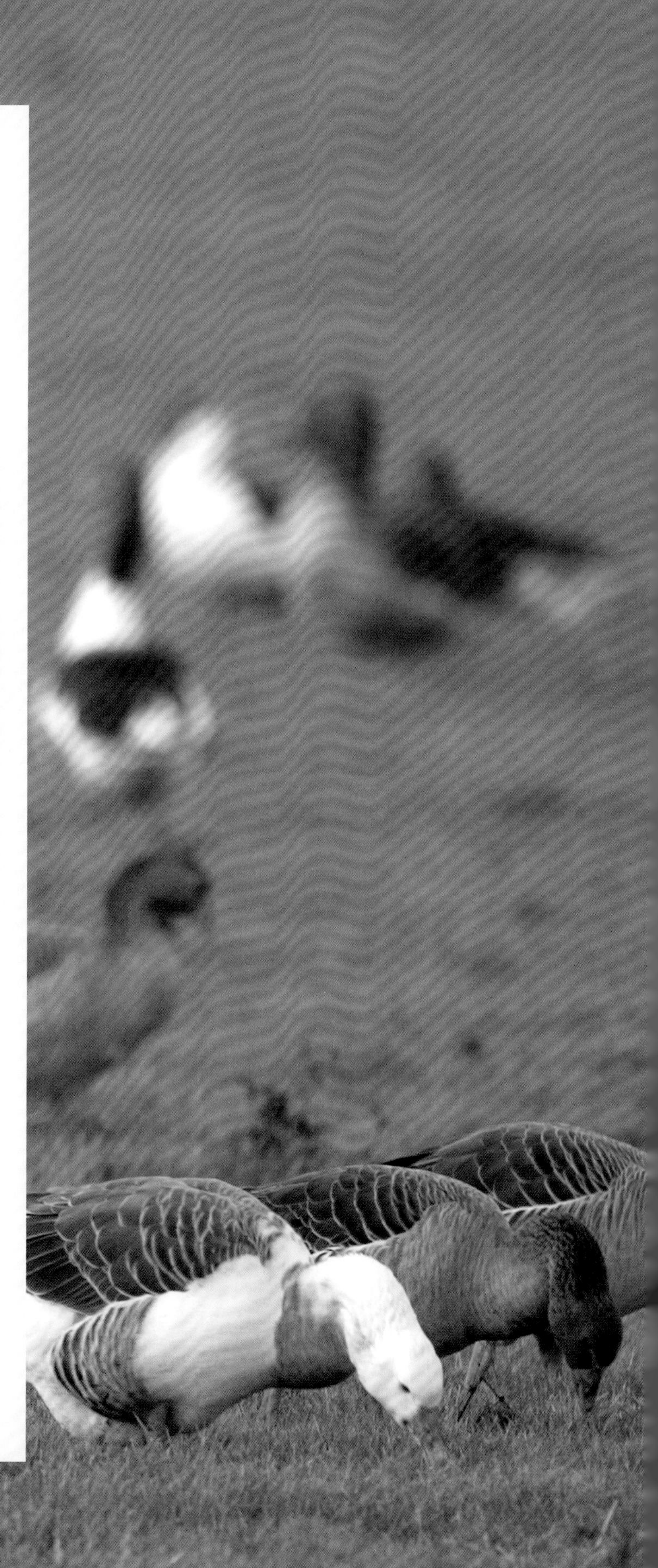

右图：一群正在觅食的朗德鹅（由灰雁驯化而来）。尽管它们形成一个大型的社交群体，但是这一社交系统主要还是建立在以一对配偶和它们的后代组成的家庭单位上。幼鸟出壳后，便会形成印随行为，跟着母亲四处兜兜转转，在母亲的带领下去寻找食物。

上图：和大多数鸦科鸟类一样，渡鸦大部分时间都和自己的伴侣一起度过，即使是在飞行的时刻。它们通过带有明显个人标记的联络鸣叫来保持联系，因此能够在分散时迅速找到对方。

伴间的问候仪式、发出鸣叫、社交支持、行为同步，以及近距离的相处。鸦科鸟类的相处方式无疑更类似于灵长类动物，但是并不代表鸦科的结对关系比大雁更加复杂，也不代表鸦科的结对关系比大雁的更加紧密。和鸦科鸟类类似，一对雁比起单只雁更能增加自身的主导地位从而获取更佳的资源，伴侣可能会在一场打斗中积极支持对方（主动支持），也可能不参与战斗而只是作为家庭成员出现在打斗现场来鼓舞对方（被动支持），家人的出现能够降低个体的压力，并促进健康和提升幸福感。

合作的鸟

许多动物的个体之间都会互相帮助，但这通常是出于利己的原因。互利共生是一种合作行为，这种行为表现在两个个体通过互相帮助来使自己获益。育雏行为就是一个典型例子，两只成鸟共同合作建造鸟巢，寻找食物，喂养雏鸟，从而使自己的后代健康成长。

留在家中

鸟类中的互助行为并不总是有益的。丛鸦和阿拉伯鸫鹛是合作繁殖的鸟类，只有主导地位的一对配偶才能繁殖。这个家庭的其他成员，通常是这对配偶往年的子女，会帮助父母养育后代而不是自己去繁殖。帮忙的内容包括留心捕食者，当捕食者距离太近时这些帮手就会聚集到一起来攻击捕食者。阿拉伯鸫鹛一旦发现捕食者会威胁到它们的弟弟妹妹，就会立马发出警告鸣叫。年轻的丛鸦还会帮助喂养新生雏鸟，所以它们也被称为巢边帮手。为什么它们选择帮助父母照顾后代，而不是自己寻找配偶繁殖？这是因为，从遗传物质的传递来讲，兄弟姐妹之间共享的基因比例与父母和子女之间共享的基因比例是相同的。当环境条件恶劣时，例如食物资源匮乏时，没有足够的食物来维持一个更大的种群，此时帮助抚养弟弟和妹妹，增加它们的生存机会，比抚养自己的后代更有遗传意义。

上图：和大多数鸦科鸟类一样，秃鼻乌鸦也会形成长期的一夫一妻关系。为了巩固这一关系，它们会采用一种叫作“咬喙”的身体接触，类似于人类的接吻。

你帮我梳理羽毛，我就帮你梳理羽毛

尽管人们认为认知没有在互利共生中发挥作用，但是在其他更加复杂的合作行为中，例如互惠作用，则需要不同形式的认知能力。通过提供现有的资源来换取许诺的未来（不同）资源，个体将推迟获得即时回报（时间折扣）。例如，如果我现在替你梳理羽毛，我希望以后能得到（等值的）回报。但我会对这个未来的回报心存不确定性，其价值可能会打折扣，直到我获得补偿为止。具有某种形式的数量和价值辨别能力，对于具有合作行为的物种也非常重要。这种能力对保证物品的等价交换十分重要。例如，社交支持比提供一小块食物更有价值，因为社交支持意味着在打斗中提供帮助而这可能会使身体受伤。因此，三到四次的食物分享可以被看作等同于一次社交支持。最后，长期记忆能力也是一种非常重要的能力。如果你现在提供了帮助，但是直到未来的某个时间你才会需要补偿。那么，你就需要牢牢记住有人欠你一笔账还没有还。有证据表明许多鸟都能够长达数年记得食物或者脸庞。

齐心协力

尽管人们对鸟类的合作行为进行了大量野外研究，但对鸟类合作行为的实验室研究还不是很深入。有一项任务被用来考察灵长类动物对何时合作、何时独自工作以及何时与谁合作的理解，这便是“合作拉绳”。实验对象面前有一个木制的平台，平台上钉有两个钩子，一根长长的绳子穿过两个钩子，钩子两端穿出来的绳子长度相等。木台上放着一两个盛着美味食物的食盒。因为实验对象够不着木板，所以得到食物的唯一方法就是同时拉绳子的两端。如果只拉绳子的一端就会造成绳子从两个钩子之间滑脱。对于一只鸟而言，需要同时拉动绳子的两端，这首先要把两端绳子靠在一起，然后再拉动绳子。如果绳子太短，一只鸟就不能把绳子两端靠在一起，此时需要两只鸟一起拉绳子，每只鸟必须同时分别拉动绳子的一端。参与这项任务的秃鼻乌鸦学会了如何拉紧绳索把食物拉到自己身前。当绳索太短以至于一只鸟不能拽动时，它们也学会了团队合作来拉动食物。然而，它们只与自己能够忍受一同站立一同取食的个体进行合作。

当秃鼻乌鸦需要等待一个可以合作的伙伴进入房间才能进行拉绳时，它们往往会失去耐心，而不是一直等待。尽管秃鼻乌鸦可以进行团队协作，但它们不是总能抑制自己看到食物时的“兴奋”，所以往往不能等到帮手来解决难题。一项对非洲灰鹦鹉开展的类似实验得到了同样的结果。

秃鼻乌鸦的合作

秃鼻乌鸦进行合作拉绳的演示图。

❶绳子足够长，一只乌鸦能够把绳子两端并拢来拉动绳索。

❷绳子较短的情况下，一只乌鸦不能单独拉动，两只乌鸦展开团队合作。

❸这只乌鸦必须等到帮手来临来一同拉动绳索，但是它没有等到就自己动手了。

修复破裂关系

同其他个体一同生活的代价之一是需要共享资源。尽管等级制度的存在使得冲突行为大大减少，但打斗还会时不时发生。打斗大多发生在对手之间，但是也会发生在朋友、家庭成员和伴侣之间。

我们都需要朋友

在错综复杂的社交世界中生存的最佳方法是多交朋友，少结仇敌。然而，结交朋友的同时也意味着你要去分享。而如果不能公平地进行资源分享，就会出现分歧，但是由于朋友之间的分歧不如敌人之间的分歧后果严重，关系破裂时还是有挽回的余地甚至完好如初的。这个过程叫作和解。

压力管理

和解的概念最初是在研究灵长类动物的社交行为时提出的。两个动物在发生打斗之后会尽量远离对方，以免再次发生打斗。而如果两个动物打斗之后不但没有分开反而走到一起结为同盟，这又是怎么一回事呢？在一些极端的情况下，例如黑猩猩和倭黑猩猩，对手之间打斗之后会亲吻甚至交配。这些曾经的对手之间的和解是为了试图修补破裂的关系。不是所有的打斗之后都会发生和解，也不是所有的对手之间都会和解，只有关系亲密牢固的动物之间才会和解，因为对于它们而言挽回关系比打斗输赢更重要。它们之间也许是亲缘关系，也可能是离开彼此就无法生存的合伙伙伴。现在，我们在许多哺乳动物中都发现了和解行为，包括灵长类动物、食肉目动物，鲸类，以及部分盘羊属和山羊属动物。

那么鸟类之间呢？大部分鸟类都是一夫一妻制，

所以配偶关系是一种有价值关系的最佳示例。然而，在终身配对的鸟类，例如秃鼻乌鸦中，并没有发现和解行为，因为它们之间都没有发生过冲突。由于它们并不打斗，所以也就没有和解的机会。亚成体的渡鸦在形成配偶关系之前也有其他有价值的关系，主要是亲缘关系。在发生打斗之后，那些彼此之间形成过有价值关系的渡鸦伴侣，比之前没有形成有价值关系的伴侣更容易和解。与没有发生和解的鸟相比，发生和解的鸟之间再发生冲突的可能性会大大降低。当战争更加激烈时，和解也更有可能发生。

冲突后/匹配控制法（post-conflict: matched-control, PC-MC）可以用来测量和解。研究人员将一群渡鸦作为一个社交群组进行观察，一旦其中发生了冲突行为，两只打斗的渡鸦在打斗之后十分钟内的所有结盟行为都被记录下来。这一时期叫作冲突后时期。为了确定两只鸟在日常正常互动中的结盟行为的基线水平，在冲突行为后第二天的同一时间的十分钟内的结盟行为也被记录下来，并且记录前没有发生任何攻击。然后对这两个时期进行比对，研究人员预计冲突后的结盟行为要多于匹配控制阶段的结盟行为，而在渡鸦中的发现也的确如此。

渡鸦和解行为

一只攻击性强的渡鸦A去靠近另一只渡鸦B并展开攻击。如果A和B之前形成了有价值关系，那么攻击之后A就更有可能去靠近B并替B梳理羽毛。

❶A靠近B

❷A攻击B

❸A替B梳理羽毛（和解）

左图：一只渡鸦替它的伴侣梳理羽毛。这种重要行为既具有清洁功能（清除寄生虫）也具有社交功能（巩固长期关系）。这种行为和灵长类动物之间的理毛行为功能相同。

向他人学习

生活在群体之中的一大好处就是能够进行信息交换。对于一个个体而言，每一件事都自己从头学起可能会比较危险，容易走向错误的方向，而每一项技能都与生俱来，却又通常不怎么灵活，因此，能够从他人身上学到东西是非常有利的。从别人的错误中学习会大大地提高你的生存机会。鸟类可以在社交中学习何时进食，何处觅食，什么能吃，什么不能吃，以及如何进食，也可以学会谁是最好的求偶对象，以及躲避捕食者的最佳方法。

社交影响

社交学习包含众多过程。社交影响是最简单的社交学习形式，例如行为传染（behavioral contagion），我们会自动对别人的行为做出反应。当其他人在大笑、哭泣、咳嗽或打哈欠时，我们很容易跟着一起做出同样的行为。这也是一只狗突然吠叫会引起整个小区的狗一同吠叫的原因。其他人的存在就足以影响你的行为。你可能并不饥饿，但是看到其他人在吃饭就足以诱发你想吃东西的欲望。社交活动可以提高你的兴奋程度和动力，从而影响你的行为。当看到多种新的食物并且学习去吃哪一种食物时，这个现象变得尤其突出。例如，秃鼻乌鸦在看到自己的邻居去吃一种新食物的时候，它就会比邻居不吃这种新食物的情况下更有可能去试试这种新食物。在有其他鸟在场的情况下，许多鸟类会比自己独自一人时进食更多种类的食物，尽管这种行为可能会因为吃错食物而导致个体患上潜在的疾病，但是这样的情况不常发生。

强化作用

社交学习中一个特别强大的形式是强化作用。强化作用可以把其他人的注意力吸引到具有特别吸引力的地点、物体或事件上。在局部强化作用中，个体的注意力被吸引到一个特别的地点上，这里也有一块非常美味的食物或其他物品。这种行为不是有意为之，所以个体不需要刻意吸引其他个体的注意力。实际上，一个个体在一个地点停留就足以引起其他个体的兴趣。一群鸟在一块农田上觅食，就能吸引其他鸟也到这块农田上觅食，它们被吸引到此处是因为这里有其他鸟觅食，这是一个此处有食物的明显证据；遵循这条规律比到其他地方四处寻找食物要来得有效，因为觅食行为本身就需要消耗大量能量。

在刺激强化中，观察者的注意力被吸引到一个特定的物品或事件上，而与它在空间中所处的位置无关。其中最著名的是青山雀。在20世纪40年代的英国，送奶工会将牛奶瓶放到客户门口的台阶上。牛奶中的奶油会浮在牛奶表面，对于鸟类来说是一顿大餐。而牛奶瓶使用的瓶盖为非常薄的箔盖，很容易被啄开。青山雀观察到其他山雀打开箔盖享用奶油，便很快学会了这一行为，并且很快这一行为便在英国各地的青山雀种群中传播开来。这一案例曾被当作鸟类中存在文化的一个范例。但是，实验室的研究表明，青山雀并不是在模仿其他鸟类的精确动作，而是被牛奶瓶的瓶盖所吸引，通过反复试验来学习如何喝到里面美味的奶油。因此，在这一行为的传播过程中，实际上只有刺激强化作用的参与，并没有其他更加复杂的作用。

学会害怕

观察性条件反射是另一种社交学习方式。在这一方式中，一个先前不能引起自己兴趣的物体，由于他人对这个物体的消极或积极反应，使得自己对这个物体产生了厌恶或吸引的感觉。尽管我自己对于蜘蛛没有糟糕的经历，但是因为我的母亲害怕蜘蛛所以我也产生了蜘蛛恐惧症。当欧乌鸫会看到同类对小鸮展示出的防御攻击行为，却看不到小鸮而只能看到旁边不具威胁性的物品时，它们会条件性地去害怕那些不具威胁的东西，例如瓶子或是取食花蜜的鸟类。因此观察者就把其他乌鸫的消极反应和无关的物体联系起来，从而对这些物体形成了厌恶感。

上图：曾经，英国家庭的牛奶是送到门口台阶上的，而青山雀又以喜食漂浮在牛奶表面的奶油而闻名。青山雀很快学会了打开奶瓶上的箔盖来享用底下美味的奶油，但是它们不太可能是通过模仿来学会的。

仿效（emulation）而不是模仿（imitation）

仿效也是一种非模仿性社交学习的形式。观察者通过观察其他个体的行为来了解他人的目标，但不会照搬其他个体的方法。在一只鸟面前放置一个装有食物的迷箱，需要把迷箱中的几个装置拿走才能拿到里面的食物。有的装置是干扰物，对获得食物毫无帮助。然而，对着受试对象演示打开盒子的全过程，包括移除干扰物在内，受试对象可能会完全忠实地照搬它们刚刚看到的全过程（模仿），或者更加熟练高效地只移开相关物品来打开盒子（仿效）。这两种做法的最终目的是一样的，但是达到目的的方法不同。而仿效是更加聪明的策略。在接下来我们讨论模仿的时候，你会发现模仿是大脑较小的鸟类认识周围世界的方法。

右图：一小群葵花鹦鹉在堪培拉公园中觅食。群居鸟类从群体成员中学习哪里有最好的食物资源，什么食物好吃，什么食物不能吃，以及如何吃难度较大的食物，例如水果和坚果。

边看边学

模仿是对他人行为的精确复制，但是这不意味着观察者能够理解演示者做这些行为的意义所在。

照我做的做

如果将社交学习都归因于模仿，则会带来一个问题，因为社交学习通常还有其他的解释，例如刺激强化。例如，给一只鸟提供一根中间装着食物而两头塞着棉花的管子，它要想吃到食物，最简单的方法便是把一端的棉花拿掉。对于大多数鸟类来说，唯一能把棉花拿掉的方式便是用喙把棉花扯出来。如果观察者的行为与演示者的行为完全相同，那么背后是什么社交学习机制在起作用呢？在这一案例中，我们可以将观察者的行为归因于模仿，而不是刺激强化，因为它完全模仿了演示者的行为。然而，因为这项任务的本身特性所在，鸟类只有这一种方法来移除棉花得到食物。

双操作过程

双操作过程实验能够避免上述的问题。在设计一个任务时，可以使用两种不同的操作来达到同一个目的。一半的受试对象观察到一种方法的演示，而另一半的受试对象观察到另一种方法的演示。然后将受试对象放入装置中，观察受试对象是否会按照自己观察到的方法来操作。我们预期受试个体能精确地模仿它们所观察到的

下图：鹌鹑是一种早成雏鸟类，在孵化之时就已完全成形，可以独自活动。由于寿命较短，因此它们需要迅速地去应对生存世界的种种危险，而不是通过个人经验慢慢学习。这也许解释了为什么鹌鹑能够通过模仿学习，而如乌鸦这类更长寿的晚成雏鸟类却不能。

过程。在这个案例中，一半的个体会观察到用喙来拔出管中的棉花，而另一半则观察到通过不断摇晃管子使棉花掉落出来。在这种情况下，刺激强化、局部强化和仿效都不足以解释这种行为，因为两种行为都指向了同一个物体。刺激强化和仿效也不能解释观察者的行为，因为它完全重复了自己观察到的行为。一些关于模仿的清晰案例来自于早成雏鸟类，而不是灵长类动物。由于这些鸟类的大脑较小，因此，模仿这种社交策略可能并不会特别消耗脑力，也不需要特别灵活的思维。

啄或者踩

利用双操作过程实验来研究模仿的最佳例子是一项针对鹌鹑的研究。一只鹌鹑作为演示者在测试箱中进行训练，它需要对踏板进行操作来获得食物，要么啄踏板，要么踩踏板，这两种操作中的任何一种都能使喂食器释放食物。一旦演示者训练完成，研究人员就将一个观察者安置到与之相邻的箱子里，两个箱子之间被透明玻璃隔开，所以观察者能够看见演示者的演示。一半的受试对象看到了啄踏板的方法，剩下的一半则看见了踩踏板的方法。因为演示者的行为都指向了同一个物体（在这个案例中便是踏板），所以排除了刺激强化的可能性。当把受试对象放置到测试箱内时，观察到啄踏板的一组鹌鹑更倾向于去啄踏板来获取食物，而观察到踩踏板的鹌鹑更倾向于去踩踏板来获得食物。这一结果表明，鹌鹑模仿了之前观察到的行为，并把这种行为增加到了自身的技能中。对于一个大脑容量较小的鸟来说，这可能是最好的学习方法，因为如果没有大量的训练，其他的学习方法，将远超它们的能力。

鹌鹑的模仿行为

鹌鹑的双操作过程实验的示意图。左图：演示者啄踏板，观察者观察这一行为。右图：演示者踩踏板，观察者观察这一行为。

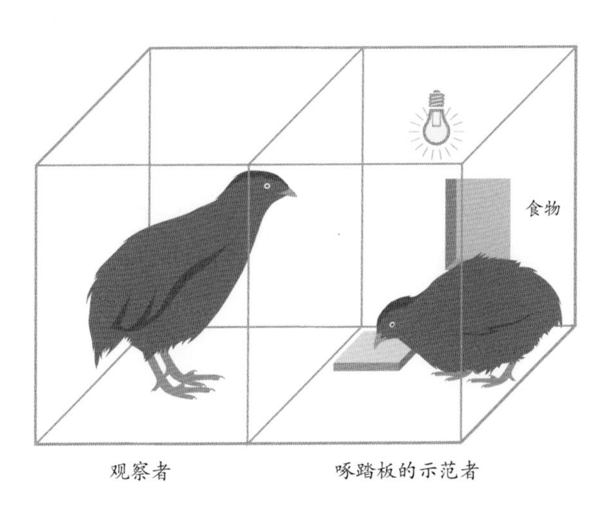

5 正确使用工具

喙和爪的延伸

在灵长类动物学家珍·古道尔发现黑猩猩用木棍来抓取白蚁之前，人类一直被认为是唯一的工具制造者。从那以后，人们陆续发现了数百个动物使用工具的例子，其中大多数工具使用者来自鸟类和哺乳动物。然而，使用工具的情况仍然非常少，制作工具的情况则更少。

工具的使用和制造

使用工具是指使用一个独立的外部物体来增加使用者的效率，从而达到一种不使用这个物体就不能达到的目标或状态。因此，使用棍子去摘一个身体本身够不着的水果，就是使用工具的一个例子。对于鸟类来说，它们仅靠喙可能够不着水果，因此便需要一根棍子来延长自己的喙。

绝大多数物种不需要通过改变一个物体来将它制作成工具。例如，如果用一块石头就能打破蛋壳，那就不用去雕琢这个石头。而有些物种确实会对物体做出改动，使其成为一个工具，或者更有效地发挥作用。树上带着树叶的细枝本身就是工具，但如果不加以改造，就只是一种很差的工具，无法插入洞中捕捉昆虫。最复杂的工具制造手艺来自于人类，例如我们远古祖先制作的石制斧头。

哪些鸟类使用工具？

使用工具的鸟类主要有两大类：鸣禽（包括鸦科）和鹦鹉。这两类群体拥有最大的相对脑容量，其智力相当于一些类人猿。但是也有例外，也有不属于以上两类群体的鸟种也会使用工具。例如白兀鹫（*Neophron percnopterus*），它们除了食腐肉之外，还会取食鸵鸟的鸟蛋。而如何打破鸵鸟蛋那厚厚的外壳，是白兀鹫必须要面对的一个难题。由于鸵鸟蛋又大又重，所以白兀鹫无法像鸫科鸟类摔蜗牛那样将鸵鸟蛋叼起来摔碎，但它们学会了将石头扔向鸵鸟蛋的方法来砸开蛋壳，享用美餐。就使用工具的定义而言，用石头打破蛋壳是使用工具，而把带着硬壳的蜗牛丢到坚硬的地面上并不是使用工具。

鹭类用鱼饵来捕鱼则是另一个鸟类使用工具的经典例子。有些鹭类会用喙尖抓住小昆虫放到水面的上方，水中的鱼儿会被昆虫吸引而浮出水面，成为鹭的捕食目标。穴小鸮（*Athene cunicularia*）也会做类似的事情，它们会把粪便放在自己的洞穴出口处来吸引甲虫等昆虫，然后吃掉它们。因此，上面提到的使用昆虫和粪便作为诱饵进行捕食也可以算是使用工具。

有些鸟类只有在笼养条件下才使用并制作工具，其中一个例子来自一只名叫Figaro的戈氏凤头鹦鹉。研究人员曾发现，当它把玩耍用的石头不小心丢到笼子外面时，它会尝试用一根竹片去够石头，但可惜的是，这一方法并没有奏效。因此，研究人员便测试它是否能够制造工具来取到够不到的食物。研究人员发现，它剥掉了鸟笼上的木头并用它们制作了一系列的工具来获取笼子外的食物。这种鸟在野外的时候并不会使用工具，而这种工具的制作程序对于它们弯曲的鸟喙来说并不是轻而易举的事情。研究人员在笼养的冠蓝鸦、沼泽山雀、紫蓝金刚鹦鹉和秃鼻乌鸦上也观察到了类似的工具创新过程。

生活在日本和美国加利福尼亚州城市中的乌鸦，也表现出了一些可被归类为使用工具的行为。乌鸦喜欢享用坚果大餐，而它们却难以打开坚果的坚硬外壳，所以乌鸦想出了一个特别的办法。它们把坚果扔在公路上，等到过往的车辆碾开坚果后，就可以捡起压碎的坚果并享用里面的美味果仁。然而，这一方法要面临一个问题：如何在不被车撞到的情况下捡回美味的坚果？乌鸦会把坚果扔到人行横道上，然后等待人行横道的信号灯变绿，此时它们便会飞下去毫无危险地捡食这些美味佳肴。值得注意的是，科学家在加利福尼亚州的研究表明，有些乌鸦可能并没有把汽车当作工具。他们研究比较了乌鸦在汽车出现或不出现时丢坚果的频率，结果发现，有车或没有车经过的时候乌鸦扔坚果的频率没有显著差异，这表明它们扔坚果的行为可能并不是有意让汽车碾开坚果。

左图：一只白兀鹫正尝试用石头敲开一枚鸵鸟蛋。这是一种使用工具的简单形式。

目前已知的会使用工具的鸟类

短嘴鸦：探测工具

冠蓝鸦：延伸工具

沼泽山雀：保存食物时会设置标记

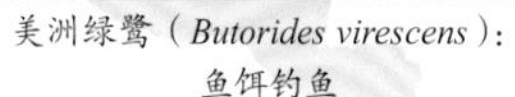

美洲绿鹭（*Butorides virescens*）：鱼饵钓鱼

在现存一万多种的鸟类中，我们目前只知道少数种类会使用工具。在这些鸟类中，只有极少数的种类在笼养条件下会制作工具。根据目前的资料，只有拟䴕树雀（*Camarhynchus pallidus*）和新喀鸦会在野外经常性地制作工具。因此，使用和制作工具在鸟类世界中是极其罕见的情况。

紫蓝金刚鹦鹉：楔子工具

拟䴕树雀：探测工具

穴小鸮：粪便作饵

野外观察

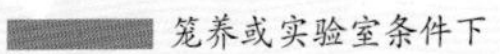
笼养或实验室条件下

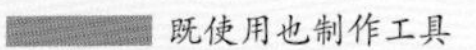
既使用也制作工具

只使用工具

秃鼻乌鸦：钩子、石头和小棍

白兀鹫：石头敲砸

非洲灰鹦鹉：抓挠工具；杯子

戈氏凤头鹦鹉：探查工具

大嘴乌鸦：将坚果砸到路上

新喀鸦：探查工具

缎蓝园丁鸟：采集饰品装饰凉亭

啄羊鹦鹉：探查工具

为什么使用工具的鸟类如此少?

为什么只有极少数种类的鸟会使用和制作工具？如果工具非常有用，那我们应该可以看到更多会使用工具的物种，并且使用工具应该会在它们的生活中发挥重要的作用。理论上，利用工具来获取下一顿饱餐对许多动物都非常有用，但实际情况并不如此。捕食性动物具有专门的解剖学结构来迅速杀死猎物，所以它们不需要工具来猎取和处理猎物，而大部分依靠藏匿在洞穴和树皮下的幼虫为生的物种则必须依靠工具，因为它们没有强有力的爪或下颌来扯碎这些包裹着昆虫的树木。

使用工具的鸟类一定聪明吗?

在鸟类和灵长类动物中，那些大脑更大，尤其是脑皮层（或巢皮层）更大的物种，比起脑皮层较小的物种更有可能使用工具。与此同时，这些具有使用工具能力的物种通常都集大群生活，比其他物种寿命更长，还同时表现出与使用工具无关的其他问题解决能力。因此，聪明的物种倾向于做很多聪明的事情，并且运用它们的聪明智慧来解决一系列的问题。那么，我们是否能够断言使用工具的物种比不使用工具的物种更加聪明呢？我们或许可以认为，使用工具比不使用工具需要更高级的脑力，因为使用额外的工具需要用到额外的处理过程。为了提高工具使用的效率，工具使用者必须考虑工具的形式。如果试图去拿食物，一根带钩或者末端弯曲的棍子比一根直的棍子要更加方便。只会使用工具的物种可能会去选取天然的弯棍，而会制造工具的物种则会更进一步，在木棍的末端制作出弯曲的结构。我们有理由相信，能够制作工具的物种比不会使用工具的物种需要消耗更多的脑力。实际上，除了人类之外鲜有会制作工具的物种便已经证明了这一点。但是，有什么证据表明能够使用工具的物种比不会使用工具的物种更加聪明呢？

在对拟䴕树雀及新喀鸦这样的工具制作者进行的认知研究工作中几乎没有发现支持这一论点的证据。例如，新喀鸦对因果关系有着基本的理解，也了解在特定的任务中需要特定长度、特定直径和特定灵活性的工具。然而，其他研究表明，它们的因果推理能力有限，不能对一个工具进行简单的操控，例如在面临不同的任务时不能将木棍旋转到正确的角度。

使用工具的能力是如何演化的?

或许有一个强有力的证据可以反驳“会使用工具的物种在智力上有特别之处”这一观点，即一些不会使用工具的鸟类，例如秃鼻乌鸦和小树雀（*Camarhynchus parvulus*），它们在智力测验中的表现和那些会使用工具的鸟类并无明显区别。我们是否可以从这一事实中对使

上图：一只新喀鸦正在用一根带钩的棍子钩取藏在枯木洞中的幼虫。

用工具的演化有更深入的认识？如果使用工具的物种不具备认知能力的优势，而不会使用工具的物种也懂得一个工具的物理性质，那么为什么只有少数物种会使用工具呢？许多物种可能都具备使用工具所需要的大脑，但是它们生活的特定环境里没有使用工具的机会，由于大多数动物都可以直接吃掉食物而不需要使用工具，因此工具使用的情况不像我们预计的那样随处可见。例如，黑猩猩会利用工具来获得食物和处理食物，但是黑猩猩的大部分食物需求可以在不需要使用工具的情况下得到满足。实际上，黑猩猩们食谱中热量最高的食物——疣猴——是通过合作而非使用工具来得到的。

正确的时间，正确的地点

许多鸟类，尤其是鸦科鸟类和鹦鹉，都是极具创新意识的，它们都能想出针对全新问题的各种解决方法。而它们创新能力的水平和大脑的大小息息相关。它们广泛地操作生活环境中的物体，将其作为把玩的对象，这些物体中有些可以转换成工具。这些物种应该有机会去制作工具或者将这些物体作为解决问题的创新性方法。那为什么它们没有这样做呢？我们已经排除了它们不够聪明（至少就工具使用而言）和没有必要性的可能。那么它们的生活环境呢？这些使用工具的物种在栖息地上有一些共同特征：没有竞争对手跟它们抢夺需要用工具获得的食物，而且它们几乎没有天敌。所以它们有足够的时间来制作高效的工具。例如，啄木鸟会取食昆虫的幼虫，会与新喀鸦和拟䴕树雀竞争食物，但新喀里多尼亚和加拉帕戈斯群岛上并没有啄木鸟，同时这两个地方也没有本土原生的爬行类和哺乳类捕食者。反观秃鼻乌鸦，它们必须和啄木鸟竞争某些食物，也有很多天敌来分散它们的注意力，这些因素使得它们没有精力制作工具。另外，秃鼻乌鸦取食的主要是植物性食物和藏在地下的昆虫，它们通过自己又细又直的喙就能够吃到这些食物，根本不需要工具！

右图：一只名叫Figaro的戈氏凤头鹦鹉，看到一颗够不着的腰果时，从自己的鸟笼上剥取了一片木片作为工具，把木片从孔洞中戳出去，钩取坚果并把坚果钩向自己，使得自己能吃到坚果。

达尔文的工具使用者

查尔斯·达尔文在1835年到访加拉帕戈斯群岛时，采集了许多种雀类，而这些雀类的行为模式最终构成了达尔文的自然选择理论的理论基础。岛上有一种雀类并没有被达尔文看到或采集到，而这种鸟却有着非常卓越的工具使用能力。

拟䴕树雀（woodpecker finch）之所以得名，是因为它们在加拉帕戈斯群岛上扮演着啄木鸟（woodpecker）的生态角色。它们以树皮下的幼虫为食，但它们没法像啄木鸟那样凿开树皮，而是把仙人掌的刺和树枝作为工具插入树洞里和树皮下探取隐藏的幼虫。它们还会根据实际情况来制作工具，如果树枝太长或有太多的旁枝，它们就会折断树枝或去除多余的部分。对于进化出工具使用能力来说，加拉帕戈斯群岛是个理想的环境，这里没有竞争对手，没有捕食者，而生态环境和气候又变幻莫测。在这种情况下，进化出一种能够取食到种类更多样、数量更多且质量更好的食物的方法，将对使用工具的个体极为有利，尤其是食物稀少的时候。

萨宾·特比奇（Sabine Tebbich）和同事在圣克鲁斯岛（Santa Cruz）上对拟䴕树雀的使用工具情况开展了长期的研究。这是一个比较让人愉快的研究过程，岛上有各种各样的栖息地，树雀很容易被捕获，并能被暂时囚禁进行认知能力的实验。研究人员研究了拟䴕树雀在不同季节和不同气候区域的工具使用情况，同时还研究了社交学习对雏鸟使用工具的影响。另外，研究人员还对笼养的树雀进行了多项认知能力测试，以确认它们的使用工具行为是否体现了智力。

未雨绸缪

并非所有的拟䴕树雀都使用工具，工具的使用仅发生在圣克鲁斯岛上的干旱地区，而且只发生在旱季。在旱季，昆虫幼虫只能在树皮下找到，如果不利用工具就吃不到它们。相比之下，在雨季，幼虫会附在树干表面，数量丰富，不用工具也能吃到。在干旱地区的旱季，工具的使用占到了50%的觅食时间，也使得鸟收获了50%的食物。而在树菊地带（岛上长有树菊属*Scalesia*植物的地带，树菊属植物为加拉帕戈斯群岛的特有植物。——译者注），这里植被茂密，终年下雨。节肢动物在这一地区一年四季都很丰富，所以在此处觅食不需要用到工具。在这个地区，几乎不存在使用工具的情况。

由于工具的使用取决于气候和地理的变化，那么，所有年幼的拟䴕树雀都具有使用工具的能力吗？还是仅限于那些会经历恶劣环境的个体？抑或是所有的个体天

左图：一只拟䴕树雀正在用带刺的棍子在树缝里搜寻昆虫。

生就拥有这些能力？为了回答这些问题，特比奇和她的同事搜集到了两窝刚孵化的拟鴷树雀，并把它们分为两组。一组观看其他同类个体的使用工具演示，而另一组则没有任何观看使用工具的机会。后来，这两组树雀都具备了同等熟练的使用工具能力，这表明拟鴷树雀天生就有加工并使用工具的能力。在自然状态下，拟鴷树雀在成年以前，除了在父母的照顾下待过很短一段时间，很少有机会向其他个体学习并了解外部的世界。而在被父母照顾的短暂时间里并不足以让它们学会使用和制作工具这样复杂的技能，所以拟鴷树雀天生就有这种能力，或者至少具有快速学习的倾向是说得通的。

几乎没有证据证明拟鴷树雀能够理解问题

对拟鴷树雀的认知能力的研究表明，它们对现实世界的理解是相当有限的。它们能够选择正确长度的工具，也能对H形和S形的工具进行改造使得它们发挥功用（例如形状合适到可以放入有机玻璃管内部，把管内的食物推出另一端的管口），但是当工具形状不合适时它们就无法完成任务。与不使用工具的小树雀相比，拟鴷树雀在反转任务（测试行为灵活性）或跷跷板任务（栖息在正确的杆上能够获得食物，而栖息在错误的杆上会导致食物落入难以接近的位置）上没有表现出任何优势。拟鴷树雀在开盒任务（通过翻起透明盖子来打开一个新盒子）上表现更出色，这可能与它们的觅食习惯有关，它们在觅食的过程中需要大量啄食，所以最终它们通过啄来打开了盖子。

右图：一只拟鴷树雀使用一根树枝来探取食物。在干旱季节，不使用工具将很难吃到幼虫。

工具制作大师

在仅有的两种习惯性使用工具的鸟类中，只有生活在太平洋上的新喀里多尼亚岛上的新喀鸦会将原材料制作成工具。拟鸳树雀只是对仙人掌刺进行小的改造，例如调整一下工具的长度，因为这些刺尖锐的尖端可以直接刺穿一只昆虫，本身就是大自然的杰出工具。相比之下，新喀鸦制作的两种工具，都是从材料的原始状态加工而来。

叶子工具

第一种工具是露兜树（*Pandanus* spp.）的树叶做成。露兜树遍布于新喀里多尼亚，其树叶既结实又柔韧，是一种制作工具的理想材料。新喀鸦会咬住叶子的某一部位，从长长的叶子上撕下一段叶片（见下图）。这个工具具有一个或两个尖锐尖端，因为叶片本身具有倒刺，所以这个工具的一边也会遍布倒刺。研究人员发现，新喀鸦会制作多种多样的叶片工具，使用这种工具来捕捉特定猎物时能提高或降低捕食效率。研究人员在新喀里多尼亚的各个特定区域发现了一些不同类型的工具。有些叶片工具长而薄（窄形工具），较为脆弱但比较灵活，也有一些工具则更硬更厚（宽形工具）。最常见的工具则是多阶梯形工具，这种工具厚度不规则，一端很厚，比较坚硬，另一端则很薄，但很灵活，叶片一端的多个阶梯更增加了工具灵活性，便于插入缝隙抓取幼虫。下图展示了不同的工具是如何制作出来的。

露兜树叶片工具

A—D图展示了不同类型的露兜树叶片工具是如何制造出来的。新喀鸦首先把叶片的一端沿着倒刺咬出一个小口。在把叶片工具剥离开来之前，它需要对叶片咬足够数量的小口。这表明这个工具制作者的大脑中已经有了所需工具的图样。

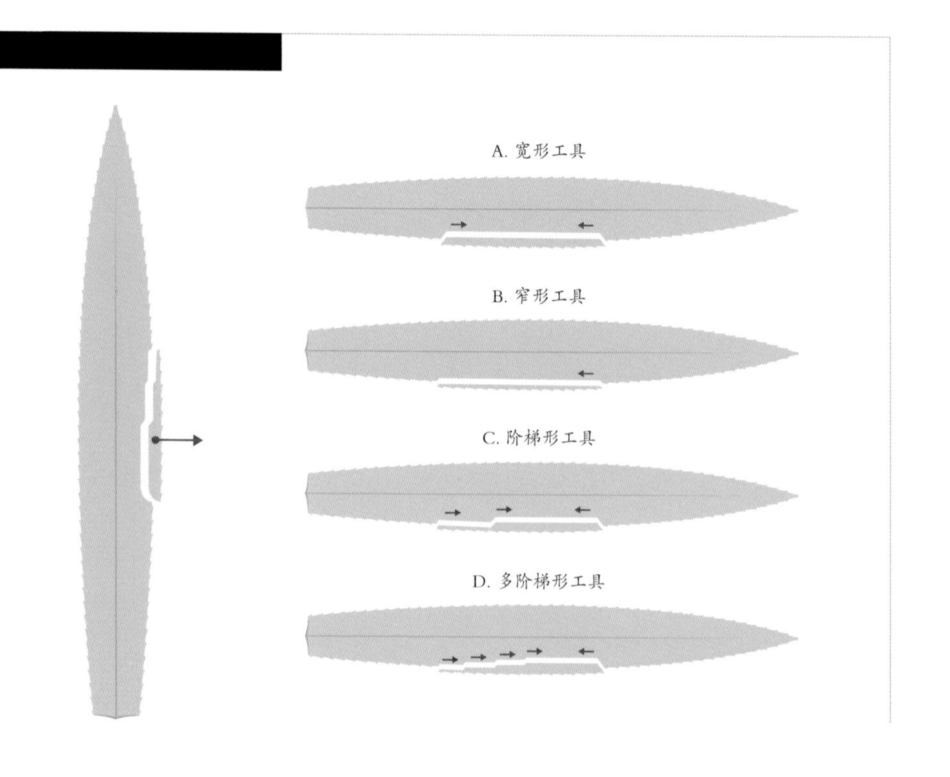

累积的文化

下图展示了不同类型的工具在新喀里多尼亚岛上的分布情况。该图表明这一分布格局和文化的积累有关，不同地区的新喀鸦从一种简单的早期工具逐步形成了特定形状的工具。这可能算是鸟类中存在文化以及文化传播的一种证据，不过这一观点尚缺乏证据。

工具文化?

每个工具制造出来，都会在对应的叶子上留下一个缺失部分。一项对新喀里多尼亚岛上露兜树叶子的调查显示，岛上不同种群的新喀鸦使用不同的叶片工具。宽形工具只发现于岛的东南角，而窄形工具只发现于岛上东南部的较大区域。岛上最常见的工具是各种各样的多阶梯形工具，它们的阶梯数量各不相同。发现这一现象的加文・亨特和拉塞尔・格雷（Russel Gray）认为，岛上的这种工具分布模式可能代表了一种积累性的文化进化。这些工具显示出明显的被制造者修改过的痕迹，而且修改痕迹是在比较广的地理范围内逐渐发生的。这种工具的最简单形式首先在某个地点被创造出来，例如岛上东南角的宽形工具，然后，某一个体创造出了一种新形式的工具，这个新工具效率更高，或者使用的材料较少，抑或消耗的精力较少。接下来，这个个体带着这种新的工具转移到了新的地方，而新地方的其他个体，例如岛上东南部地区的个体，发现这种新工具更加好用，便开始抛弃旧的工具而使用新的工具了。这一情况只有在社交学习存在的情况下才可能发生（见第4章）。最终，或是由于一个工具制作者的敏锐观察力，抑或由于一个幸运的意外，一个进一步的优化设计出现了，原先的创新设计得到了进一步的改良。

这一文化积累的观点非常有趣且引人关注，但不幸的是，目前几乎没有证据支持这一观点。尽管鸦科鸟类

左图：一只新喀鸦正在使用一个树枝制成的工具。这个工具的末端带有一个制成的自然弯钩。弯钩末端插入树皮之间的洞内，抓取藏在其中的昆虫幼虫。新喀鸦用这个弯钩来搅动幼虫，最终幼虫会不胜其扰而抓住棍子，然后被新喀鸦带出洞外并吃掉。

的群体庞大而复杂，但几乎没有证据表明鸦科动物能够通过社交学习习得物体的特性并最终形成某种文化。此外，目前新喀里多尼亚岛上不同工具的证据来自于发现的不同类型的叶子工具，而不是观察到的新喀鸦制作工具的过程。由于新喀鸦并不是社会性特别强的鸟类，它们也可以通过同类在叶子上留下的工具痕迹，从而凭借逆向思维设计出一种新的工具。新喀鸦可能使用各种不同的叶片工具来完成不同的功能，大多数任务由多阶梯形工具（相当于瑞士军刀）完成，窄形和宽形工具则被用于完成特殊的任务。以我个人为例，我可以用我的多功能工具做各种各样的工作，但当我需要一个更短或更长的轴来完成特定的任务时，我会使用合适的螺丝刀。也许在新喀里多尼亚岛的东南部便存在着一些特殊的任务，使得窄形和宽形工具在这一地区出现。

棍子工具

新喀鸦制作的另一种主要工具是钩棍工具，由较长的木棍从低垂的树上折断而成。这些工具比叶片工具要坚硬得多，可以发挥出不同的功能。钩棍工具的特别之处在于它的末端有一个钩子，因此能够在叶片工具难以穿透的位置挖出昆虫幼虫。为了制作钩棍工具，新喀鸦选取了一根还带有树叶和小分叉的小树枝。它们系统地将较小的树枝和树叶从主枝上分离，使树枝易于处理，然后将较大的枝干去除，使末端产生一个向上的弯钩。在这之后，新喀鸦会继续移除和雕琢，直到形成一个完整的自然钩形工具，如果有必要的话它们还会继续对这个工具进行改造。事实上，据我们所知，没有其他任何一种动物会像新喀鸦一样对一个工具做出这么多的细小改造，即使是使用过程中也没有。

钩棍工具的制作过程。

理解工具的运作

尽管我们难以确定一只不会言语的动物是否能够理解某一事情，但是我们至少可以设计出若干的能够以一种或多种方式解决的任务来测试它们，然后结合多个控制条件，来看它们最终是否完成了任务以及如何完成了任务。它们是立即解决了问题还是在多次尝试之后才成功？如果是立即解决，它们是只需看一眼就立马着手解决，还是需要一些思考时间？动物可能用自己的想象力和洞察力来解决任务，但更多的时候它们用的是一种更简单的形式，即反复试验学习。

对于哪种机制在动物使用工具上发挥了主要作用这个问题，比较心理学家一直存在较大的分歧。显而易见的是，使用一种工具就意味着应该了解这种工具是如何运作的。然而，即使对各种使用工具的动物进行了几十年的研究之后，我们仍然不清楚它们在使用工具的时候是否知道自己在做什么。这并不是说它们没有成功地使用工具，而是说，当它们在接受一个觅食实验的测试时，它们对工具的理解——评估哪个工具最适合哪项任务以及评估这些工具的物理限制——是不明确的。

无法理解

尽管有些动物天生就有使用工具的能力，但是实验室条件下，研究人员在测试动物对最佳工具的理解或用一种工具替换另一种工具之后的结果时，往往得不到可比较的发现。比较心理学家使用的方法是给动物提供一个场景：在其中一个环境中使用工具能得到奖励，而在另一个不同的环境中使用工具不能得到奖励。这是一个

典型的陷阱管任务（trap-tube task），该任务旨在模拟灵长类动物在自然界中将小棍插入洞中抓取幼虫的觅食过程。例如，一只黑猩猩将一根木棍插入白蚁冢中，被激怒的白蚁会愤怒地抓住这根木棍，此时，黑猩猩便会抽出这根木棍并吃掉上面的白蚁。

陷阱管任务

在陷阱管任务中，研究人员给受试对象提供一根装有食物的透明塑料管，这个任务有多个版本。在最简单的版本中，受试对象可以使用一根棍子从管子的一端捅出或拉出这个食物。之后，研究人员会增加任务的难度，在管子中位于或者靠近食物的位置增加一个缺口式陷阱。为了拿到食物，受试对象必须避免将食物推入到陷阱中，因为一旦推入就够不到食物。新喀鸦和拟䴕树雀参与了这个测试，结果喜忧参半。一只名叫Betty的新喀鸦在60次测试之后学会了解决方法，但可能只用到了一个简单的原则："避免管子中陷阱所在的这个方向"。因为当把管子旋转之后，缺口面变得朝上从而不能发挥陷阱作用，Betty还是小心翼翼地遵守这个原则。当拟䴕树雀接受测试时，用的是透明但盖住的陷阱管，其中一只名叫Rosa的个体在50到60次测试后解决了这一难题，和Betty不同的是，当陷阱管被倒置后，它向两个方向插入小棍的次数是相同的。

研究人员对一些不会使用工具的鸟开展了改进版的陷阱管测试，在这个版本中，要么已经有一根小棍插入管子中，要么受试对象可以不用使用工具就能直接操作到食物。鹦鹉（啄羊鹦鹉、金刚鹦鹉和葵花鹦鹉）在它们能直接接触到食物的情况中成功通过了测试，而秃鼻乌鸦在预先插入小棍的情况中，经过了30到50次的测试也完成了这个任务。

左图： 一只黑猩猩去除了树枝上的叶片，并用这个树枝来钓白蚁。它将树枝插入白蚁巢中，白蚁会抓住这个树枝，黑猩猩便把树枝抽出来并送入口中，就可以享用一顿营养丰富的美餐。

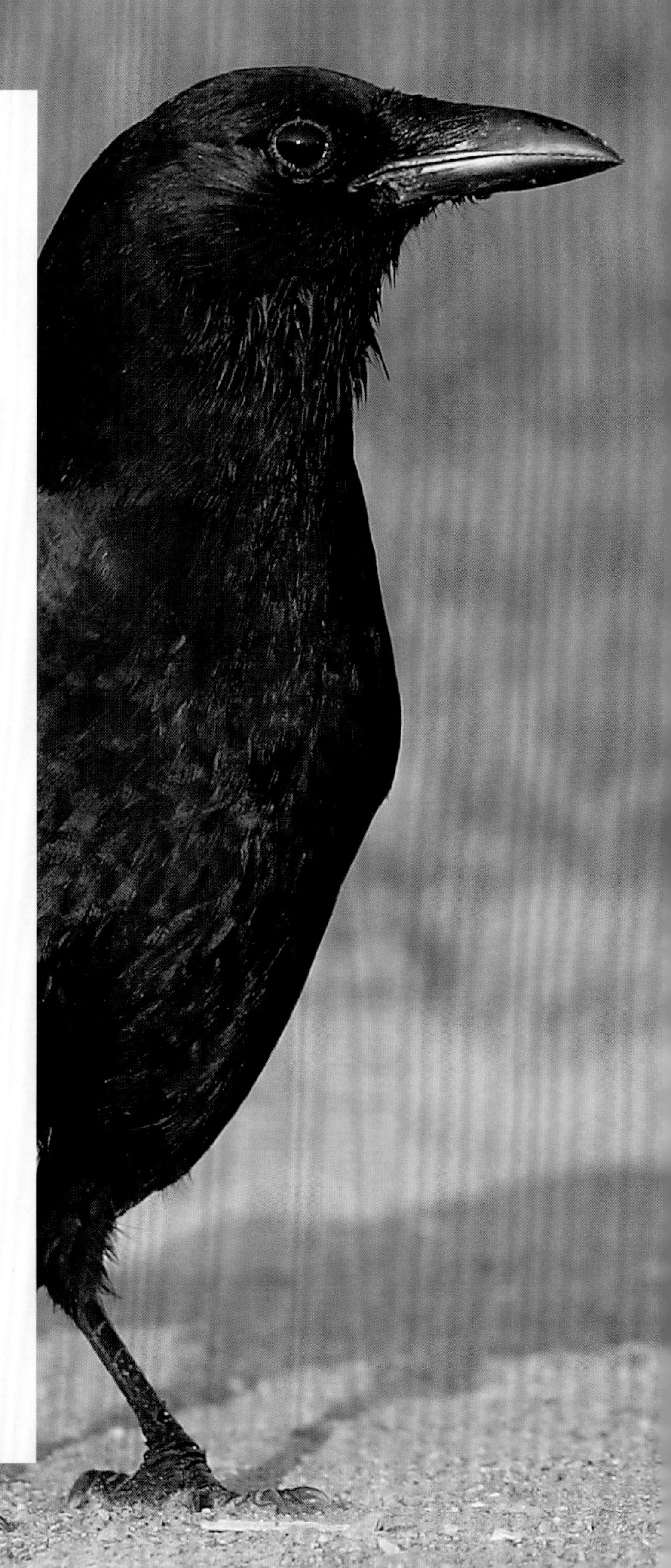

右图： 尽管绝大多数鸟类在自然状态下都不会使用工具，但是许多鸟类在笼养条件下表现出了使用工具的能力，例如使用石头或是木棍作为工具，在工具相关的任务中也表现出色。这表明许多鸟类具有使用工具所必需的认知能力。

行为的后果

工具使用者可能能够从工具的外观（它们的可感知特性）而不是从它的工作原理来想出如何使用一个工具。然而，动物是否能想象它们在工具上实施的行为和这些行为的结果之间的联系？这样的因果推理有助于工具使用者最有效地使用工具。“陷阱管任务”是用来测试动物因果推理能力的经典方法，但正如我们之前所见，解决这个任务有更简单的方法。

双陷阱管任务

我们设计了一个改进版本的任务，称为“双陷阱管任务”（two-trap-tube task），在这个任务中，有一根预先插入管中的棍子，还有一个外观与正常陷阱类似的无功能陷阱，食物掉入这个无功能陷阱后，还能被拿出来。这个任务中包含两个装置。在A管中，陷阱的一面被倒置了，所以基底面是连续的，可以直接从管口拉出食物。在B管中，陷阱的底部被移除了，所以掉入陷阱中的食物可以在管的底部拿到。这两种装置的外形明显不同，但概念是一致的。如果受试个体在A管上测试并且理解了其中的概念，它们就应当能够解决B管的问题。而如果它们没有理解这个概念，只是根据可感知特征来采取行动的话，面对新的管道它们就需要重新学习。八只秃鼻乌鸦被带到管子前面，一半在A管进行实验，一半在B管进行实验。这八只秃鼻乌鸦都很快地学会了自己面对的管道，并将这种概念运用到另一根管道上面。在原本的管道上面再次进行测试时，它们都出色地完成了任务。这些结果表明，它们可以同使用工具的动物一样推断出因果关系。然而，还有人可能会质疑说，这些秃鼻乌鸦只是学到了一个简单的规则即“绕开有暗面的陷阱”，因为A管和B管都有同样的发挥功能的陷阱。

如何解决双陷阱管任务

因此，为了排除明显的可感知特征或简单的规则这一可能性，我们建立了两个新的管道，两个管道各自带有两个（互相竞争的）无功能陷阱。一个陷阱没有底部，而另一个陷阱的底部高高隆起，所以食物能够顺利通过陷阱的顶部。在之前的操作中两种无功能陷阱都得到同样的奖励，所以秃鼻乌鸦不会对某种陷阱存在偏爱。为了测试秃鼻乌鸦的因果推理能力，整个管道装置只操控其中一个陷阱，将它从无功能状态转变为有功能状态。而在C管中，管道的两端都塞入了有孔的橡胶塞，橡胶塞的孔中插有小棍。获得食物的唯一方法是把食物拉到没有底部的陷阱中去，而把食物推到底部倒置的陷阱中就会使得食物被卡住。而在D管中，整个管道装置被放低到一个木台平面上了。此时，将食物推入到没有底部的陷阱中就会导致无法取得食物，而唯一取得食物的方法是将食物推过底部倒置的陷阱并将食物推出管口。在参与实验的七只秃鼻乌鸦中，只有一只名叫Guillem的雌性个体成功地解开了以上两个难题。这表明因果推理能力存在于秃鼻乌鸦的群体之中，但是这一任务十分艰难所以只有少数个体能够解开。

研究人员在新喀鸦身上进行了内容类似但基底颜色不同并带有其他不同颜色线索的任务实验。当颜色是找到正确答案的主要线索时，一些个体能够成功完成任务，然而当这些管道的基底被打开时（相当于B管），它们都失败了。乌鸦能够将它们对一个任务的理解转移到另一个概念类似的陷阱台任务（trap-table task）之中，这表明乌鸦理解这个任务的工作原理，即使两个任务之间外形相差甚大。然而，这看起来似乎又不大可能，因为它们在同等的B管任务上失败了。陷阱台和陷阱管在概

上图：一只秃鼻乌鸦正确地完成了双陷阱管任务，在这个任务中，一根木棍被预先插入管道，管道中有一个有功能的陷阱和一个底部倒置的无功能陷阱（见右图）。通过拉动这根木棍，这只秃鼻乌鸦能够将食物拉出管道而不将食物掉入陷阱。

念上是相似的，也许比双陷阱管的任务还更加简单（因为这个任务没有干扰陷阱）。

其他参与双陷阱管任务的鸟类都失败了。拟䴕树雀和小树雀没有通过这个任务的初始版本，即具有一根预先插入的工具。只有一只拟䴕树雀在插入它自己的小棍后解决了初始版本的管道任务，而当测试其他管道任务时它也失败了。啄羊鹦鹉、葵花鹦鹉和金刚鹦鹉在参与双陷阱任务时也都失败了，除非它们能够直接操作食物本身（不使用到工具），而它们是通过作弊做到的，它们直接用喙叼住食物拉过了陷阱！所以因果推理在鸟类身上是否存在的证据还尚不充分，因为这个结果只是来自于一只秃鼻乌鸦和少数几只新喀鸦的结果。

双陷阱管

双陷阱管任务是从经典的陷阱管任务上改造而来，这一任务能够用来测试使用工具和不使用工具的鸟类的因果推理能力。每一个不同的版本中控制了可被受试对象用来解决任务的不同线索。如果所有线索都得到控制，那么因果推理就能成为最简单的解释。

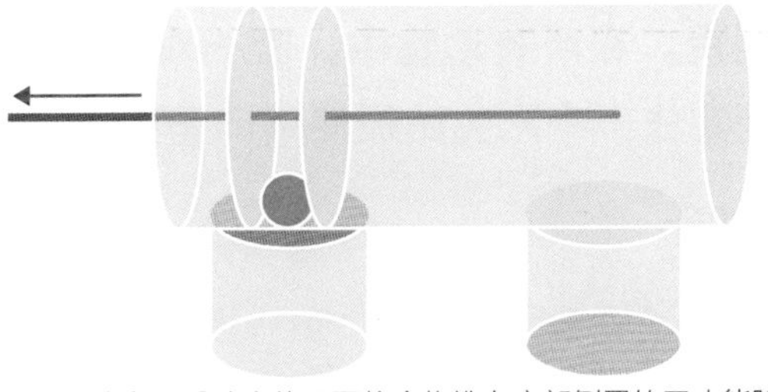

A在A管中，受试个体需要将食物推向底部倒置的无功能陷阱，食物能够径直通过管道而到达管外。

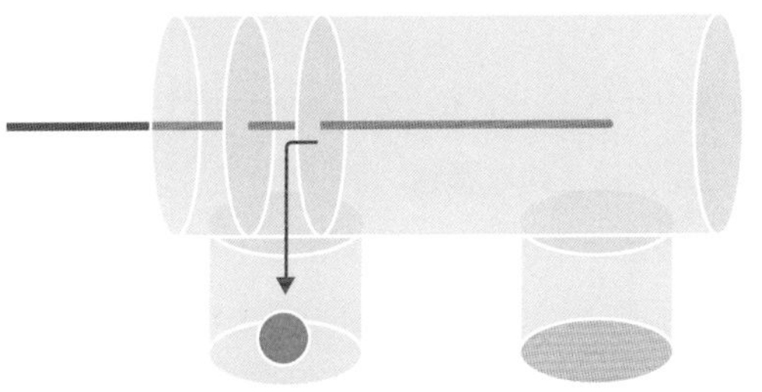

B在B管中，受试个体需要将食物推向没有底部的无功能陷阱，此时食物会从无功能陷阱中直接掉出来。

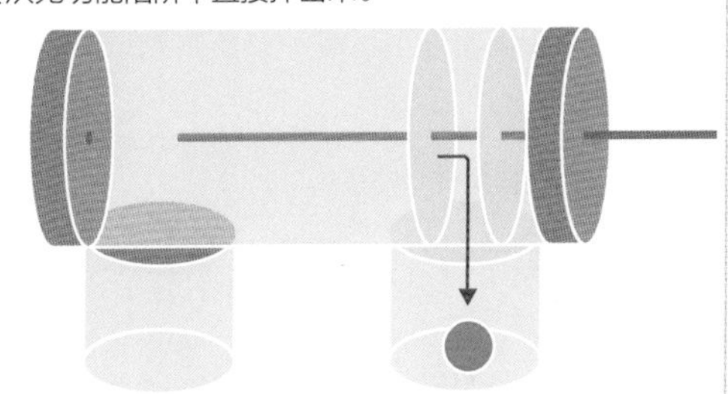

C在C管中，受试个体需要将食物推向没有底部的无功能陷阱，此时食物也会从无功能陷阱中掉出来。

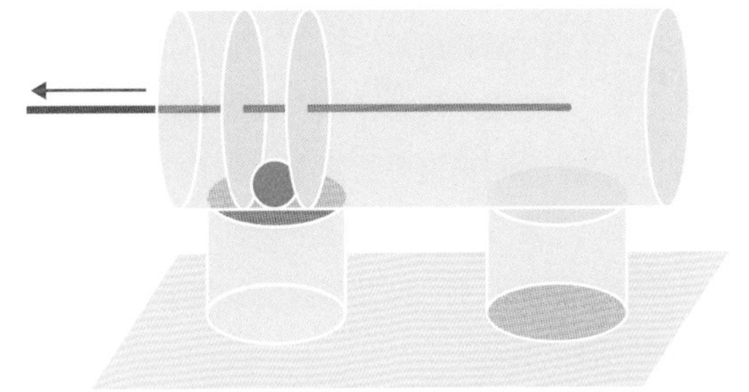

D在D管中，需要鸟将食物推向底部倒置的无功能陷阱，此时食物就可以通过陷阱从管口掉出。

思考未来

人类能用一个工具操作另一个工具（关联性工具使用），或用一个工具去获取另一个够不到的工具（顺序性工具使用），或用一个工具使另一个工具更加高效（多工具使用），因此我们认为人类使用工具的能力是独一无二的。在鸟类中，我们只观察到了顺序性工具使用。在所有动物中，唯一观察到的多工具使用的例子则来自于黑猩猩，黑猩猩可以固定住一个木头砧板使敲碎坚果的任务更加容易。

多想一步

研究人员给新喀鸦提供了一个掉入陷阱中的食物，这个食物只能用工具获得，而新喀鸦无法直接拿到工具。研究人员又给新喀鸦提供了一颗石头和一根短棍，这根短棍可以够到第二根更长的棍子，但是够不着食物。新喀鸦很快就学会了用短棍去钩取长棍（忽略掉石头），然后用长棍去钩取食物。乍一看，这一现象令人印象深刻，但是新喀鸦不使用石头作为工具，所以石头这类物品永远不会出现在它的工具清单之中。而且，只有这根长棍就足以够到食物。如果给它们提供一个干扰选项，这根棍子比最长的棍子稍短但够不着食物，实验会更加严格，而实际上已有一只新喀鸦已经成功通过了这种情况的实验。

多想两步

笼养条件下的秃鼻乌鸦很快学会了用石头和棍子作为工具从人工设备中获得食物。放在秃鼻乌鸦面前的是一个迷盒，迷盒顶端有一根管子，管子顶端有一个由磁铁固定的可拆卸平台。只有当一个重量足够的物体放进管子中时，食物才能掉出来。经过一段时间的快速学习，四只秃鼻乌鸦学会了将各种各样的物体丢进管道来获取食物。在它们面对的这个装置中，物品的类型、大小，管子直径的不断变化都是难题。它们本能地把不同重量、大小和形状的石头，以及不同长度和厚度的棍子插入不同直径的管子里。

在顺序性工具使用的测试中，秃鼻乌鸦面前摆放了三个盒子，两边的盒子里都有宽的管子：一个盒子里装着一块小石头，可以装进一根窄管子，而另一个盒子里装着一块大石头。中央的盒子有一个窄的管子，里面装着食物。在这三根管子前面有一块大石头，为了得到食物，鸟必须把大石头插入装有小石头的宽管子里，把平台压倒释放出小石头，然后用那块小石头把放食物的窄管子的平台压塌，把食物释放出来。大多数个体在第一次测试时就成功通过，这表明秃鼻乌鸦能够做两步计划以达到目标。

多想许多步

然而，新喀鸦已经完成了包含三种不同工具且更复杂的顺序性工具使用任务，顺序如下：使用工具1去得到工具2，使用工具2去得到工具3，使用工具3去得到食物。鸟类为了获取食物成功地使用了一系列的工具，但这个过程中可能使用了比提前计划更简单的机制。在BBC（英国广播公司）的纪录片《动物心智》（*Inside the Animal Mind*）中，一只新喀鸦需要借助多种工具解决一个多步骤的问题（如图）。乍看之下，我们会觉得这只新喀鸦十分聪明，尤其是它是第一次经历这么多物品同时放在一起的任务。然而，新喀鸦的这一表现可能没有看上去的那么复杂。尽管它必须一次性使用各种工具来达到目的，但这只新喀鸦在此之前已经有了使用这些工具的经验，它或许是通过链式反应来达成目的，即把一系列之前学过的动作按照恰当的顺序进行排列。因此，从表面上看这只新喀鸦似乎十分聪明，但这其中的解释则比较简单。

顺序性工具使用

一只名叫007的新喀鸦完成了8个步骤的顺序性工具使用挑战任务。然而，虽然表面上看来它的行为十分聪明，但其中的解释则比较简单。

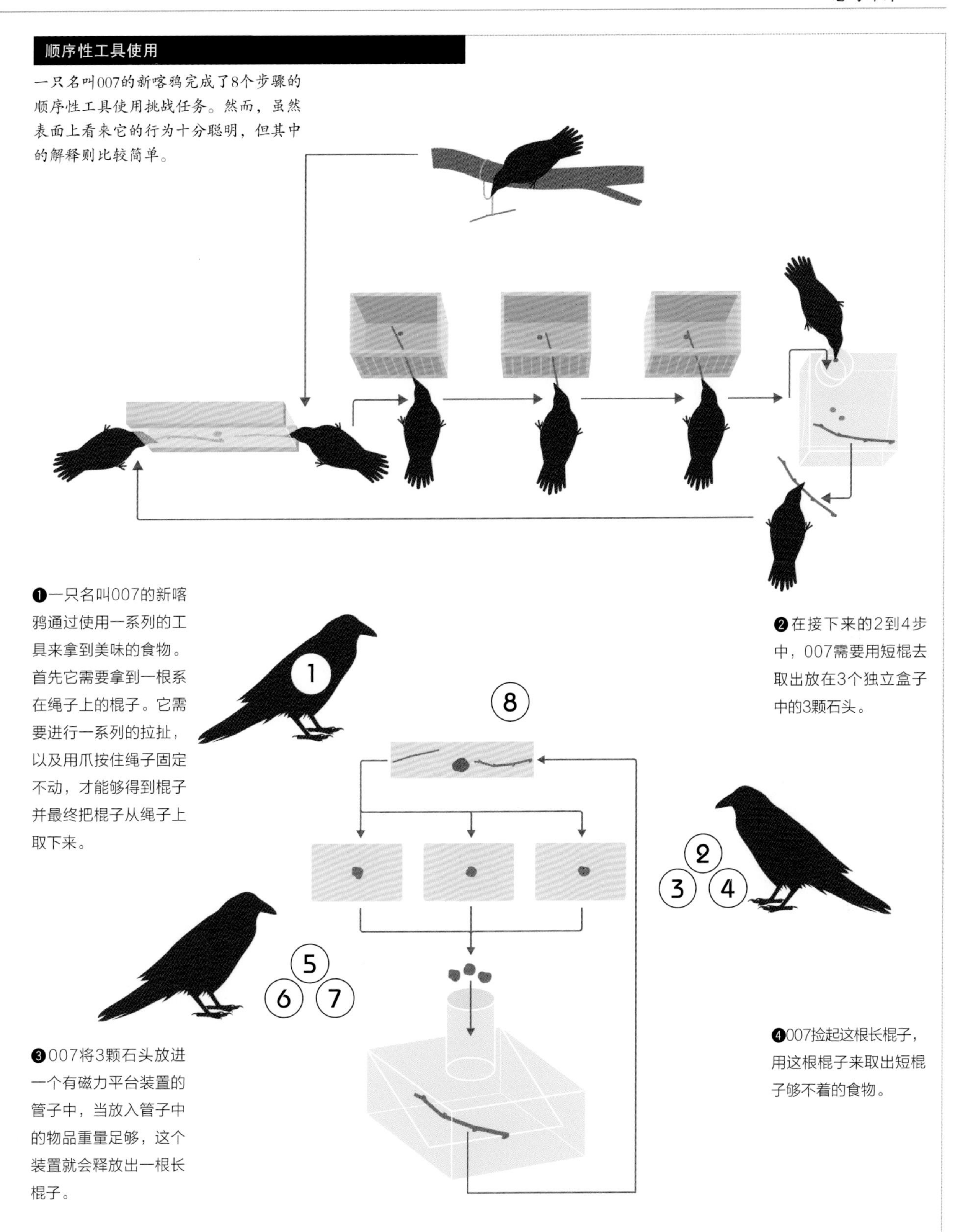

❶一只名叫007的新喀鸦通过使用一系列的工具来拿到美味的食物。首先它需要拿到一根系在绳子上的棍子。它需要进行一系列的拉扯，以及用爪按住绳子固定不动，才能够得到棍子并最终把棍子从绳子上取下来。

❷在接下来的2到4步中，007需要用短棍去取出放在3个独立盒子中的3颗石头。

❸007将3颗石头放进一个有磁力平台装置的管子中，当放入管子中的物品重量足够，这个装置就会释放出一根长棍子。

❹007捡起这根长棍子，用这根棍子来取出短棍子够不着的食物。

灵光一闪

洞察力是一种不经过反复尝试和失败就突然想到解决方案的能力，类似于我们平时说的灵光一闪。尽管动物有时会表现出似乎具有洞察力的行为，但是这些行为往往有着更简单的解释。例如，黑猩猩为了去拿一根够不着的香蕉，就把一些箱子堆叠起来，然后去拿香蕉。然而，在此过程中黑猩猩并没有用到洞察力，而是根据它之前使用箱子的经验，结合它之前已经学会的一系列行为来解决的这个问题。但是，是否有更有力的证据来证明动物具有洞察力呢？

一只新喀鸦制作了一个钩子工具

牛津大学的研究人员设计了一项巧妙的实验来检验新喀鸦对于工具的理解能力。在这个实验中，新喀鸦需要从一根垂直的塑料管中取出一个装有食物的小桶。两只名叫Abel和Betty的新喀鸦参与了测试，研究人员给它们提供了两根金属丝，其中一根金属丝带有弯钩，另一根则是直的。只有抓住桶柄把它提起来才能获得食物。在第一轮测试中，Abel偷走了带弯钩的金属丝，把直的金属丝留给了Betty。一开始，Betty试图用直的金属丝刺穿并提起食物，但是没有成功。短暂停歇后，它将金属丝插到墙角，使得这根金属丝弯曲成钩状，制作成了一根钩子工具。它将钩子插入塑料管中，钩起桶柄并把小桶拉了出来，然后得到了桶中的食物。

这是洞察力吗？尽管有一些人持保留意见，但这是一个很好的解释。一开始没有钩子工具使用时，Betty被困在了问题的解决方案上，突然之间，它就创造出了一种新的方法。然而，Betty不是在实验室中出生，所以我们不知道它之前是否有过用金属丝和钩子的经验。新喀

鸦在野外生活时也会经常性地制作钩子工具，所以它们的大脑已经为制作钩子做好了准备。Betty在弯曲金属丝之前曾尝试着把直的金属丝插入塑料管。另外，并不是Betty制作的所有钩子都能输出为真正可用的钩子，而用于取出小桶的技术本来就适用于直金属丝。最后，Betty可能接触过一个可供参考的钩子模板，并以此制作出了钩子工具。

在野外不使用工具的秃鼻乌鸦也做到了

剑桥大学的研究人员在秃鼻乌鸦身上进行了同样的实验。和新喀鸦不同，野生的秃鼻乌鸦不会使用工具，但在笼养状态下展示出了使用石头和棍子的能力。在这个实验中，研究人员给四只过往历史已知的秃鼻乌鸦提供了类似于新喀鸦测试中用到的管子，但是为了适应秃鼻乌鸦更大的体型和更大的喙做了相应改变。一开始，研究人员给它们提供了2个木制钩子工具，这个工具的末端绑着一个V形的横木，一个钩子的V形是向上的（可发挥功能），另一个钩子的V形是向下的（无功能），这些秃鼻乌鸦很快就学会了用有功能的钩子工具去钩取小桶。当给它们的是直金属丝时，其中三只秃鼻乌鸦都自发性地把这根金属丝弯曲制成钩子工具来钩取小桶。这种行为可以被称为是洞察力吗？秃鼻乌鸦在野外并不制作工具；这四只乌鸦的过往历史都记录在案，尽管它们之前成功地使用了木制钩子工具，但是这些工具与它们制作的工具只是功能上相似，物理结构并不相似。秃鼻乌鸦在脑海中可能已经形成了关于任务要求和起作用工具的具体样子的图样，所以当它们遇到新任务时就能将这个图样转换到新的材料（金属丝）上。这种行为可以被认为是一种洞察力，但是，这同样可能有其他更简单的解释。

左图：野生的秃鼻乌鸦没有使用工具的需求，然而在实验室的笼养环境中，秃鼻乌鸦在不同的任务中出色地使用了不同的工具并且完成了任务。

秃鼻乌鸦弯曲金属丝

❶一只秃鼻乌鸦将一根笔直金属丝插入竖立的塑料管中，并利用塑料管的边缘作为杠杆来弯曲金属丝，从而在末端形成一个钩子，制成一个有功能的钩子工具。

❷因为有功能的钩子一端位于靠近秃鼻乌鸦自己一侧，而不能发挥作用，所以秃鼻乌鸦将金属丝从试管中取出，转换一个方向，再将钩子的一端重新插入塑料管中。

❸秃鼻乌鸦操作钩子将钩子放置在装满食物的小桶的把手下方。一旦钩子放在了正确的位置，秃鼻乌鸦就拉动连接着小桶的钩子工具，最早顺利得到了一桶美味大餐。

寓言成真

伊索寓言中有一个非常出名的故事，这便是“乌鸦喝水”（*The Crow and the Pitcher*）。一只口渴的乌鸦遇到了一个水罐，罐子里的水很浅，无论乌鸦如何努力，它的喙都够不着水面。就当它失去所有希望准备放弃时，它突然想到了一个点子：把许多小石头投进水罐里，使得水面上升，然后便可以喝到水了。受这个寓言的启发，研究人员设计了一个实验来测试秃鼻乌鸦对于自己行为后果的理解。

研究人员在秃鼻乌鸦面前摆放了一根竖立的透明有机玻璃管，管中装着一半的水，水面上漂浮着一只蠕虫。研究人员同时还给它们提供了一小堆大小各异的能够放入管中的石头。把大石头放入管中能比小石头更有效地使水面上升，如果秃鼻乌鸦能够理解这一点，它们就应该把大石头而不是小石头丢进管中，使得水面更快上升以便尽早吃到美餐。

水作为工具

四只秃鼻乌鸦成功地把石头放进水中，其中三只秃鼻乌鸦很快学会了将大石头放进管子中。我们想要知道秃鼻乌鸦是否理解不同的物体相对于水的特性。我们可以通过在水中加入更重、密度更大的物体（如固体）让水面升高。而像液体一样具有流动性但本身是固体的物质如沙子，却不能往其中加入石头使其像水那样发生改变，因为沙子本身就是密度比水更大的固体。因此，在沙子中加入石头不会升高沙子的高度，石头只会静静横在沙子表面，也不会让沙子表面的蠕虫大餐靠得更近。这些秃鼻乌鸦确实把石头放进了装满沙子的管中，当这个管子和装满水的管子同时放在一起时，秃鼻乌鸦很快学会了不往沙管中加石头而只往水管中加石头。秃鼻乌鸦是具有储食习性的鸟类，它们之所以对沙子产生兴趣可能是因为它们想在沙子之间藏石头。

基于这则伊索寓言的实验设计在测试使用工具的鸟和不使用工具的鸟对物体因果关系的理解上发挥了重要作用，同时还可以被用来比较鸟类和人类儿童的理解力。研究人员应用了一系列巧妙的手段和控制程序来测试松鸦和新喀鸦是否懂得哪一类的物体能够使得水面上升，例如沉水的物体对比漂浮的物体，实心的物体对比空心的物体。在每一种情况下，松鸦和新喀鸦都能够选择最合适的物体和底物，例如选择装满水的管子而不是空气管子或是沙子管子，选择较大的石头而不是小石头，选择沉水的物体而不是漂浮的物体，选择实心的物

左图：伊索寓言中的“乌鸦喝水”，一只乌鸦把小石子丢进水罐中使水位升高从而成功喝到了水，这启发了研究人员设计了相应的测试实验，即伊索寓言任务（Aesop's Fable task）。

体而不是空心的物体。

有人认为这些鸟之所以能够成功完成这些任务并不是通过因果推理能力，而是通过不断调整自己的行为，以及追踪行为对水的运动造成的后果而得到的。为了求证这一问题，研究人员在新喀鸦和松鸦身上进行了一系列的实验。例如，将两个管子都用灰色胶带覆盖，这样受试个体就看不见管子中的水或是美味食物。研究人员在有食物的管子前面摆放了一个大石头作为唯一的提示信息。结果这些鸦科鸟类对于两根管子没有表现出明显偏爱。

鸟类相信魔法吗？

最后，为了确认鸦科是否能够在信息不全面的情况下推断出任务背后的因果关系，研究人员向鸟类提供了U形管。这个U形管包括三根管子：中间为一根细管，两侧各有一根粗管，但其中只有一根粗管和细管相连。研究人员将U形管放置在盒子中，把底部隐藏起来。受试的鸟类个体不知道两根粗管中的哪一根是和细管相连通的，而细管中装有美味的食物，粗管中没有食物。细管太细，石头放不进去，所以要想吃到食物，唯一的方法是往与细管连通的粗管中放入石头，使得细管的水位上升，这样才能吃到蠕虫。由于管子的大部分都是隐藏起来的，所以只有在正确的粗管中放入了足够量的石头，使得细管中水位上升，受试的个体才会知道粗细两根管子是相通的。在这个实验中，没有一只鸦科鸟类选择了正确的管子，这表明它们必须看到自己对管子做出的行为的结果，才能确定自己行为的后果。

伊索寓言任务已经被证明是比较不同物种对客观世界的理解和自身行为后果理解的最佳测试之一。研究人员在任务的原始版本上开发了多个更巧妙的版本来梳理出哪些可能是鸟学到的内容以及哪些是推理的结果。

秃鼻乌鸦进行伊索寓言任务

❶一只秃鼻乌鸦面前摆放着一根装有一半水的管子，水面上漂浮着一条美味的蠕虫。但是怎样才能够着这条蠕虫呢？

❷这只秃鼻乌鸦开始往管子内放入石头，随后水位慢慢上升，蠕虫也慢慢靠近了。

❸这只秃鼻乌鸦一直往管子里放石头，直到自己的喙能够到这条蠕虫。此时，它便叼起并吃掉了蠕虫。一旦水面足够高，秃鼻乌鸦就停止放入石头。

你的孩子有乌鸦聪明吗?

最近的几项研究把乌鸦和松鸦在工具使用和制造任务中的表现与人类儿童的表现进行了对比。这些研究的目的致力于探究在没有语言推理能力的情况下是否能得到某些形式的物理认知。这些研究不是为了说明乌鸦和儿童具有相同的心智，毕竟乌鸦和人类在3亿多年前的进化之路上就已经分道扬镳。实际上，鸦科鸟类和儿童之间的差异与他们之间的相似之处一样有趣，尤其是当其中一组比另一组显得更加聪明或愚笨时。

儿童在工具创新上的困难

对比实验的第一项任务是弯曲金属丝。一组3岁到9岁的孩子要完成一个类似于秃鼻乌鸦和新喀鸦的任务，不过他们的奖励是一张贴纸，而不是食物。4岁以前的孩子们在钩形管道清洁器和直管道清洁器之间选择了钩形管道清洁器，并用它来拿出贴纸。当给孩子们提供一个直管道清洁器、一根绳子和两根短棍时，只有少数3到5岁的孩子用此制成了一个钩形工具，而一些8到9岁的孩子使用管道清洁器和一根短棍制作了一个新奇的工具。直到孩子们长到足够大（16到17岁）时，他们才会创造出钩形工具。如果让4到7岁的孩子观看制作钩子的过程，然后给他们提供管道清洁器、棍子和绳子，他们就会用管道清洁器创造出自己的钩子工具。总的来说，即使是15岁的孩子也缺乏洞察力这一情况有些令人惊讶，因为即使是3岁的孩子就应该对可弯曲的材料或类似物体有一定的经验（或者有创造这些物体的潜力）。

其他的实验发现，如果给孩子们一个管道清洁器，让他们做一个钩子，只有给他们做个示范，他们才会成功做到。如果给他们一个拉直弯钩的任务，这个任务中他们必须把弯曲的管道清洁器拉直，把它放进管子来推出贴纸，他们不会使用他们在之前的实验中学到的信息来解决这个任务。如果给孩子们提供使用管道清洁器和绳子制作工具的直接指导，他们会做得更好。

儿童能够在折弯任务的三个月后仍然记得实验内容，并能用记忆中的这些信息来解决由颜色和配置不同的管道清洁器与管道中的小桶组成的新任务。如果孩子们面对的是概念上相似的任务，例如在一根木棒上有三个孔洞，还有三根短木棒可以放入这三个孔洞中，在这个任务中，儿童最终没能把一根木棒插入一端来制成一根钩子，他们之前在弯钩管道清洁器学到的知识没有派上用场。这和秃鼻乌鸦的行为形成了对比，秃鼻乌鸦不仅能使用木质钩子，而且还能根据这里学到的知识将一种新材料（金属丝）制成钩子。

从以上研究中，我们可以推测青少年时期之前的儿童创造新工具的能力很差，这可能是依赖于同成年人进行社交学习获得知识的后果。一旦孩子变得独立，他们就会在失去家人支持的情况下转换方向，开始创新自己的解决方案。

奇幻的思维

伊索寓言任务也被用来比较鸦科和人类儿童。同鸦科鸟类一样，孩子们可以把一个重物放到迷盒顶部的管子里，从而使平台折叠。一旦他们学会了这一点，就给他们做一系列的管道问题任务：水与锯末对比，下沉的物体和漂浮的物体对比，以及U形管装置任务。在所有的任务中，年纪越大的孩子表现越好，并在8岁时便达到最佳表现。从5岁开始，孩子的反应便不是基于本能，而是同鸦科鸟类一样在五个任务中表现出很快的学习能力。只有8岁的孩子才表现出不假思索的行为。孩子们通过学习学会了将重物放到装满水的管子里而不是放到锯末管

上图：我的侄女伊莫金（Imogen）在进行伊索寓言任务，将正确数量的石头放进装着水的管子中，使得水面和水面上的玩具上升。不同年级的儿童进行了这个任务的不同版本，但是只有8岁及以上的儿童在这一任务中取得了成功。

右图：尽管人类和鸟类已经走过了3亿年各自不同的进化道路，两者在解决问题上面展现出了惊人的相似性。这可能是因为人类和鸟类在进化过程中需要解决相似的问题，而这些成了他们认知表型的一部分。

子里，将可沉底而不是漂浮的物体放进管子里。

在U形管实验中，新喀鸦和松鸦都没有通过这项实验，8岁的孩子在一次实验后就学会了该把弹珠放进哪根管子里，而7岁的孩子在5次试验之后就学会了。但其他年幼的孩子都失败了。当被问及自己是如何成功时，这些孩子并没有推断出管子的隐藏部分是相连的，而是认为魔法在起作用！他们看到了把石头放在管子中对细管产生的作用，但是并不理解这种作用产生的机制。这种奇幻的想法在年幼的孩子间非常普遍，只有在他们长到一定年纪之后才会对这个世界的运作机制产生好奇。

很明显的是，人类幼年儿童的智力被夸大了，至少秃鼻乌鸦、松鸦和新喀鸦同他们一样能干，而且在工具创新和因果推断的任务中，鸟类甚至比8岁以下的儿童更聪明。也许我们自己对于物质世界的理解与我们使用工具更紧密，而我们也比我们那浑身羽毛的远亲更依赖于我们的社交天性。

6 知己知彼

动物有自我意识吗？

当你看向镜子时，你会看到自己的镜像，但你是如何知道那是你自己呢？你盯着镜子中的“那个人”，而“那个人”也在盯着你，大脑是如何辨别出这是你自己的镜像，而不是另一个具有相似年龄、同样性别、同样长相的人呢？我们的自我意识造就了我们自己，造就了茫茫人海中每个独特的个体。我们独特的身体特征使得我们和地球上每一个人区分开来。然而，我们的自我意识不仅仅依赖于在镜中认出我们自己的镜像，它还来自于我们的知识，我们的记忆，我们与他人的关系，以及我们的个性，以上种种共同形成了代表我们个人生活的独特条码。

匹配的运动

当被问及对我们的镜像有何看法时，我们会毫不犹豫地说那就是我们自己，除非我们患有某种类似精神分裂症的疾病。但是是什么使得我们能够立刻认出自己？多年以来，我们一直盯着镜中的自己，观察我们随着年龄增长发生的各种变化，我们是自动地做出了反应，还是我们在追踪镜像做出的动作才做出了论断呢？我们是否能够通过感觉到镜中影像的动作随着我们自己的动作的变化而变化来知晓这一点？假若如此，如果人类以外的动物也有相似的身体感觉，它们是否也能容易地做出同样的判断呢？

镜子和心智

我们是如何发现动物具有自我意识的？其实并不意外，和人类一样，我们是通过镜子实验发现了这一点。大多数动物在第一次见到自己的镜像时会把它当作另一个个体，通常把它当作一个对手，并且会通过瞪着镜像来威胁这个“对手”。而某些动物永远不会发现镜中的影像就是它们自己，会一直把它当作一个不熟悉的同类对待。然而，随着时间推移，一些动物逐渐意识到镜中影像的动作会随着自己的动作而变，从而逐渐改变了对镜像的态度。如果它们举起翅膀，镜中影像也举起了翅膀，如果它们张大嘴巴，镜中影像也张大了嘴巴。

左图：一只大山雀看向它在水塘中的倒影。它是否能够认出这是自己的影像，还是只是看到了另外一只鸟？

在暴露在镜子面前多个小时后，一小部分的物种改变了自己的行为，从对自己镜像的社交反应变成了自我导向的反应，将镜子作为了一个检查自己身体的工具。它们会张大嘴巴检查自己的口腔，或是检查自己的背部，或是做出怪异的举止看镜中影像如何变化。戈登·盖洛普（Gordon Gallop）利用了这些从社交到自我的变化设计了一个标记测试实验，并最先在黑猩猩上进行了测试。将一只动物第一次暴露在镜子前面，如果它从社交反应转向自我导向反应的话，我们便记录下这个时间点。一旦动物在有镜子时比没镜子时更频繁地审视自己的身体，我们便把镜子遮挡住。接下来我们可以将动物麻醉，在其身上只有镜子中才能看到的部位打上一个标记，比如脸上；或者给它身上类似部位做一个让它有感觉但是其实并没有留下印记的虚假标记。一旦动物苏醒，就将它再次暴露在镜子面前，将它在有镜子和没有镜子情况下触碰身体印记的频率进行比较，或是同在镜子前面触碰身上虚拟标记的频率进行比较。基于合理的推测，如果这只动物触碰身体标记的频率大于触碰虚假标记的频率，以及在有镜子的情况下比没镜子的情况下更多地触碰身体标记，我们就可以认为该动物表现出了对镜像的自我识别能力。

只有少数物种在镜子前表现出了更多的触碰标记行为，包括黑猩猩、猩猩、海豚、大象和喜鹊。而这些物种同时也是聪明俱乐部的成员，那么对镜像的自我识别是否是智慧的证据呢？自我意识和智慧是否都需要更大的大脑呢？对于这些问题目前还没有定论。

喜鹊，镜子和标记

标记实验至今仍是确定一个动物是否有自我意识的经典方法。我们还有一个尚未解决的问题就是，是否有更简单的过程来解释动物在镜子前的行为。动物是否将自己身体的运动和镜中影像的运动联系起来，然后对镜中的这个新标记的新变化做出反应？动物看到镜中影像的某一点不同然后触碰自己身体同一部位是一个既定事实，这点几乎没有争议。真正的问题是，这一举动是否意味着它有自我意识，还是仅仅是自己身体和空间位置的体现。

鸟儿在镜子前面做什么？在科尔切斯特动物园（Colchester Zoo），人们利用镜子来引诱火烈鸟交配，因为火烈鸟只有在族群足够大的时候才会繁殖。鹦鹉和雀类在镜像前花费的时间比在另一只鸟和空墙前花费的时间更多。多种鸦科鸟类在面对镜子时会表现出看到另一只同类的样子，例如，雌鸟会有更多的梳理羽毛行为，而雄鸟则展现出攻击性。新喀鸦能够用镜子去找寻只有借助镜子才能看到的食物，这表明它们明白镜子如何发挥作用。非洲灰鹦鹉也会利用镜子去找寻视野以外的食物。截至我撰写本书时，只有三种鸟类接受了镜子标记实验，而其中只有喜鹊通过了实验。

实验人员向喜鹊的黑色羽毛上粘贴不同颜色的贴纸，有黄色、红色和黑色三种颜色。只有彩色的标记才能看得见，但是所有的贴纸粘上身体后都有感觉。在把贴纸粘贴到喜鹊身上前，先给它们提供一面镜子，一开始它们展现出了攻击性行为，就好像镜子里的影像是另外一只喜鹊一样。然而，这些喜鹊在选择没有镜子和有镜子的房间时还是选择了有镜子的房间。接下来，研究人员对这些喜鹊进行了标记实验。当标记之后再次暴露在镜子前面时，五只喜鹊自发地表现出了标记导向行为，这种行为比没有镜子或没有标记的情况下更加频繁。然而，喜鹊并没有尝试着去移除身上的黑色贴纸，这表明它们是通过镜子中的影像来识别出贴纸位置的。但是，它们成功移除了身上的彩色贴纸，并且在此之后就停止了自我导向行为。最后，并不是所有的喜鹊都表现出以上行为，实际上有一些喜鹊从始至终对镜中影像都表现出了攻击性的社交行为而不是把它看作自己的镜像。

鸽子和镜子的简要说明

有一个针对标记实验的争论认为，与黑猩猩表现出的行为非常相似的自我导向行为，能通过仔细训练这种行为的各个组成部分来实现，因此这种行为和自我认知无关。罗伯特·爱泼斯坦曾辛苦地训练鸽子啄投射到墙上的光点，然后将这个光点投射到鸽子的胸前（鸽子穿戴着护颈所以只能在镜子中看到点），经过训练，鸽子的行为最终会和黑猩猩的自我导向行为非常相似。然而，这一研究没有再重复过，也不太能说明一只动物在没有奖励和训练的情况下是如何看待自己镜像的。

左图：一只喉部粘贴着黄色贴纸的喜鹊。黄色贴纸和黑色羽毛形成色彩对比，在镜子中能清晰看到。一只具有自我意识的喜鹊应该能够认识到自己外貌的变化，然后尝试着去移除这个贴纸。

标记实验的替代实验

镜子标记实验虽然有争议，但是只有几个实验能够替代它。测试一只动物对自我的认识是极其困难的，因为我们无法直接询问它的想法。另一个替代实验也会用到镜子，但是不是用来探索自我而是用来区分自己和他人。许多有储食行为的鸟都会保护自己的食物不被小偷偷走。一种保护方法是在其他鸟离开现场后，返回到藏食的地方并将食物转移到原先的鸟看不到的新地点。西丛鸦在独自时，或是在有潜在窃贼时，或是在有镜子的时候都会藏食。我们推测，当一段时间后西丛鸦独自返回藏食地点时，如果它们认为镜中的是自己的镜像，那么它们就会和它们独处时处理食物的方法一样对待储藏的食物（即不受威胁的情况下）。然而，如果它们把镜中影像认为是另一只西丛鸦，它们就会像自己被另一只鸟看到时那样去处理自己藏的食物（即把食物转移到这个观察者看不到的地方去）。西丛鸦展示出了前者的行为，把食物丢下离开了。这表明，西丛鸦可能意识到了镜中的影像就是它们自己，所以不需要对藏的食物采取保护措施，或者是它们觉得镜中的影像表现怪异，所以不用特意保护自己的食物。我们还需要进一步的实验来梳理各种可能性，以及测试鸦科鸟类是否具有某些（基本程度上的）自我意识，也许需要应用到新的技术手段。

喜鹊的自我镜像识别

没有做标记的喜鹊在镜子前面审视自己（1）。同一只喜鹊在喉部接受标记之后重新回到镜子前面（2）。这只喜鹊通过用喙（3）、脚（4）和脖子/翅膀（5）来试图移除标记。

思想上的时空旅行

在我们的一生中，我们花了很多时间来沉思我们的过去，勾画我们的将来。我们可以通过情景记忆来再现我们在过去某个特定时间点的状态。我们还可以在脑海中勾画想象我们的未来，例如晚餐吃什么，暑假怎么打发，退休生活怎么过，甚至是葬礼怎样安排等。

在我们的脑海里

形成这些计划需要想象力，因为未来的事情还没有发生，而这些只是万千种可能性之一。我们必须在脑海中想象出一个未来可能会是的样子，并据此制订计划。例如，我们可能想要在早餐时吃某种食物，如麦片，但在晚餐时想吃不同的食物，如牛排。如果我们去杂货店时只买早餐麦片，我们很快就会感到厌倦，同时也无法满足我们所有的营养需求。当我们饱腹的时候，我们也可以去买食品杂货，因为我们仍然要为将来再次感到饥饿做准备。这种能力是否需要语言？这种能力是否存在于不会语言的动物中，例如鸟类？这种能力是否依赖于文化？在购物单和冰箱出现之前，我们有能力为长远的未来做打算吗?

要找到这些问题的答案并不容易，其中一个阻碍便是动物不会说人类的语言，而我们对人类的大多数测试是基于语言的。因此我们必须考虑哪些行为是未来导向的以及哪些行为需要考虑未来。有些动物的行为表现得好像它们懂得未来的需求，例如，为度过一个严酷的冬天而筑巢或安家，为未来的饥饿而储藏食物，或迁徙到气候温和的地带，但几乎没有证据表明这些行为需要思考未来。这些行为似乎是一个物种的所有个体都表现出的先天行为，由环境的变化引发，例如温度的降低，或由激素的变化引发，例如在繁殖季节发生的激素变化。

未来记忆

在人类以外的动物身上测试对未来时间的意识几乎是不可能的。我们人类认为自己是自己计划的主导者，我们为自己的未来做计划，而不是对当前状况的普遍反应。这种形式的意识是不可能在非语言生物身上进行测试的，所以需要设计一些行为标准得到严格控制的实验，实验结果可以被观察到并根据实验条件改变而改变。与情景记忆的实验一样，在动物身上进行的未来规划实验也有三个行为标准：内容、结构和灵活性。内容指的是未来事件的各个组成部分：将来会发生何事、在哪里发生、何时发生。这些内容以一种类似情景记忆（但是是在未来）的内聚结构结合在一起。未来的计划需要根据不断出现的不同情况而灵活调整。例如，你的冰箱坏了，所以你要么比你计划的时间提前吃掉东西，要么把它移到其他冷藏的地方。

如果我现在饿了，以后会饿吗?

未来规划的一个有争议的标准是行为必须满足比朔夫—科勒假说（Bischof-Kohler hypothesis），也就是说，任何未来导向的行为必须是为了未来的动机状态，而不是当前的动机状态。如果一个动物现在饿了，并采取行动来满足自己的食欲，那么它的这一行为就不能面向未来的饥饿状态。这个标准是稍有瑕疵的。未来导向的行为不仅仅是关于动机状态。我们做的未来导向的事情不仅仅是为了满足我们的饥饿、口渴或性欲，目前我们还不清楚为什么动物一定要被它们自己的动机所束缚。一只动物也有可能同时拥有两个相互竞争的动机状态，甚至同一动机不同级别的状态。从特定的饱足感就可以清楚地看出这一点。在我饥饿的状态下，当我吃饱了牛排，并不意味着我对所有的食物都感到满足，我只是吃饱了牛排。我可能还会对另一种食物感到饥饿，例

如冰淇淋。

而比朔夫—科勒假说忽略了这些可能性。然而，最近对丛鸦的研究发现，当它们吃饱一种食物之后，还会去计划藏匿并吃掉另一种食物，因此这是一种满足未来需求的储食行为。例如，丛鸦在当下可能已经吃饱了A食物，但是还会储藏A食物，以便日后它们吃饱了B食物但是又想吃A食物的时候再取出A食物来吃。所以，丛鸦能够在现在满足的情况下为未来一个不同的动机状态（饥饿）而做准备。

上图及右图：一只松鸦将橡子塞入自己的喉咙中，而它们的喉咙可以塞进多达七颗橡子，松鸦会将这些橡子藏匿到不同的地点，藏匿地点通常靠近高大的地标，例如大树旁边甚至是大树里面（右图），这些储藏的食物都是为了在未来几个月食物缺乏时做好准备。

为早餐做准备

西丛鸦会储存食物以备将来食用，但是记得过去的特定事件，即它们在过去的藏食事件，需要用到何事—何地—何时记忆（what-where-when memories）能力。在人类心理学中，情景记忆与未来规划紧密相连，我们的过去指导着我们的未来。在当下储存的食物是为了维持将来的需要。这种将来的需要可能是一种动机状态，例如饥饿，或是一种环境需求，例如未来食物会变得稀少（例如接下来的冬季）。

未来的饥饿

如果西丛鸦在某个地点储藏的食物在未来被偷走或者变质，那么它们就不会再在这个地点储藏食物。有一项研究测试了西丛鸦的储食行为是否是导向未来的动机状态。研究人员将西丛鸦暂时安置在一套三个相连的隔间中（A，B，C），在两个靠外侧的隔间（A和C）中各放置一个可储藏食物的托盘，而B隔间中放置有一碗松子粉（无法贮存）。在接下来的6天里，研究人员训练西丛鸦，让它熟悉在第二天早晨被关在A或者C房间的后果。

每天早上，西丛鸦被随机地放到A或者C隔间中，每个隔间放3天。在A隔间中给它们提供一碗松子粉，在C隔间中没有提供早餐（但是稍晚的时候会给它们提供早午餐）。在6天的实验中，西丛鸦们要么被分配到有早餐的房间（在A隔间的3天）或是没有早餐的房间（在C隔间的3天）。它们完全不知道第二天早上它们会被分配到哪一个房间，所以它们不知道第二天能不能吃上早饭。到第七天傍晚的时候，研究人员给它们提供一碗完整的可以储藏的松子而不是松子粉，同时三个隔间的大门都向它们敞开。如果西丛鸦明白它们在第二天早上可能会被放入没有早餐的房间，它们就会在这个没有早餐的房间的储食盒中储藏松子；它们不需要在有早餐的房间储藏食物，因为这个房间第二天有早餐提供。西丛鸦的表现和预测的差不多，它们主要在没有早餐的房间储藏松子，这表明它们知道要为第二天没有早餐的情况做好准备。

我早餐想要吃什么?

在一个类似的实验中，研究人员没有让西丛鸦在一个隔间里吃早餐，也没有让它们在另一个隔间里挨饿，而是在一个隔间里提供宠物饲料，在另一个隔间里提供花生。在六天的时间里，这些鸟知道第二天早上哪个隔间里会提供哪种食物。在第七天的傍晚，研究人员给西丛鸦提供了宠物饲料和花生（整粒），这些食物可以储藏在任何一个隔间里。结果西丛鸦把花生储藏在放宠物饲料的隔间，把宠物饲料储藏在放花生的隔间，因为它们喜欢在第二天早餐时有更多选择。这种行为表明西丛鸦具有规划未来的能力，它们会去考虑第二天早饭时的情况。它们晚上的行为取决于它们在第二天早上的未来动机状态。

左图：由于储藏的食物会变质，且不同食物的变质速率不同，同时它们储藏食物时可能有潜在的小偷在偷看，所以西丛鸦应该明白储食时的不同条件会影响它们储藏的食物，例如再次取出食物时食物是否还可以食用。

早餐计划

在这个西丛鸦的早餐实验中，一只西丛鸦可以在三个相连的隔间中进出搜索和吃松子粉。A隔间和C隔间中放有储食托盘。在过去六天的早上7点，西丛鸦被随机分配到A隔间（有早餐的隔间）或是C隔间（无早餐的隔间），而在C隔间只有到上午11点才提供早午餐。在第七天的晚上，研究人员给它们提供整粒可储藏的松子，它们可以把松子储藏到A隔间或C隔间。如果它们想到第二天早上可能发生的情况，它们就应该把松子储藏到C隔间，因为这个隔间早上不提供早餐。

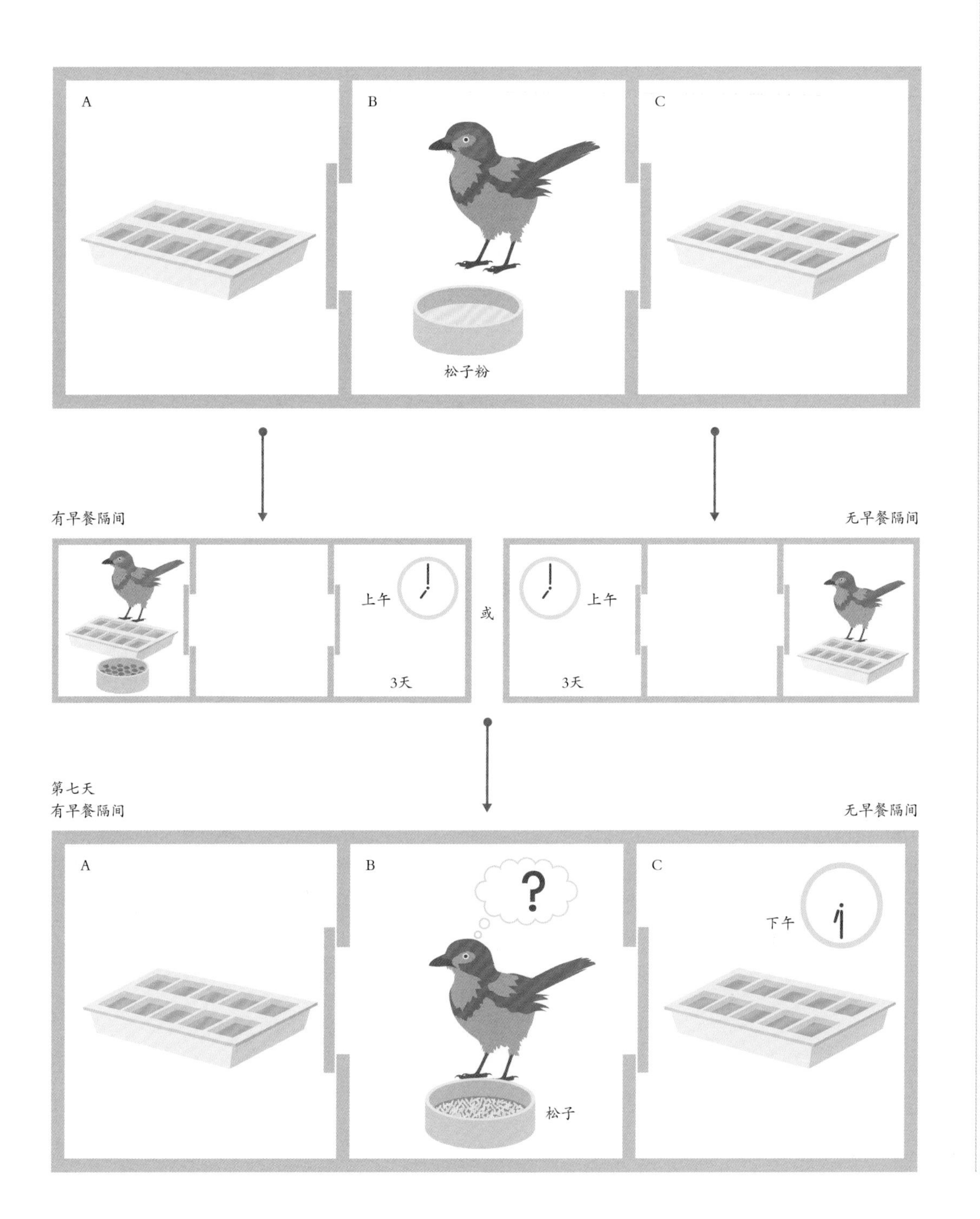

思考他人的想法

研究人员对某些动物是否具有自我意识目前还存在争议，而某些动物是否能够理解其他个体的想法和感受同样也存在激烈的争论。

心智理论

人类很容易去阅读他人的心事，而且从很小的年纪就开始这样做了，我们并不是通过电视里展示的“催眠”那样的神奇技能，而是通过捕捉细微的线索来推断他人的心理状态。你可以通过某人说话时转移视线的方式来判断他是否在撒谎，你也可以通过注视的时间长短判断一个人是否被另一个人吸引。小孩子知道什么时候有人指出什么，什么时候他们想要什么。这种理解他人想法的能力——他们感知到什么，他们知道什么，他们想要什么，他们相信什么——被称为心智理论（theory of mind），这被认为是人类独有的能力。

读心者的优势

人们认为只有人类能够感受到并理解他人的心理活动，这种理解或是基于我们自己对于世界的理解，或是基于各种自然的征兆，例如观察其他人注视或手指的方向。尽管如此，我们唯一能够确定的是我们自己心中的想法，因此我们对于他人心理的理解只能被叫作理论。知道其他人能看见什么，可能看过什么，以及自己认为对方可能看见过什么（这可能与事实不符），使得身处社会中的这个个体比其他不具备该技能的个体拥有了明显的优势。而不具有心智理论的社会性生物需要通过个体间大量重复的互动才能预测彼此的行为，而具备心智理论的生物可以利用一系列规则在第一次遇到一个新个体时就做到这一点。

做出预测

尽管具有心智理论的优势是明显的，但争论的焦点是动物是否需要去思考他人的想法，还是只是简单地梳理他人的行为而已。我可以从你目光的方向、你行走的方向和你要到达的地方来非常准确地推测你的下一步行为。我不需要借助视觉或是意图来做出简要的推断，我可以只是简单地跟着你行走直到你到达预先的目标就足够了。我不需要去探究为什么你做出了你所做的行为，

左图：伦敦塔附近的两只渡鸦，其中一只正在藏匿食物，另一只个体因为某事而分心，无法看到同伴把食物藏在了哪里。

我只需要用你的行为去推测你下一步的行动。通过阅读你的行为我们可能就足以梳理出你精神世界中的一些简单内容，但是一些精神状态例如信仰，则没有那么容易被解码。

会读心术的鸟

研究人员在包括鸟类在内的动物身上开展了研究，对它们是否能通过简单的行为线索，例如其他个体的视线方向、指向动作或是它们最近有没有看到这些征兆，来检验它们是否能够识别其他个体的视觉导向（它们能看到吗？）或者是否了解它们的知识（它们是否知道某些事情而忽略了其他事情？）。尽管此项研究已经进行了近40年，人类之外的动物是否具有心智理论仍然存在争议，这些争议也并不都是凭空质疑，因为人类自身的心智理论是如何运作，是否像从前认为的那样普遍存在也尚不清楚。在鸟类身上开展的一些研究为这一争论提供了相当丰富的数据，这些数据把读心术置于一个强大的演化框架中，我们可以设想这样一个生态环境，在这个环境中，心智理论是具有适应性的，例如保护自己储藏的食物，我们可以基于进化论的理论来推导这种行为是如何演化的。

下图：尽管像山雀这样的鸟类可能不具备和人类类似的心智理论，但它们展现出了复杂的社交技能，使得它们能够对其他个体的社交信号做出适当反应，甚至可以推测其他个体的行为。然而这些技能可能是本能的反应，或是基因里自带的，或是快速学习的产物，而不是对其他个体心理状态的理解。

他人的心愿

大多数鸟类都是一夫一妻制，其中某些种类可将伴侣关系维持终生。这种伴侣关系的维持依赖于夫妻双方的合作，而猜测自己伴侣的想法和心愿能够使得它们成为一组高效的伙伴。这使得它们更容易保护和抚育出健康的后代。

情人节

分享食物是很多鸟类婚配关系的核心行为。一些雄鸟会向潜在的伴侣提供礼物来引诱它们，或者它们会向其他个体提供食物来展示它们获取食物的能力或作为合作伙伴的潜力，这是成为一个好父亲或好伙伴的两个基本要素。持续送礼物可能有助于维持一段不稳定的关系。通过提前确定伴侣的需求，雄鸟可以根据伴侣的特殊需求来定制礼物。伴侣的动机状态也会对他或她的心愿有很大的影响。如果你的伴侣刚刚吃了巧克力，他或她可能不想再吃巧克力了，但可能还想吃一点水果。给予伴侣什么样的礼物取决于他或她刚刚吃过了什么吗？鸟类是否能够了解其他个体的心愿，而不仅仅是靠简单的行为线索来实现，例如盯着一种食物看的时间比盯着另一种食物看的时间长？

带着礼物的松鸦

松鸦的配对关系可以维系整个繁殖季节，但不会年复一年地保持这种关系。雄性松鸦会与伴侣分享食物。研究人员让一只雄性松鸦取食自己的日常食物，直到其吃不下为止（吃饱），然后让它观察伴侣取食的日常食物——螟蛾幼虫或面包虫，不同的日子吃其中一种。如果雌鸟吃饱了日常的食物，那么基于特定饱腹感的假设，它应该还会对新的食物感兴趣（如果有的话），例如面包虫或螟蛾幼虫。然而，如果它刚刚吃过了螟蛾幼虫，那么它就会更想吃面包虫。同样，如果它刚刚吃过了面包虫，它就会更想吃螟蛾幼虫。而它的雄性伴侣居住在与其相邻的鸟舍里，实验人员给这只雄鸟提供一条面包虫或螟蛾幼虫，雄鸟可以自主决定如何处理，例如自己吃掉，或是储藏起来，或是分享给自己的伴侣。如果雄鸟选择与雌鸟分享，那它的决定应该更大程度上基于它心中所了解的雌鸟心愿，即分享雌鸟没有吃过的食物。例如，如果雌鸟吃过了螟蛾幼虫，那雄鸟就和它分享面包虫，反之亦然。

是否是雌鸟的行为给了雄鸟一条线索，让雄鸟选择某一种食物作为礼物献给雌鸟？例如，当它看到雄鸟给它想要的食物时，它会表现出乞求的姿势。许多鸟类在想要进食的时候会发出乞求的鸣叫或做出乞求的姿势。为了排除这种可能性，实验人员将雌鸟关在雄鸟看不见的地方进食，这样雄鸟就不知道雌鸟到底吃了什么，而只能依据雌鸟的行为来挑选食物喂食雌鸟。结果在这种情况下，雄鸟没能根据雌鸟的心愿来提供食物，这表明它们先前的行为是基于明白了雌鸟没有吃过什么，而不是基于雌鸟想吃某种食物的信号。这种行为可能是基于自我反省（“我吃X吃到饱了，然后我想吃Y”）或心愿归因推理（“她得到了所有她想要的X，所以现在她希望Y”）。目前，我们很难区分具体是哪种，但是这些都能表明，雄鸟是基于自己感知到的雌鸟心愿做出了反应。

左图：雄性松鸦知道它的雌性伴侣想吃什么，这种判断是通过观察雌性吃过了哪种它已经吃到饱的食物，因此雄性就给雌性提供它没有吃过的食物。

心愿归因

松鸦的心愿归因实验。研究人员让一只雄性松鸦观察一只雌性松鸦进食面包虫（M）或是螟蛾幼虫（W），直到雌鸟吃饱为止（1）；或者让雄鸟看不到雌鸟的进食（2）。接下来，研究人员给雄鸟提供一条面包虫和一条螟蛾幼虫，让雄鸟做出选择。基于它之前观察到的信息，雄鸟会选择哪一条虫子来喂食自己的伴侣呢？

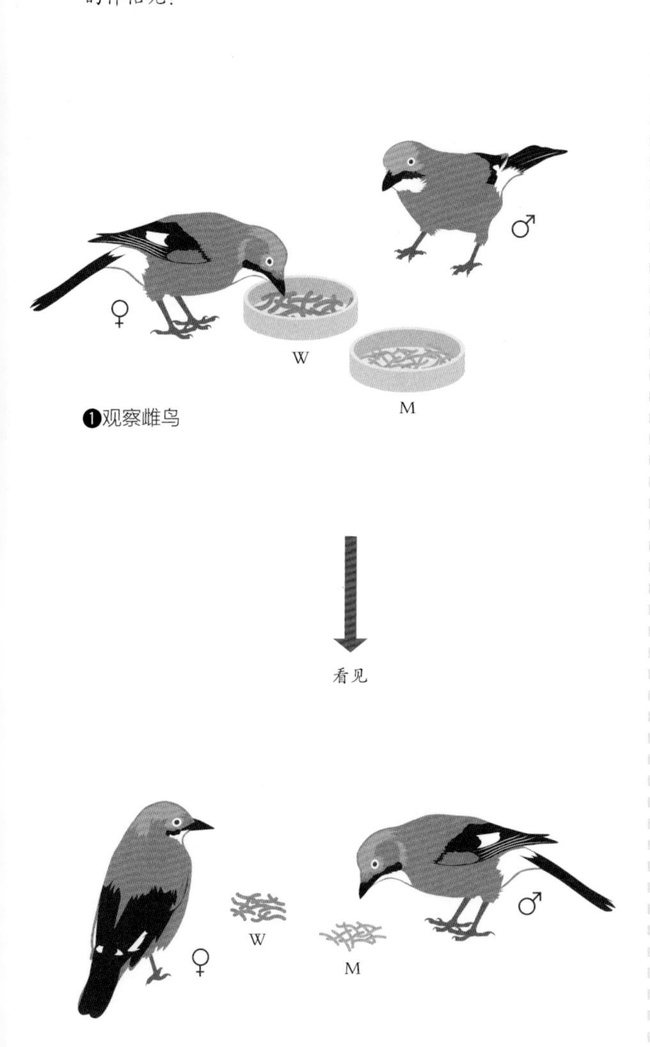

❸测试阶段

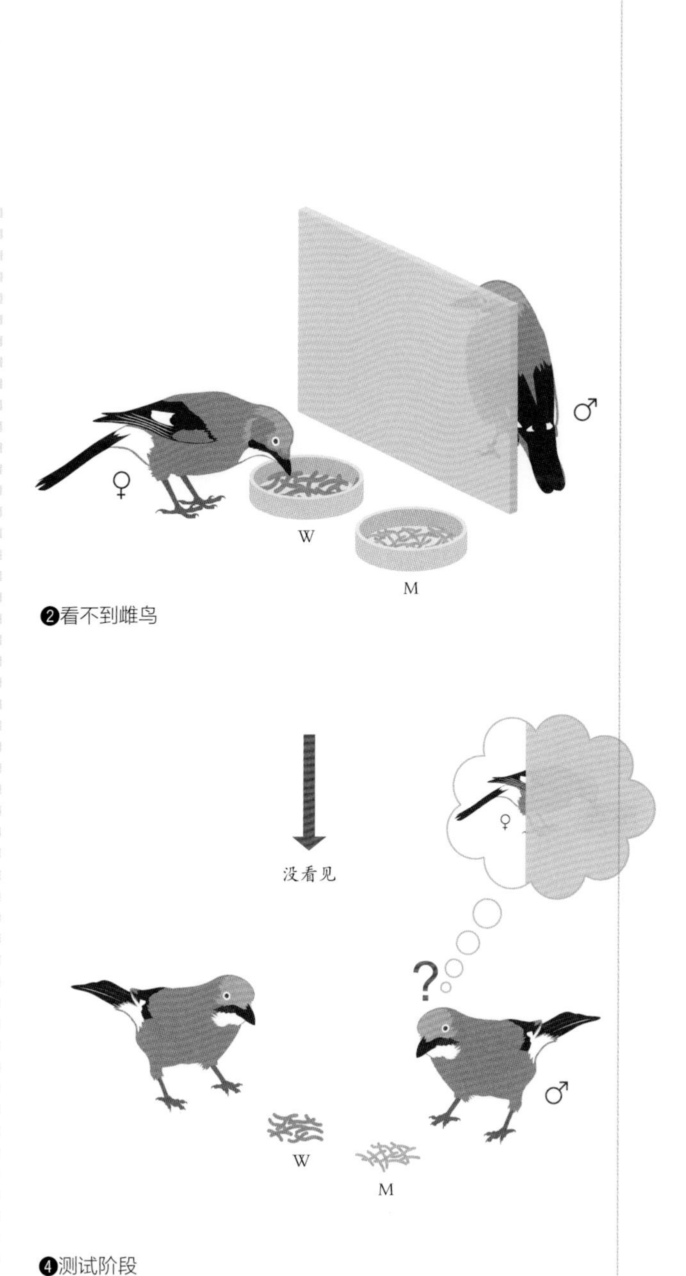

如何保护储藏的食物

对于储藏食物以备将来食用的鸟类来说，不管是因为没办法吃掉所有找到的食物而留到当天稍晚再吃，还是为了留到将来严酷的寒冬时节再吃，食物储备都可能意味着生与死的差别。保护储藏的食物不被窃贼偷走和记住储藏的位置同样重要。具有储食习性的鸟类会使用几种不同的策略来保护自己的食物不被潜在的小偷偷走，其中某些策略需要使用复杂的社交认知技能。

群居性的储食鸟类

对于具有储食习性的群居鸟类来说，它们面临的最大问题是很难在没有其他个体看着的时刻去藏匿食物。虽然等待潜在小偷离开藏食现场不大可行，但它们仍然有其他可行的办法，例如四处移动藏食，使得最终的藏食地点难以猜测。这种策略可能在过去偶然发生，并导致有更大的概率再次挖掘出之前储藏的食物，当然，这种策略也可能是为了故意欺骗窃贼。

群居性的储食鸟类似乎能够分辨不同旁观者的不同特质并用不同的策略去应对它们。例如，如果是自己的伴侣在旁观，它们就不会采取保护性策略，因为它们本来就打算与伴侣分享食物。如果旁观者等级较低，它们也不会采取保护性措施，这一反应与它们对等级高的旁观者所做的反应恰恰相反。从某些方面来看，这的确是一个好的策略，因为与比自己等级高的个体不同，比自己等级低的个体不会在储食者在场时窃取食物，不过它们确实有可能在储食者离开现场后，偷偷摸摸地去偷取食物。

窃贼也不笨

研究人员在鸦科鸟类身上开展了储食策略实验，结果发现它们会灵活地使用多种策略来保护自己储藏的食物，使用的策略取决于储藏食物时的社交背景（即是否有另一只同类个体在场，该个体的身份如何），也取决于旁观者能多大程度上看到藏匿食物这一事件。在这里，“看见”的定义是有争议的，因为“看见”是一种精神状态，如果一只动物能够理解另一只动物能够看到东西，那它就应该具有另一个个体的思想有一个初步的了解（至少是精神层面上的“看见”）。然而，这并不十分明确，因为尽管我们可以把动物睁大眼睛观察藏匿食物事件的动作归于是在看，但是还有其他更简单的解释来描述旁观鸟的行为，而不必诉诸理解它的精神状态。例如，储藏食物的个体可能已经认识到，如果有一个同类睁大眼睛看着自己藏食物比这个同类背对自己或同类不在的情况下会损失更多的食物。这种解释并不需要用到“看见”这一概念，但是也会导致同样的对食物的保护行为。这种反应需要藏食者慢慢了解到（可能通过数百次的实验）在特定状态下藏食的后果。它还必须概括总结与藏食事件相关的头部、眼睛以及身体姿态的相关变化，这些变化的组合可能有上千种。这一解释不是太令人满意，所以有人提出了另一种解释，即聪明的动物形成了一种可以广泛应用于不同场景的准则，例如“如果在藏食时有个X观看着藏食事件，那么藏食就更有可能被偷走”和“如果藏食时没有X在观看，那么会有更多的食物能够保存下来”。某些心理学家认为这就能解释鸟类的行为了，但在实验室中对笼养鸟类的研究，并没有为鸟类在短时间内能够学习如此复杂的规则提供太多证据。在大多数情况下，要么它们没有经历过

右图：同它们的名字一样，橡树啄木鸟以橡子为食。这些枝干上的小树洞装满了它们储存过冬的橡子，橡子会失去水分逐渐变小，这时它们便把橡子转移到更小的树洞中去。

食物被偷的事情，要么任何被偷事件都不可预料，所以学习的机会是非常有限的。

有储食习性的鸦科鸟类能够理解竞争对手在现场和藏在栅栏后面的区别，也能够区分距离藏食地点远的对手和距离较近的对手，同时也能够区分出因为光线充足而完全暴露在视野中的藏食地点和隐藏在阴影中的藏食地点。在以上三种情况下，基于藏食事件是否暴露于旁观者的视野中这一规则，就足以让个体决定是否要采取保护策略了，而发展出基于学习的规则并不灵活，并且需要对新环境重新适应。而在只有三次试验的情况下让鸟类学会每一个新规则，并且在第一次尝试中往往就能正确做到，这种情况似乎不大可能发生。有时候，基于所谓简单机制的解释，例如试错学习，可能比基于认知或读心术的解释更复杂。

下图：有储食习性的鸟类，如冠蓝鸦，不仅会防备它们同类中的可疑窃贼，还会防备其他鸟类或哺乳动物，例如啄木鸟和松鼠。

保护储藏的食物

有储食习性的鸟会利用不同的策略来保护食物不被潜在窃贼偷走。

1. 消耗
2. 增加储食
3. 减少储食
4. 停止储食
5. 推迟储食
6. 调整储食
7. 移出视野
8. 难以看见
9. 多步移动
10. 重新藏匿

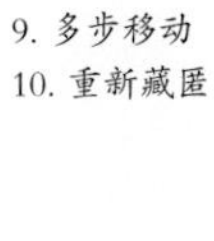

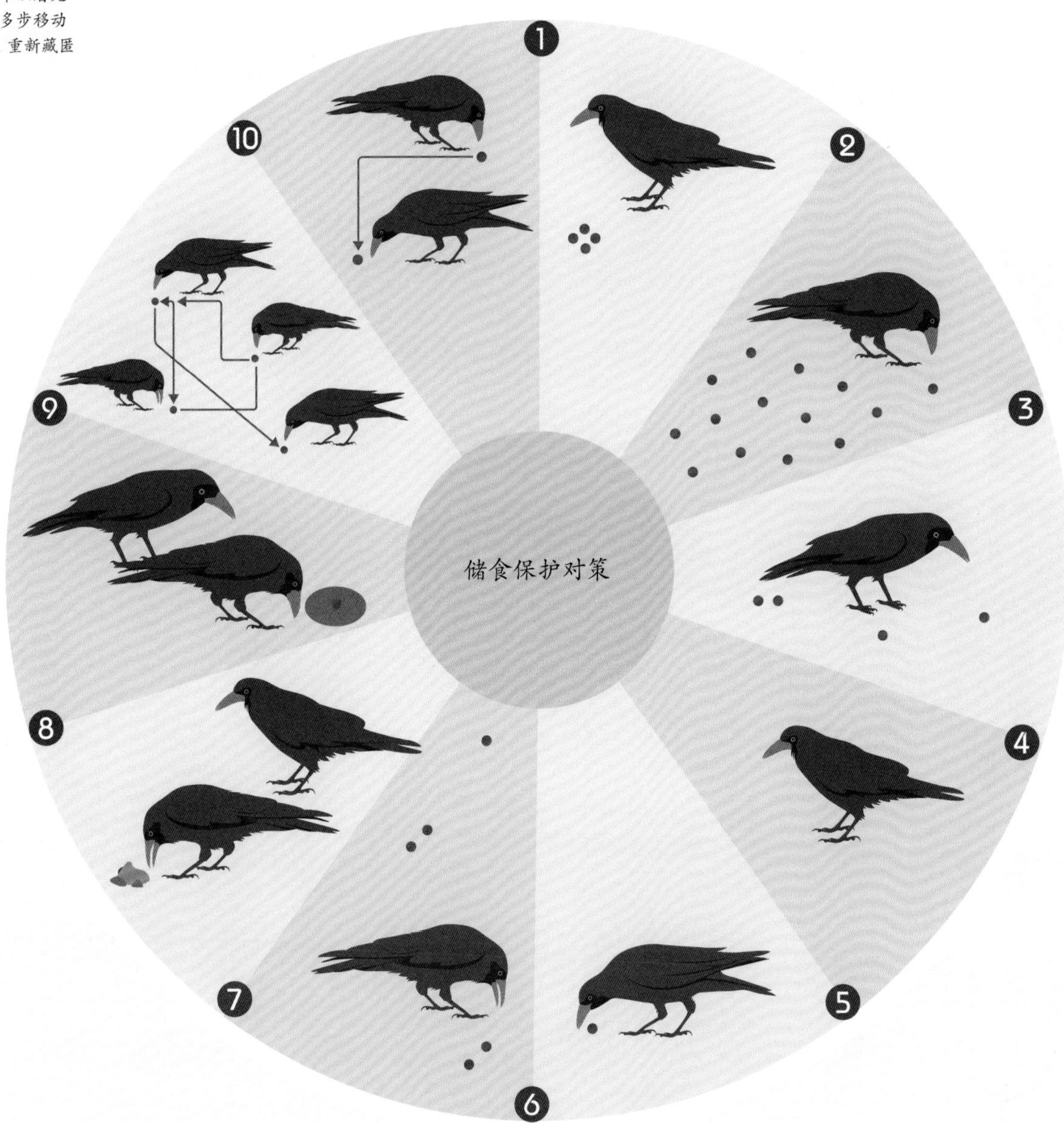

知道他人知道什么

如果我们假设具有储食习性的鸟能够意识到竞争对手可以看到自己的部分储食事件，而看不到其余的储食事件（由于距离太远或是光线太暗导致视线阻挡或是视野减弱），我们是否能够更进一步思考这个问题呢？

眼见为实

要想知道一件事，你必须先感知这件事。如果我目击了某一事件，那么我就了解到了这一事件的知识。如果事件发生时我不在场或是我的视线被阻挡，那么我就不会了解到这一事件的知识。在这种情况下，知识是对指导后续行为的感官信息的保留。如果一只窃贼目击了一只鸟在A区域储藏食物，那么它就应该具备了这一储藏地点的知识，如果这一食物没有被移走，那窃贼就可以利用这一知识在同一地点偷走食物。而如果储食的鸟有了关于窃贼的知识，即知道在A区域储食时有窃贼在现场，那么这只鸟不仅会对这个窃贼形成感知（察觉世界的当下状态），还会形成知识（对于世界过往状态的记忆），即使窃贼不在了也不会磨灭。储藏食物的鸟可能会认识到即使窃贼已经不能看见储藏事件，但窃贼仍保留了这一事件的知识。然而，储藏食物的个体同样也知道，没有出现在储藏现场的个体不具备这一事件的知识。

谨慎的渡鸦

研究人员对渡鸦进行了测试，来测试储食个体是否知道偷盗个体拥有某些事件的特定知识。在最简单的

下图：秃鼻乌鸦会储存食物，但是由于它们是高度社会化的鸟类，所以不得不在同伴锐利目光的注视下埋藏食物，而同伴中有一些个体可能会窃取食物。为了保护自己藏的食物，秃鼻乌鸦要么躲得远远的来埋藏，要么把食物埋得尽可能深，要么让自己的伴侣帮自己放风或是吸引注意力。

层次上，储食个体是否能够区分目睹了储食事件的个体和没有目睹储食事件的个体？如果一只渡鸦在一只目睹自己藏食的个体和另一只视线被挡没有看到自己藏食的个体面前储藏食物，之后这三只鸟都释放到食物储藏区域，当目睹过自己藏食的个体靠近储藏地点时，储藏食物的个体更有可能去发掘储藏的食物。而没有目睹藏食的鸟在场时，藏食个体就会倾向于推迟发掘食物，这样就不会给不知情的鸟提供它们原本不知道的信息。

而将窃贼和竞争对手进行测试时，窃贼能够了解目睹了储食事件的竞争对手和没有目睹该事件的竞争对手的知识存在差异。如果竞争对手等级较高，而且没看到储藏食物这一事件，窃贼就会推迟偷窃行动，因为从不知情的等级高的个体眼前偷取食物，这个等级高的个体就会知道现在这个食物在哪里，然后从窃贼手中抢走食物。如果竞争对手是一个等级高的且见过储藏事件的个体，窃贼就会迅速地偷走食物以便独享美餐。如果竞争者是一只等级低且目睹了储藏事件的个体，这个窃贼也会迅速地去偷走食物，因为在这种状态下，窃贼没有理由推迟偷窃，一旦食物被它取走就没有竞争对手和它来抢食物了。

这表明，不管是储藏食物的个体还是偷盗食物的个体，都能理解见过该事件和没见过该事件的个体之间存在区别，并据此采取不同的行为策略来保护或是窃取食物。对这种差异行为的一种解释是：渡鸦能够认识到不同个体拥有不同的知识储备。这种知识差异可能是基于事件发生时它们在场或不在场，或是事件发生后它们的行为，例如靠近藏食地点或是忽视藏食地点。

渡鸦的知识

上图：实验人员在一只渡鸦（左边笼子中的观察者O）在场的情况下，藏匿了两个食物，而第二只渡鸦（左边笼子中的非观察者NO）则看不到藏食的事件。第三只渡鸦（右边笼子里的测试个体F）能看到两个藏食事件的发生。下图：O或者NO被准许看到储藏地点。F在释放NO或O之前先被释放出来，F需要根据它的竞争对手有没有看到储食事件来决定去发掘哪一个食物。在另一种情况下，O和NO各自看到了不同的储食事件，所以F就必须努力去获得不同竞争对手看到的储存食物。

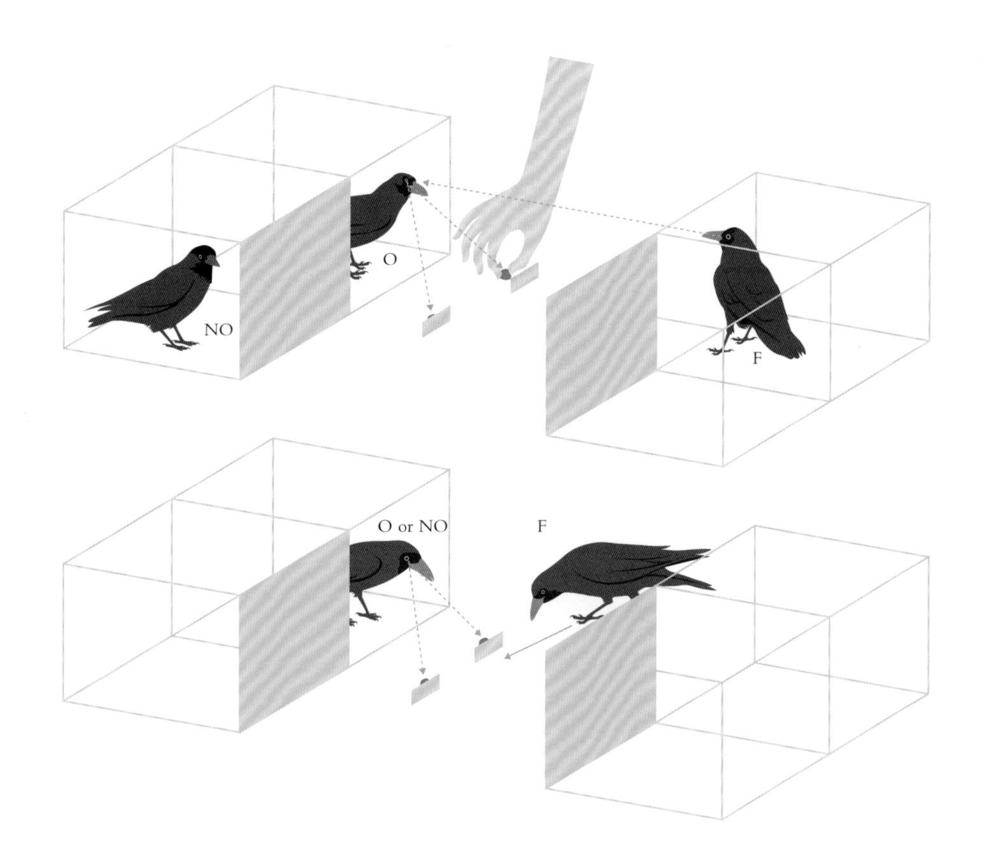

鸟类会互相欺骗吗？

欺骗另一个个体并夺取他人资源的能力，被认为是灵长类动物智力进化的主要驱动力，例如拿走他人的食物或是与他人的伴侣交配，这种能力需要理解其他个体的精神状态并操控它们。

欺骗和款待

同渡鸦一样，西丛鸦也能区分出同伴间的知识差异。研究人员给一只西丛鸦提供了两个装满沙子的托盘，西丛鸦可以把螟蛾幼虫藏匿在托盘中，其中一个托盘被透明的屏障给挡住了，另一个托盘则是开放的。研究人员引入了竞争对手，观察者A能够看到储食者在托盘A中的藏食事件，然后研究人员把托盘A挡住，把观察者A换成另一个观察者B，B可以看到储食者在托盘B中的藏食事件。三个小时后，研究人员送回两个托盘，储食者可以在以下四种情况下从两个托盘（现在两个托盘都开放）中取回食物：（1）观察者A在场；（2）观察者B在场；（3）只有它自己；（4）有一个没有目睹储食事件的C个体在场。储食者在两个托盘中重新储藏食物的表现具有明显的选择性，在观察者A在场时它会重新储藏托盘A中的食物，在观察者B在场时它会重新储藏托盘B中的食物，在独处时，它会频繁地在A、B两个托盘中重新储藏食物，而在新观察者C在场时，它几乎不会在两个托盘中重新储藏食物。

我们可以认为它在独处时从两个托盘中重新藏匿食物是合理的，因为这是将食物从先前观察者已知的位置移动到它们未知的位置。在新观察者C在场时很少发生重新藏食行为也很合理，因为在它之前藏食时，C并不

下图：一只西丛鸦在装满沙子的托盘中藏食。如果有其他个体看着它藏食，它就会多次把食物挪向托盘中的其他位置。它甚至可以在已经挪走了食物后，还可以表现出仍把食物埋藏在了原地那样。这种欺骗行为类似于人类的骗局游戏。

在场，因此也不知道托盘里有食物以及食物藏在何处。

迷惑竞争对手

真正令人奇怪的是，为什么储食者在观察者在场的情况下还会重新藏食？有两点与此相关。首先，它们只在观察者见过的托盘中进行重新藏匿，而另一个托盘原封不动；其次，它们对其中一些物品进行了多次的重新藏匿。虽然在独处时它也会重新藏匿食物，但都只移动了一次，而在有观察者时，这种重新藏匿食物的行为会多次发生，有时甚至多达六次。多次移动食物储藏的位置可能迷惑观察者，尤其是食物最终没有被埋藏在看上去储食者最终藏匿的位置上。视频分析显示，储食者可能把食物埋藏在第二个、第三个、第四个甚至第五个位置上，但是不会在第六个位置上。这种行为和传统的骗局游戏十分类似。

骗局游戏

数百年来，江湖骗子们一直利用一个传统的赌博游戏来从毫无戒心的赌徒手中骗取钱财。骗子向观众展示三个倒扣的杯子或者贝壳，其中一个底下装有一个球。杯子四处移动，赌徒的眼睛必须死死盯住盖住球的那个杯子。不可避免的是，赌徒最终都无法追踪到有球杯子的最终位置，因为骗子善用骗术，骗子会把球放在他或她最终选择的地方。而西丛鸦在多次移动自己藏匿的食物时，会表现出和骗局游戏一样的玩法，它不一定把食物放在最后的藏食位置。这会给观察者带来错觉。实际上，储食者在藏食过程中，会偶尔把食物放入自己的喙中或喉囊中，这意味着观察者不能得到藏匿过程的全部信息，所以也就不能在稍后的时间里重新发掘食物了。

盗贼识盗贼

西丛鸦会使用好几种不同的策略来保护自己的食物不被潜在的盗贼偷走。其中最重要的一种策略就是重新藏匿，即把食物从原来另一个个体看到的位置移动到该个体看不到的新位置。哪些因素影响了西丛鸦的重新储食行为呢？

想贼所想

研究人员让西丛鸦在装满沙子的独特托盘中储藏食物，托盘周围有彩色小积木块进行标记，先让该个体在有另一只西丛鸦在场的情况下藏匿食物，稍后再让它独自在场的情况下在另一个托盘藏匿食物。3小时之后，藏食物的个体可以在独自在场的情况下重新发掘自己藏的食物。它们会选择性地将有旁观者目睹时藏的食物从原来的托盘转移到了新的托盘中，这个新的托盘并不为之前的旁观者所知，而它们不会重新移动自己独处时藏的食物。

重新藏匿食物是所有西丛鸦个体都使用的一种策略，但这一策略是后天习得的，还是先天就有的，还是读心术系统的一部分呢？研究人员试图通过一项实验来寻找答案，在该实验中有三组有着不同经历的人工饲养个体，这些个体均比较年轻。一组为观察者组，该组的个体能够观察到其他个体储藏食物的行为，但不能偷取这些食物。第二组为观察者和盗贼组，该组个体既能够观察到其他个体储藏食物，也能够偷取这些食物。最后一组是盗贼组，能够偷取它们在托盘中找到的任何食物，不管这些食物是它们自己还是其他个体藏的，但该组个体没有观察到别的个体藏食物。研究人员让这三组鸟在不同的托盘中藏匿食物，在其中一个托盘藏匿食物时有另一只个体在场，而在另一个托盘藏匿食物时只有它自己在场。藏完食物之后，研究人员让这些个体再独自面对这些食物，此时，既是观察者又是盗贼的那组个体会有选择地将在有其他个体在场时藏的食物取出，并重新藏匿，但并不会动之前自己单独在场时藏的食物，因为这些食物没有被盗窃的风险。盗贼组的个体表现出了类似的行为，虽然该组个体没有观察到其他个体藏食物，它们依然成功地使用了保护食物的策略。相比之下，观察者组的个体极少重新藏匿食物。

经验投射

这种不同组之间的差异表明偷盗经历足以让个体做出保护所藏食物的行为：盗贼懂得盗贼的心理！而没有偷盗经验的个体不会使用防盗的策略。这种有偷盗经验和没有偷盗经验的个体之间的区别被称作经验投射。当鸟第一次进行偷窃行为时，它的大脑中会保留这一经历或记忆。目前我们还不清楚这种记忆的形式，只知道这一记忆与自己藏的食物被偷会形成特定的联系。这一记忆必须是与另一个个体（同类或非同类）相关的偷窃行为引起的，而不是由食物可以凭空消失或是自然过程中逐渐变质的一般想法造成的。目前我们尚不清楚，仅观察盗窃行为的发生是否足以在大脑中形成强烈的刺激来启动防盗程序。当盗贼组的个体有机会保护自己藏的食物时，大脑程序被触发，它们将自己盗窃的经验投射到另一只可能成为盗贼的个体（即旁观者）身上，并且使用了重新藏食物这一保护策略。这种表现可以看作一种形式的内省行为或模拟行为（即试图根据自身的经验去揣测并确定其他个体的行动或意图），这可能是迄今为止在动物身上观察到的心智理论的最佳案例。

左图：在实验中，西丛鸦需要在无其他个体偷窥或有其他个体偷窥的情况下藏匿食物。在后一种情况中，储食者需要用几种不同的策略来防止潜在的窃贼偷取食物，例如把食物藏在阴暗角落或是藏在栅栏背后。

经验投射

一只西丛鸦在有旁观者时把螟蛾幼虫藏进一个托盘中（被观察的托盘），然后在独自藏食时把食物藏进另一个托盘中（没被观察的托盘）。三个小时以后，这只鸟回到被观察托盘和新托盘旁边，或是回到没被观察的托盘和新托盘旁边。它要如何处理自己藏的食物？有过偷盗经验的个体（观察和盗贼组，以及盗贼组）会将被观察托盘中的食物移动并埋藏（重新藏食）到新托盘中，没有偷盗经验的个体（观察者组）则不会这样做。

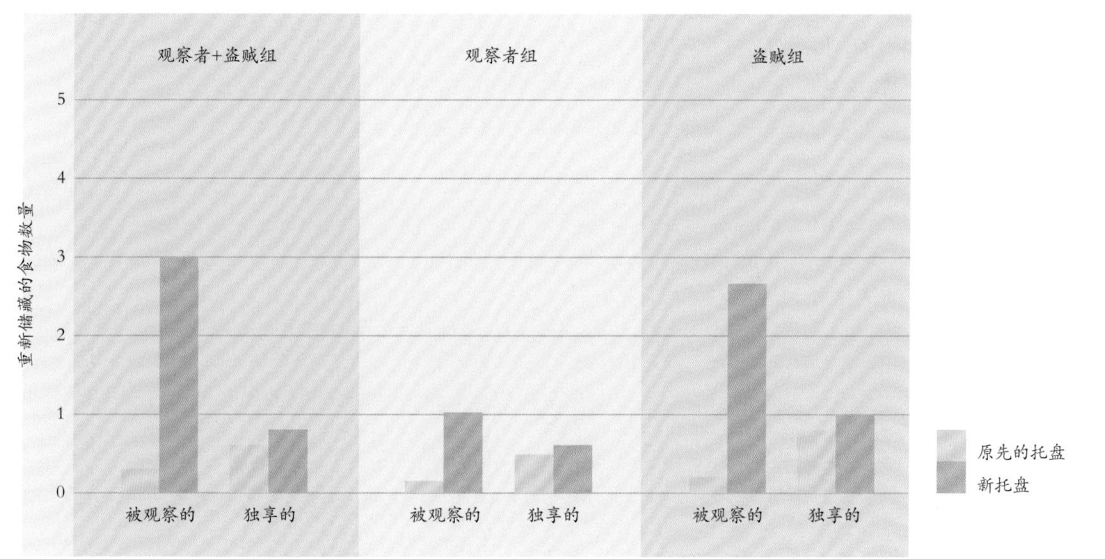

设身处地

当我们看到他人正在蒙受痛苦或遭受损失时，我们会同情他的遭遇。然而，如果我们自己曾经历过相同的痛苦或遭遇过同样的损失，我们就会对他的遭遇更能感同身受，产生共情。

分担痛苦

当我们产生共情的时候，我们不仅能感受到他人的痛苦情绪，自己心里也会产生同样的情绪。因为我们曾经也有过和他相同的遭遇，所以完全明白他的感受。要对另一个个体产生共情或者同理心，我们必须审视自己的内心，审视自己的经历，以此来获取对方的想法和感受。这一过程是自动完成的，我们会不由自主地体会到他人的痛苦和烦恼。

动物的同理心

对动物同理心的研究工作开展得相对较晚，而且这些研究主要是基于推测和逸事，而非基于确凿的证据。这些证据在我们的近亲黑猩猩，与包括老鼠和鸟类在内的其他动物身上并没有差别。测试动物同理心的方法并不太多，要么是引起一个个体的痛苦，然后观察它周围个体的反应，要么是观察自然发生的导致痛苦的事件，例如一只动物被另一只动物攻击。在这些情况下，旁观者会试着去安慰受害者吗？这种在令人厌恶的事件之后的亲和行为被称为安慰（consolation），但是这个术语是有争议的，它是根据其假定的功能而命名的，而不是根据它可以被归类为的行为命名（即来自第三方的冲突后亲和行为）。在互相保护和互相关心的个体中，同理心应该更加普遍，例如在一对父母和它们的后代或一对共同繁育的伴侣之间。

安慰鸡

研究人员将家养的母鸡和小鸡同时暴露于不舒服事件中（对着它们的脸颊喷气），然后监测不同情况下母鸡的心率：（1）对它喷气，（2）对它的孩子喷气，（3）都不喷气。结果发现，在被喷气的情况下母鸡的心率并没有变化，但是当它们的小鸡被喷气且表现出痛苦的时候，它的心率加快了。此时，母鸡警惕行为变得越来越多，而梳理羽毛的行为减少，这表明它现在更加关心自己的孩子。然而，我们很难据此得出母鸡对自己的孩子产生了同理心这一结论，有可能只是雏鸟的遭遇刺激了它们并让它们心跳加快，因为当自己被喷气的时候，母鸡的心率没有升高。母鸡在被喷气的时候没有表现出不舒服，所以不能说母鸡体会到了和小鸡一样的感觉。

上图： 尽管渡鸦之间关系紧密，但打斗还是时有发生，尤其是在争夺食物和权力时。而打斗的旁观者，会对受害者进行安慰，尤其是当自己的伴侣卷入打斗时，这可能就是对其他个体痛苦的同理心反应。

需要帮助的朋友

在动物中，很少有物种在打斗后会表现出安慰行为。在本书第4章的“修复破裂关系”一节中提到的冲突后/匹配控制法也可以用来检验安慰行为的普遍性。研究人员记录下了受害者和旁观者之间在打斗后十分钟以内（冲突后时期）的亲和行为，但不记录受害者和攻击者之间的互动。在第二天，研究人员再记录下同一时间段（匹配控制时期）发生在相同个体之间的亲和行为。然后，研究人员对这两个时期的亲和行为进行了比较。通常来说，在打斗发生后的前几分钟里，双方的亲和行为会达到一个高峰，但是这个高峰会很快消失。在打斗之后，往往会有较多的亲密身体接触。在黑猩猩中表现为拥抱和接吻，而在秃鼻乌鸦中则表现为喙的触碰（鸟类的亲吻）和配对行为。在黑猩猩中，冲突后行为发生在每个个体之间，尤其在关系亲密的个体和家庭成员之间发生的较多，而在秃鼻乌鸦中，冲突后行为主要发生在伴侣之间。渡鸦的表现和秃鼻乌鸦一样，旁观者和受害者之间在冲突后时期的互动比匹配控制时期更多，而向受害者表达出亲和行为的个体更多是与其关系亲密的个体。在某些情况下，发出亲和行为的个体就是受害者的伴侣，就像秃鼻乌鸦那样。

有两个发现为鸦科鸟类存在同理心这一观点提供了更强的证据：（1）如果冲突非常激烈且更有可能引发痛苦结果时，旁观者更有可能表现出亲和行为；（2）如果两者之间关系亲密或者有某种价值联系，旁观者会更有可能对受害者表现出亲和行为。当痛苦明显并且两者之间具有明确关系时，共情行为会更加明显。例如，和大街上的陌生人比起来，我更有可能和我的太太形成一种情感上的依赖，所以我会更容易体会到她的痛苦而不是陌生人的痛苦。

安慰

我们可以根据打斗后的安慰或亲和行为来研究鸟类的同理心。在争斗时，一个攻击者攻击受害者，而受害者的伴侣（旁观者）在一旁观看。打斗结束之后，要么是旁观者靠近受害者，用触碰喙的方式来安慰受害者（左下），要么是受害者向旁观者请求安慰，然后旁观者去安慰这名受害者（右下）。

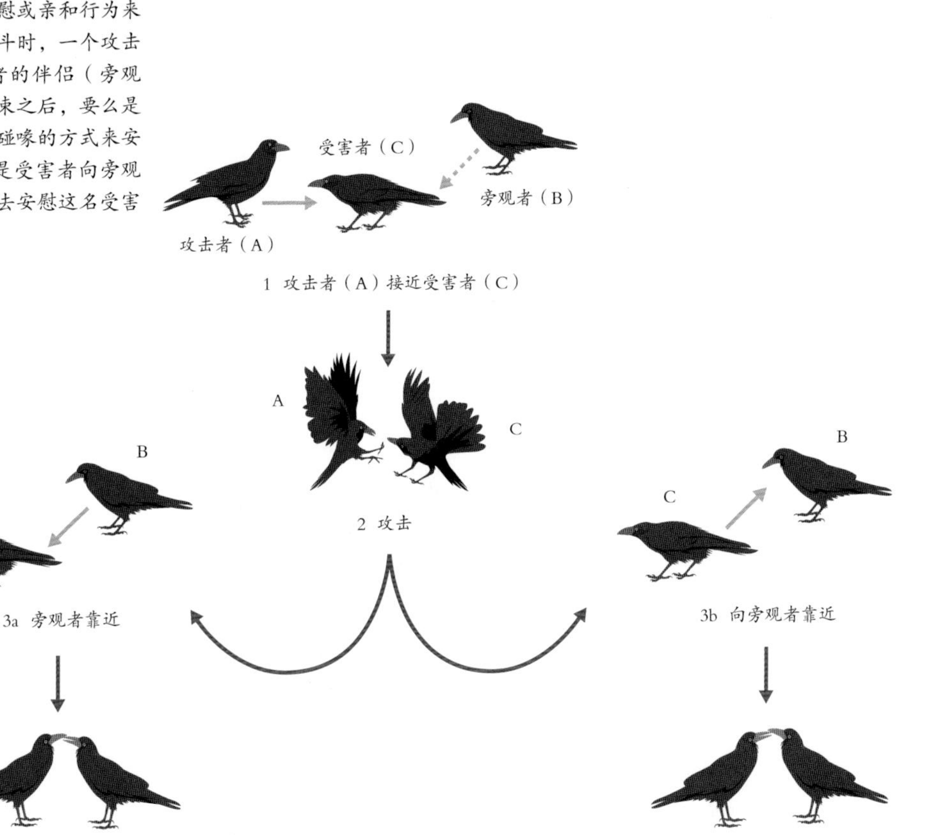

7 “鸟脑”不再是愚蠢的代名词

会飞的“爱因斯坦”

我希望本书前面的内容已经能够让你相信我们深深低估了鸟类的智力，目前我们对于鸟类智力的重新评估已经揭示了为什么有的鸟类和类人猿及海豚一样聪明，“鸟脑”已经不能再作为愚蠢的代名词。实际上，鸦科鸟类和鹦鹉的认知能力甚至可以媲美人类婴儿和我们的远古祖先。但毫无疑问的是，当我们说鸟类可能与人类一样聪明的时候，会引起部分人的厌恶，毕竟有些鸟类是我们餐桌上的常客，而且经常被农民或猎人射杀。

鸟类图灵测试

阿兰·图灵（Alan Turing）破解了恩尼格玛密码（Enigma code），并被誉为人工智能之父，他认为未来有可能发明出一种无法和人类区别出来的机器。他设计了一个测试，在这个测试中由一位裁判根据受试者对一系列问题的回答来判断它们究竟是人还是机器。到现在为止，我们还没有设计出一个能够充分模拟人脑的计算机。那么动物呢？在这本书里，我描述了一些案例，这些案例证明鸟类拥有与人类类似的能力，但是也许我们需要重新评估我们所说的人类认知能力。例如，人类具有情景记忆，但这些记忆受我们的人际关系、生活中的其他事件、我们的情绪状态、我们读过的故事或在电视上看到的故事以及我们的想象力的影响。然而，动物的情景记忆中可能并不存在这些影响因素。它们没有这种文化因素来影响它们记忆的纯度。因此，鸟类能回忆某个特定的过去事件，或者能在想象中看到自己参与了某个事件，并不会挑战人类情景记忆的独特性。

如何让鸽子表现得像类人猿

根据罗伯特·爱泼斯坦等行为学家的观点，并不存在认知这回事，因为包括人类行为在内的所有行为都是试错学习和工具性条件反射（instrumental conditioning，也可以称为操控性条件反射）的结果。我们通过不断尝试并观察尝试的后果来学习，我们不会通过建立心理模型来预测事件的结果。如果我想知道如何使用叉子，我需要拿起叉子看看它的功用，而不是在大脑中根据之前使用类似工具的经验建立一个模型来推测它的功用。尽管这一观点在解释人类行为上面还存在争议，但是在解释动物行为上已经得到了广泛认可，这很大程度上是因为我们只能研究动物的行为。如果一个动物通过上百次的尝试才能解决一个问题，那可能就是试错学习在起作用，而如果一个动物一次尝试就能成功，那可能就是其他机制在起作用了。

爱泼斯坦运用了工具性条件反射的方法模拟了一系列在黑猩猩身上开展的实验，这些实验用来研究黑猩猩是否能够使用符号来代替文字（人类语言的核心部分）进行交流，是否能够利用洞察力和模仿能力解决问题，是否有自我意识。实验人员选择了鸽子作为研究对象，而没有选择可能天生就会解决这些问题的聪明鸟类，他们对鸽子进行训练，试图让鸽子模仿黑猩猩的复杂行为。爱泼斯坦认为，所有的复杂行为都是由之前多个通过试错学习学到的简单行为组合在一起构成的。就这样，鸽子模拟计划诞生了。爱泼斯坦能够训练鸽子啄胸口上只有在镜子中才能看得到的一个点；能够让鸽子把一个小箱子推到悬挂着的香蕉底下，然后站在箱子上啄食香蕉；能够让鸽子用代表颜色的符号和邻居交流关于颜色的信息。以上每种演示都是精细严密训练的结果，而研究人员宣称鸽子的最终行为和黑猩猩的行为一样，

左图：鸦科鸟类（左）和鹦鹉是鸟类中大脑最大的两个类群，它们表现出了可以和类人猿匹敌的认识能力，在某些情况下，甚至和人类相当。这远超许多人对动物智商，尤其是鸟类智商的认识。

但黑猩猩能够在向它们展示把每个小动作连起来导致的最终结果之前，就能轻而易举地学会各个组成部分。

鸽子喜爱毕加索

鸟类是如何对刺激进行分类的，它们又是如何形成概念的？相似物品可以根据它们的共同特征进行归类，而其他物品也可以根据相似的功能进行归类。面孔可以根据共同特征进行归类，因为面孔都有两只眼睛、两只耳朵、一个鼻子和一张嘴，这些部分都处于特定的位置而形成特定的结构。而工具可以根据相似的功能进行归类，尽管工具之间的外形可能天差地别，但它们都能帮助我们完成身体无法直接完成的任务。鸽子经过训练后可以对物体进行分类，例如人的面孔，也可以是更抽象的图形，例如树木画、人物画，甚至还可以区分不同艺术风格的画作。例如，通过训练，鸽子可以对图片中是否含有树木对图片进行分类，尽管这些树木的种类和外形都不同。这些鸽子能够将树木和灌木以及其他植物区别开，这表明它们已经形成了"树木"的概念。令人惊奇的是，鸽子还能区分毕加索的画和莫奈的画，并且，它们还能根据这些绘画风格的差异来识别从未见过的新画作。鸽子把莫奈、塞尚以及雷诺阿的绘画风格归为一类，把毕加索、布拉克以及马蒂斯的绘画风格归为一类！

类比推理

鸟类似乎也有能力形成更加复杂的关系概念，例如判断两个物体相同还是不同，或是其中一个是不是比另一个更大更重。这种能力比外观特征的感知需要更加深层的概念理解能力，因为一个物体会同时具有多个特征。B物体比A物体小，但是比C物体大，这种关系取决于将哪两个物体进行比较。类比推理是一个很难在动物身上进行验证的概念，很难验证它们是否明白关系之间的关系。我在这里以成对之间的关系为例加以阐释。例如，一个样本组A中包括一个大绿圆和一个小黄圆，而样本组B中包括一颗大红星和一颗小金星，而样本组C中包括一颗小蓝星和一个小的橙方块。那么请问哪一组和A组相似？答案是B组，因为A组和B组中都有一大一小两个物体，而C组中的两个物体都很小。如果再增加一个样本组D，里面有一个大蓝圆和一个小橙星，哪一组和样本组D相似？答案是C，但这是由颜色而非形状决定的。因为C组和D组的颜色相同。直到最近，人们还认为动物不能根据类比来区分物体（受过语言训练的黑猩猩是个例外）。然而，小嘴乌鸦已经自发地表现出了基于颜色、形状和数字的类比推理能力。

数字概念

鸟类为什么需要理解数字？因为能够数数的鸟比其他鸟更具优势。有证据表明，一些鸟类能够区分物体的数量，例如新西兰鸲鹟会数自己藏的食物的数量，而杜鹃会数它们寄主产的卵数。奥托·凯勒通过向渡鸦、寒鸦、乌鸦和多种鹦鹉展示印有不同大小圆点卡片的方式，来测试它们的数数能力。卡片有两张，一张卡片上的圆点数量比另一张卡片的圆点数量更多，但是每张卡片上的所有圆点加起来的表面积是相等的。这些鸟准确选择了圆点数量最多的卡片，最多可达到6或7。凯勒描述了这些鸟如何区分卡片的过程。例如，寒鸦会通过点头的方式数数，卡片上的圆点有多少就点几下头，这和儿童用手指进行计数类似。这种能力并不局限于成年鸟类，即使是刚刚孵化的家鸡也具备这种简单的算术能力。研究人员在雏鸡的生活环境中放置了5个相同外观的物体，在测试阶段，把物体分成两组，一组2个，另一组3个，然后分别藏在两个不透明幕布的后面（同时藏匿或分别藏匿）。雏鸡检查了两个不透明幕布后找到了物品数量更多的一个，说明它们能区分出2个和3个物体的区别。因此，我们可以认为雏鸡展现出了天生的辨别物体数量的能力，但我们尚不清楚它们在如此年幼时需要这种能力有什么用处。

新西兰鸲鹟的数字概念

新西兰鸲鹟和很多其他鸟类一样，能够分辨出食物的多少，而且它们还能数数以及做一些基本算术（加法和减法）。

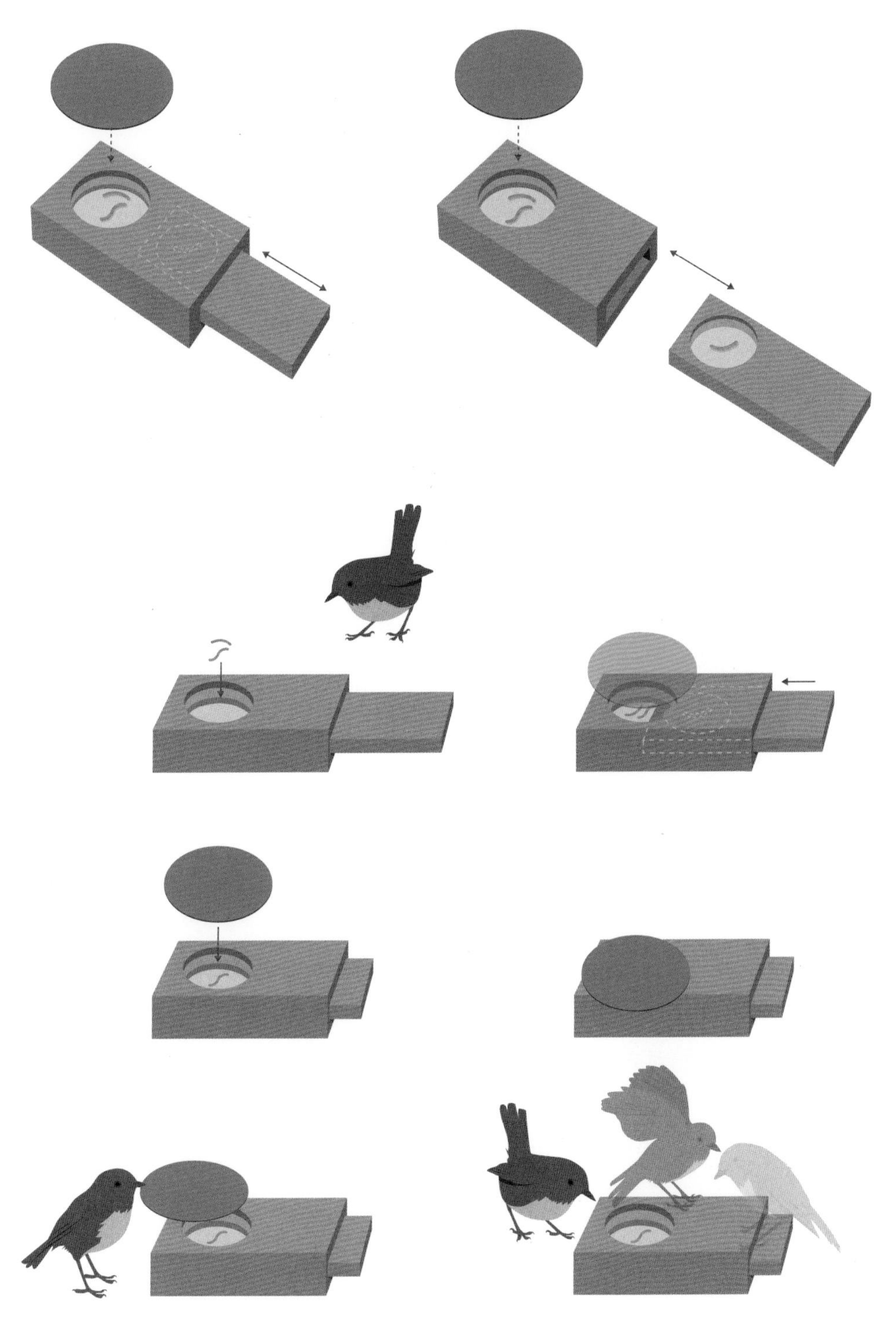

❶这是一个能向新西兰鸲鹟提供面包虫的装置，实验人员可以操控这个装置使面包虫在视觉上“消失”，并以此在实验中测试新西兰鸲鹟在野外的算术能力。

❷一只新西兰鸲鹟看到研究人员将两条面包虫放到了这个装置中。在这之后，研究人员用一个盖片把开口盖住。另外，这个盒子中有一个秘密机关，实验人员可以用其遮挡面包虫，而让受试个体只看得到一条，但受试个体并不知道这个机关的存在。

❸接下来，研究人员将装置重新放到新西兰鸲鹟的面前，它可以移除盖子来寻找面包虫。不过让它吃惊的是，其中一条面包虫消失了，这与它之前的观察不相符。

❹如果这只新西兰鸲鹟理解研究人员放入装置中的面包虫数量和它现在看到的面包虫数量不相符，或者说在算术上，这个装置的面包虫数量增加或减少了，那么这只新西兰鸲鹟就会比面包虫数量不变时花费更多时间来上上下下地检查这个装置。

鸟类中的创新者

在探究智力进化的道路上，存在一个难题，那便是我们无法在化石记录中找到直接体现智力的证据。我们必须依靠其他间接指标，例如脑容量、族群规模、饮食习惯和栖息地等指标，这些指标可能与生存所需的智力有关。

需求是发明的动力

人类智力进化的驱动力有很多，包括狩猎、工具使用、文化、社交，以及马基雅维利主义等。在这些情况下，智力涉及一个单一的知识领域（社交性的或身体性的），而目前我们已经知道，人类（可能包括动物）的智力跨越多个知识领域。从概念上讲，智力是一种会随着环境变化而演化以适应环境的技能。而创新则跨越了领域的界限，因此可能更能反映出智力间的关联性。创新行为使得我们人类成了地球上的霸主，使得我们能够看清最细微的物体，使得我们能够跨越时间和空间交流，甚至使得我们踏足月球。而这一切的一切，都始于简陋的石斧。

有创造力的大脑

鸟类的大脑能够产生新的想法吗？为了探究这一点，研究人员需要一种明确的方法检测多种鸟类中的创新能力。路易斯·勒菲弗尔（Louis Lefebvre）和他的同事发现，在专业鸟类学者和观鸟爱好者发表的鸟类研究文献中有很多研究短讯，这些文献中描述了很多反常行为的细节，要么是新奇的行为，要么是进食了新的食物。通过查阅这些报告，研究人员创建了一个关于鸟类创新的数据库，并根据鸟种进行了划分。某些鸟类（鸦科，猛禽，鸥科）比其他鸟类展现出了更多的创新性，但出人意料的是，鹦鹉并没有出色的表现，这可能是由于野外观察鹦鹉比较困难。鸦科鸟类中的创新行为案例要远远多于其他的鸟类，这是意料之中的结果。当我在书写当下的文字时，一只寒鸦正在我家花园中找寻鸟类喂食器的入口，再需要一点点时间和努力，它就能用创新的方法解决这个问题，这就是在行动中创新。

吃呕吐物是聪明的表现

有很多关于创新行为的报道都是食用新的食物。毫不意外的是，这些案例都来自杂食性鸟类，它们的食谱中含有更多的新食物，尤其是在正常食物缺乏的困难时期。其中有个报道非常奇特，一只秃鼻乌鸦食用了冷冻的呕吐物！创新能力和使用工具有着很强的关联性。另外，反转学习任务中的表现、问题解决能力、社交学习能力也和创新能力有着很强的关联。同灵长类一样，创新能力强的鸟类也通常拥有较大的大脑（以及较大的旧大脑皮层和巢皮层）。然而，这些关联只是一种相关性，并不能说明因果关系。很难说明是需要较大的大脑才能产生创新，还是创新使得大脑更大（例如，是因为大脑更大才能通过创新改善饮食，还是因为通过创新改善了饮食才使得大脑更大？）。

上图：一些鹦鹉成了许多城镇和城市中的常见鸟类。这些迅速入侵的物种适应性很强，头脑聪明，它们会利用很多与原来生存环境不一样的城市环境。

右图：鸥类是一类杂食性的机会主义者，它们在食物方面有很强的创新性，将很多新的高热量食物纳入了自己的食谱，以代替原本食谱中逐渐减少且难以捕捉的鱼类。

我们与鸟类的关系在不断变化

更富创新力带来了开发新栖息地的机会，尤其是在与另一个具有探索精神甘冒风险的个体结对的情况下。环境总是在变化，资源有时会不断减少，在气候变化时尤为明显，这些变化可能会对无法适应的物种造成毁灭性的打击。

外来入侵者

假设有两个个体，其中一个严格遵循单一的食谱，而另一个愿意尝试各种新食物并能移居到新地区。如果这两个个体的栖息地环境发生剧变，食物资源无法维持它们的生存，在这种情况下，只有创新者才会生存下来并产生健康后代。例如，那些成功地在新栖息地（例如新西兰）站稳脚跟的鸟类，往往有更大的大脑，也更具创造力，适应新环境的能力可能是它们成功移居的原因。

在城市环境中巧妙生存的能力

一只秃鼻乌鸦站在停车场的垃圾桶上，把脑袋伸进垃圾桶中拉出一块被丢掉的比萨。但是这只秃鼻乌鸦并不会就此止步，它会抓住包裹比萨的垃圾袋的内边缘，将其拉起并用脚按住，然后再用喙拉出塑料袋。它不断重复这个动作，直到把塑料袋完全拉出来，并将袋子中的食物都倒在地面上。接下来，这只秃鼻乌鸦和它的伴侣就可以一同享用这顿高热量大餐了。

城市战士

由于气候变化和栖息地受到破坏，以及随之而来的食物减少和潜在筑巢地点减少的影响，鸟类逐渐进入了人类的居住环境，我们必须去适应它们的存在，而它们也必须适应这陌生的新环境。而那些聪明到能够适应环境不断变化的鸟类将比那些不能适应的鸟类更成功。当鸟类和我们共享人类世界的时候，鸟类会逐渐对人类失去恐惧，并且增加了自身的韧性。一些鸟类例如海鸥［此处海鸥代指鸥类，并非特指海鸥（*Larus canus*）这一物种，下同］，它们行为灵活，在人类世界中开发了大量资源，甚至会为了争夺一些资源和人类发生冲突。你也许还记得苏格兰阿伯丁（Aberdeen）那只海鸥的故事，它冒险进入当地一家商店，从货架上叼出一袋橙色品牌的玉米片跑出店外，然后打开包装尽情享用里面的美餐。这种玉米片是这只海鸥最爱的品牌。当地居民对这只海鸥十分感兴趣，甚至还付钱给商店店主请它吃玉米片。鸟类进入我们人类世界后会不断地探索并利用可利用的资源。任何一个园丁都知道，防止新埋下的种子被鸟类吃掉是一场耗时持久的战争。家里有养鱼池的人则可能见过苍鹭（*Ardea cinerea*）俯冲而下从鱼池中捞走珍贵观赏鱼的场景。不过，与鸟类的互动也有积极的方面。在西雅图，有一个女孩每天都喂食乌鸦，而乌鸦则每次也会给她带来不同的东西，可能是作为食物的回报。

鸣禽从乡下扩散到城市时，会面临噪声和光污染增加的难题。鸟类能够根据背景噪声的变化改变鸣叫的持续时间和频率，从而适应嘈杂的城市环境。例如，当背景噪声（通常是低频的）增加时，大山雀会用高频率的声音歌唱。当交通噪声较大时，黑顶山雀会唱较短而频率较高的歌曲，而当交通噪声较低时，它们会唱较长而频率较低的歌曲。光污染也会影响鸟类的生理，因为光周期（日照长度）会影响鸟类的繁殖、筑巢和迁徙等行为开始的时期。例如，在有街灯照明的城镇中，如果旅鸫在人工照明设备的附近栖息，它们每天开始鸣唱的时间就会提前。

右图：由于适宜栖息地和觅食机会的减少，创新能力和适应能力强的鸟类已经逐渐进入了人类世界。它们在新环境中开发出了新的食物并茁壮成长，不过这却为我们人类带来了烦恼。

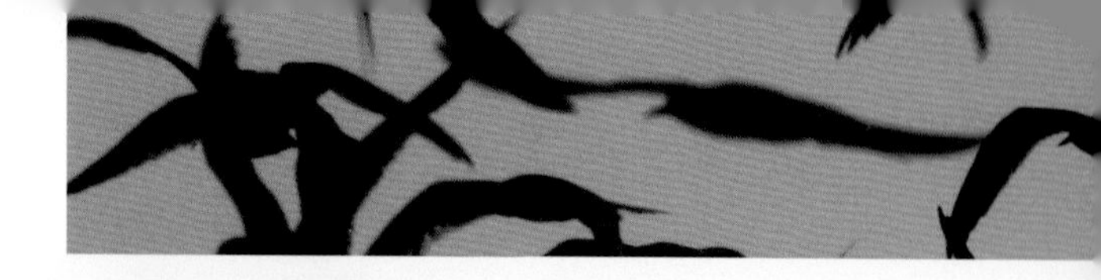

人类是独一无二的吗?

尊敬的亨利·沃德·比彻牧师（Henry Ward Beecher，1813~1887）曾经说过："如果人类长有翅膀和黑色的羽毛，那我们中很少有人能和乌鸦一样聪明。"我们还不清楚他为何这样写，但比较确定的是并不是因为崇拜鸟类的智力，他更有可能是在讽刺人类的愚蠢而非赞美乌鸦的聪明，因为他是美国南北战争期间废除奴隶制的支持者。不管他的本意是什么，比彻的说法都不无道理，他同样还可以把这样的规律总结到蓝色、绿色、黄色和棕色羽毛的鸟儿身上。

鸟类的壮举

有些鸟类表现出了非凡的记忆力，即使隔了很长一段时间，它们都能回忆起成千上万个不同物品的位置。而且鸟类还是地球上自主移动距离最长的动物。

鸟类通过视觉信号交流彼此的意图，并且即使在视线受挡的情况下也能识别出其他个体看向的东西。它们的声音交流与人类语言有共同的特点。鸟类是群居动物，配偶关系是它们社会的核心。鸟类会与其他个体形成紧密而持久的关系，并且能够记得朋友和敌人的区别。它们互相合作，分享食物，互相帮助，互相支持。有的鸟能在不同的任务中使用不同的工具，并且会使用伴侣所使用的工具，表现出一种类似于文化的关系。它们还能创造工具去解决新的问题，也许借助了洞察力。鸟类记得过去发生的特定事件，以及事件发生的地点、时间和内容，并用这些信息去规划未来。一些鸟类在面对镜子时会对自己身上的隐藏印记做出反应，这说明它们甚至还具有自我意识。最后，一些鸟类可能能够根据其他鸟类的行为来预测它们的意图，并区分出不同的知识状态。更重要的是，作为人类，我们不必深入到热带的丛林或者远赴大洋深处，只需要看向窗外，看看喂食

平台上鸟儿的一举一动，便能够观察到鸟类高智商的表现。这些认知表现表明，某些鸟类的智力可能被我们大大低估了。此外，比起我们的类人猿近亲，鸟类可能才是更适合研究人类认知进化的模型。

一句警告

尽管在整本书中我一直试图保持谨慎全面，但在如此短的篇幅中，很难深入讨论所有相关的观点，也很难提供所有实验的基本细节。一些细节和论点也充满技术性，依赖于对实验设计和统计学的理解，这些东西不管是阅读起来还是书写起来都很枯燥。然而，在我这本书描述的所有研究中，我不得不对解释行为背后的机制提出一句警告。实验设计的目的是为了控制替代解释，但是科学家们经常对实验结果的解读产生分歧，要么是因为他们采取了自己想要支持的特定立场，要么是因为数据模棱两可，要么是因为某些长期持有的教条观点难以推翻。在动物认知研究领域，某一行为是学习的结果还是认知的结果，一直是争论的焦点。例如，这种行为可能源于一系列将行为与结果联系起来（学习）的经验或者源于认知（将学到的规律应用到不同的环境或在想象中形成一个心智图像）。事实上，我们现在认为两者或多或少有着关系。这些过程如何相互作用将是未来研究的重点。

左图：尽管我们中的许多人都乐于喂养花园里的小鸟，并享受着这些鸟儿每日在喂食平台上上演的小小戏剧，但并没有多少人去想那些鸟儿的心智能力，例如这些树麻雀（*Passer montanus*）。事实上，虽然我们喜欢去动物园观察我们的灵长类近亲，却没有意识到我们身边这些身披羽毛的小小访客一样聪明有趣，而这一切就在我们的窗外。

右图：鸟儿就在我们身边，然而我们大多数人似乎都没有太关注过它们。我们不把它们看作社会性的、复杂的且有智慧的生物，也不认为它们足够聪明以及能够思考。我希望我们能够花些时间来观察它们的行为，从而发现一些鸟类与我们惊人的相似之处。

斑鸠哭泣之时

动物心理结构的另一个重要方面是它们是否经历着情绪。认为动物具有情绪和认为它们具有认知能力一样，同样能引起许多问题和争论。而每个人在人生的低落时刻都会有各种负面的情绪：憎恨、恐惧、贪婪、悲伤、嫉妒。鸟类是否和我们一样具有以上情绪呢？

情绪有什么好处？

我们经常要面对这样一个问题：虽然动物看上去是具有情绪的，但实际上那只是拟人化的结果。如果一只狗张大嘴巴，奔跑跳跃，并且摇动着尾巴，我们通常会认为这只狗在经历快乐的情绪。但从科学的角度来看，这不是令人满意的解释。但认为狗的行为只是对奖赏做出反应的解释同样也不恰当。这些对立解释有哪些共同点？其实，即使是科学家也很难拒绝宠物具有情绪的观点。也许，研究这个问题应该从最简单的情绪开始，例如恐惧。

是战是逃？

恐惧是在动物身上研究得最透彻的情绪，有着众多情绪中最强有力的证据。恐惧具有明确的神经学解剖基础，它主要产生于杏仁核。虽然鸟类大脑中具有等同于杏仁核的结构，即弓状皮层、泛杏仁核和带核，但很少有研究关注鸟类的恐惧情绪。恐惧是一种保护我们免受外部威胁的适应，并不需要太多思考的时间。动物感知到“恐惧数据库”（无论是先天具备的还是后天通过经验习得的）中的一个物体时，便有可能进入恐惧的状态，而不必思考如何做出各种应对。感到恐惧的动物要么避免与恐惧的物体互动并且远远躲开，要么告诫其他动物这一物体的存在。令人厌恶的物体会引起恐惧反应，从而改变动物的行为，但动物不能通过语言告诉我们它们是否感到恐惧，我们只能从它们的行为，或研究它的大脑活动得出结论。最近一项针对乌鸦的研究发现，在看到发出威胁的面孔之后，乌鸦大脑中的一些神经回路会被激活，而这些神经回路相当于哺乳动物大脑中与情绪有关的神经回路。

幸运偏爱服从者

鸟类对于全新的事物有一种天然的警觉性（新奇恐惧症），但总有一些鸟类会去探索新的东西。这些先驱者往往地位较低，因为它们如果不克服恐惧多加尝试就无法获取最佳的资源。如果它们的大胆尝试获得成功，这一事物就会在族群中广为流行，族群里的鸟类就不会再害怕回避这一物体，而这一物体甚至还可能成为族群鸟类的食物之一。而某些刺激，例如捕食者，从出生起就深深地存在于恐惧数据库里，以至于不需要学习就能知道捕食者很危险。一只鸟对恐惧的反应取决于它的个性，例如它是否倾向于接触新物体，是否倾向于进入新环境，是更倾向于大胆探索还是更倾向袖手旁观。这种倾向属于害羞—大胆的个性集合体，害羞的个体更谨慎胆小，而大胆的个体则更可能冒险。

至爱与失落

我们如何判断一只鸟是否正处于悲伤状态？与自己主人分离的宠物鸟，或是失去了伴侣的终身一夫一妻制的鸟，它们的表现看上去是为自己的损失而悲伤。配对个体在配对期的大部分时间里都厮守在一起，互相梳理羽毛，分享食物，触碰喙部，这些行为都能够缓解压力。但这些行为是爱意的表达，还是仅仅是让伴侣维持在一起养育健康后代的生理过程？这看起来像是爱情，因为鸟类在相同的环境下具有和我们人类相似的表现。在鸟类恋爱和配对的过程中，一些和人类相似的激素发挥了作用，例如中催产素（鸟类中的催产素）和精氨酸加压素，但这并不意味着其中的经历是相同的。如果它们的确体会到了爱意，那么当它们与所爱的个体分离时，是否也会经历情感上的痛苦？已配对的鸟在与伴侣分离时，会停止进食和梳理羽毛，并且会不断地四处找寻并呼唤伴侣，而且常常精神萎靡，无精打采。然而，我们仍然无法判定它们是否正在经历悲伤情绪。

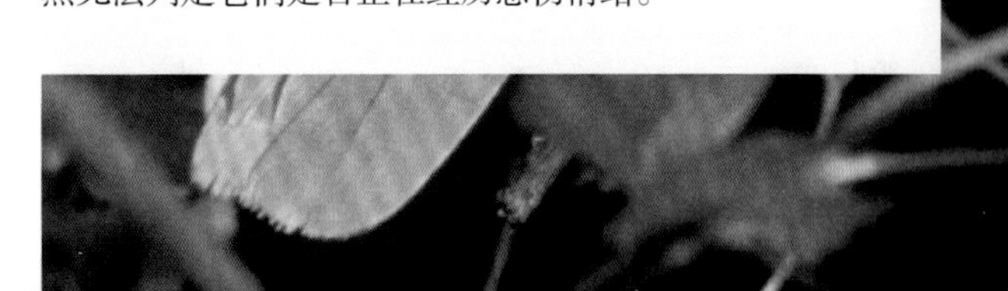

本页图：很多鸟不仅与自己的伴侣建立了亲密的关系，也与自己的雏鸟建立了亲密关系。一些激素在鸟类的亲密关系中发挥着作用，这些激素类似于和人类爱情有关的激素。图为灰斑鸠（*Streptopelia decaocto*）。

鸟儿只是想玩耍

玩耍使我们快乐。当我们看到乌鸦从白雪皑皑的屋顶上滑下来，看到天鹅在浪尖上冲浪时，没有理由否认鸟类也有同样快乐的感觉。鸟类玩耍的方式以及大脑中与情绪有关的神经回路和我们的类似，那么，鸟类也能和我们一样体会到快乐的情绪吗？

想要和喜欢

哺乳动物的大脑中具有与积极奖励相关的神经回路：需求系统（wanting system）和喜欢系统（liking system）。需求系统促使动物去寻找一些能带来奖励的东西，而喜欢系统则提供了与此奖励相关的愉悦感。需求系统驱使动物持续玩耍，而喜欢系统则在玩耍中提供愉悦体验。这两个系统都依赖于多巴胺的分泌。多巴胺是一种神经递质，存在于哺乳动物的大脑中，也存在于鸟类大脑中的类似区域，如巢皮层、中皮层和鸣唱控制系统。除多巴胺外，内源性阿片肽在奖励回路中也同样重要，在多巴胺分布的区域中也有发现。因此鸟类的大脑具有经历哺乳动物相同情绪的结构基础，而玩耍可能是它们体验这些情绪的途径之一。

玩弄脑筋

哺乳动物和鸟类经常有玩耍行为，而人工饲养的爬行动物则很少有玩耍的例子，所以玩耍可能是独立进化的，尤其是最复杂的玩耍形式只存在于最聪明的物种之中。脑容量较大的物种玩耍行为更常见，这说明玩耍可能依赖于认知能力。玩耍在成长时间较长的物种中也更为常见，这使得年幼的动物有机会去学习并认识世界的原本样子。鸟类中玩耍的例子相对较少，在9,000多种鸟类中，只有1%的种类表现出了玩耍行为。这些例子大多来自于乌鸦和鹦鹉，这两类鸟玩耍的方式和哺乳动物

左图：啄羊鹦鹉生活在新西兰南岛的丘陵地区。它们似乎很喜欢破坏人类的财产，因此也被人们称为鸟类中的“小丑”。这种破坏人类财产的行为是一种玩耍行为吗？还是只是一种探究新食物的行为？

中最爱玩耍的灵长类动物及食肉动物的玩耍方式一样。这些玩耍方式包括杂耍、玩弄物品以及和同类玩耍，同类玩耍中包括了打斗性玩耍。乌鸦和鹦鹉已经进化出专门的玩耍信号，以便玩耍的伙伴来区分是打斗性的玩耍还是真正的攻击行为。

玩耍的形式

鸟类有三种玩耍形式。第一种是移动玩耍，包括空中杂技、悬挂和倒立飞行。渡鸦和猛禽在飞行时会不断地表演各种杂耍动作。第二种是客体玩耍，包括仔细检查物体，研究物体工作的方式，研究物体能不能吃。一些人工饲养的鸟将客体玩耍玩到了更高的境界，它们将新的物体当作了工具来使用。这些鸟需要靠近、操作以及探究这些在它们自然环境中不存在的物体，然后去看看这些物体能否被用作工具。例如，啄羊鹦鹉经常被不熟悉的物体吸引，并因破坏汽车外部的配件和突袭露营地的垃圾桶而臭名昭著。而我们很难忽视它们在破坏设施时所享受的乐趣。最后一种形式是互动玩耍，这种玩耍为鸟儿如何进行打斗和求偶提供了学习的机会，包括追逐、扭打、殴打和翻滚等行为。互动玩耍也可能会用到物体，它们在玩耍中可能偷窃或是争夺喜爱的物体。例如，人工饲养的秃鼻乌鸦会用一条报纸来玩拔河游戏，即使它们的跟前有上千条一模一样的报纸片，也会为了这一条拔来拔去。这表明，它们是在玩耍，而不是真的争夺那一条报纸。

玩耍时的大脑

渡鸦大脑中的多巴胺能神经元（含有并释放多巴胺）和受体的分布可能在不同形式的玩耍中发挥作用。

人类的语言与鸟类的鸣唱

在本书第3章中我曾经提到，鸣禽、鹦鹉和蜂鸟有着比较特殊的发声学习能力，它们为了这一特殊技能进化出了相似的神经回路。而接下来我要说的可能会让你略感惊讶：人类在学习语言的过程中使用了与鸟类相似的学习步骤，即在某个时期对语言敏感，而错过此时期再学习语言将会比较吃力。

鸟类的鸣唱可以作为研究人类语言演化的模型

人类的发声学习和表达依赖于和鸟类相似的神经回路。听觉信息（单词）由颞叶皮层的听觉语言区（韦尼克氏区，Wernicke's area）进行处理并学习，并由额叶皮层的布洛卡氏区（Broca's area）转化为语言，面部运动区神经控制说话的身体动作并发出声音。尽管鸟类与人类的发声过程中存在某些区别，并且鸟类的鸣唱缺失了某些过程，它们的鸣唱是习得的，鸣唱中缺少特定结构的发声模式和具有特殊意义的语法，但鸟类仍为研究人类语言能力的演化提供了合适的动物模型。另外，人类语言和鸟类鸣唱都经历了两个阶段：听觉学习期和感觉运动发声期。

递归就是递归，是递归，递归

鸟类和人类不同的一点在于它们鸣唱的潜在复杂性。鸟类的鸣唱具有句法结构，即短语和音符按某种顺序组合在一起，但是它们的鸣唱不具有递归性，这里说的递归是指在其他短语中嵌入短语以创建可能无限长的层次序列。

英国常见的一个符号标志可以算作一个简单递归的例子，即“Sign not in use”（“标志尚未生效”，通常见

人类语言回路

人类大脑中的语言回路示意图（脑前部位于图中左侧）。该回路和鸟类发声学习的神经回路类似（第83页），蓝色区域是听觉区域，红色区域是学习以及语音重复区域，绿色区域通过控制舌头、嘴唇以及发声器官的运动来控制语言行为。

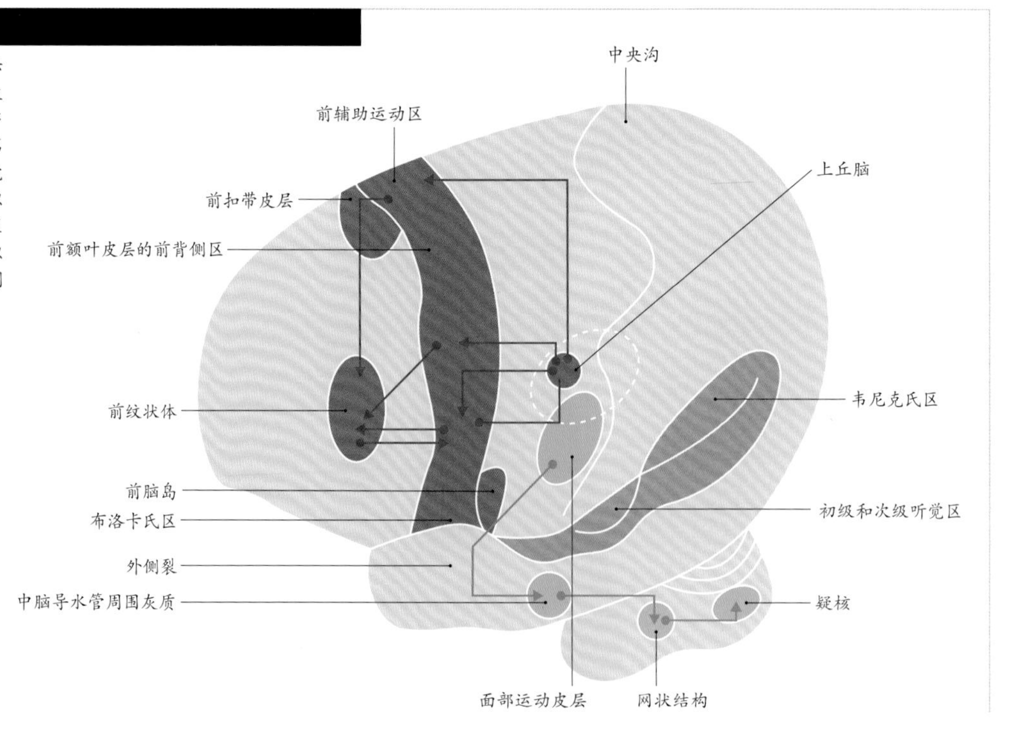

于路边），这句话实际上指的是另一个（电子）标志不在工作状态，但又必须有一个标志在起着作用才能说明另一个标志不在起作用。这就构成了一个无限循环，一个标志怎么可以同时既在起作用又不起作用呢？这就是一个递归的例子，因为一条信息嵌入了另一条结构层次更高的信息之中。接下来，我们再举一个人类语言中的递归例子，这个句子有些拗口——“哈利知道［苏珊认为（吉姆相信）］鲍勃要进城”（Harry knew that [Susan thought that (Jim believed that)] Bob was going to town）。这里的关键信息是哈利知道鲍勃要进城，但有附加信息嵌入了句子之中，而这些信息与社会角度相关，这些信息不会对整个句子的信息造成较大的扭曲。尽管有一些研究人员曾试着探究例如椋鸟和斑胸草雀之类的鸟是否能够理解鸣唱中的递归结构，但到目前为止，我们得到的证据都不支持递归在鸟类鸣唱学习中发挥了作用。

狡猾的基因

人类的语言能力受到基因和环境的双重控制（先天和后天）。尽管基因与行为之间没有1对1的联系，但是某些基因突变确实会对特定的行为产生影响。在语言方面，编码转录因子FOXP2的基因突变会导致一个家庭中三代人的语言能力出现障碍。这种疾病被称为发育性语言障碍（developmental verbal dyspraxia，DVD），会导致嘴唇、舌头、下颌和上腭的运动出现障碍，而这些部位都与发声息息相关。FOXP2基因在进化上相对保守，在大量的物种中都有这个基因，并且似乎对神经系统的发育（大脑的形成）十分重要。它也存在于鸣禽的大脑中，主要在纹状体的X区表达，而这一区域是发声模仿回路的一部分。FOXP2似乎与声音的可塑性也有关联，当鸣唱变得不稳定时（在鸣唱的曲目定型之前），X区会有较多的FOXP2基因表达。而FOXP2基因表达被抑制（基因敲除）的鸟，在鸣唱的感觉运动学习时期，就不能正确地跟着导师唱出一模一样的歌曲，它们最终唱出的歌曲里有许多错误之处。这一现象和发育性语言障碍病人面临的问题类似。

下图：斑胸草雀的鸣唱算不上自然界中的美妙旋律，实际上它们的鸣声十分简单，这使得它们成为研究鸟类鸣唱神经基础，以及鸟类是否与人类具有相同语言特征的模式动物。

智力进化

直到20世纪，我们都还认为我们人类是独具智慧的生物，而且也不把我们自己当作动物界的一员。如今，仍有很多人不认同我们人类和黑猩猩具有共同祖先的观点，我们也仍然认为自己是最聪明的生物。

生命之链

在达尔文之前，我们按照希腊哲学家亚里士多德的“生命之链”（the Great Chain of Being，又称为自然尺度，scala naturae）来比较人类和动物的关系。在这个阶梯链条中，不同的动物占据了不同的位置，最底层的是无脊椎动物，上面一些是鱼类和两栖动物；然后是爬行动物，鸟类，最后是哺乳动物，最最顶端的是人类。这种错误的观点阻碍了我们正确理解鸟类的智力。

身体进化，心智进化

如今我们已经知道，进化对动物大脑的影响和对动物身体的影响是一样的。在身体方面，亲缘关系相近的物种，身体特征也近似，这是由于它们从一个共同的祖先那里继承了相同的身体特征。大嘴乌鸦和小嘴乌鸦的外观相似是因为它们的共同祖先也具备这些身体特征，而且进化比较保守，使得这些发挥良好作用的特征和保持生殖健康的特征（能够产生足够数量的健康后代）一代代地保留了下来。大多数的乌鸦具有黑色的羽毛，但不同乌鸦可能进化出了形状略有不同的喙，以适应不同类型的食物，例如种子，鱼，腐肉，昆虫，而有的乌鸦的喙功能多样，甚至可以当作工具来使用。那么，进化是否也以类似的方式作用于鸟类的大脑呢？

同源和同功

两个或多个物种有着从共同祖先那里传承来的相同特征，这一现象叫作同源性。然而，有一些来自于不同

祖先的物种也具有相似的特征。例如，鲨鱼和海豚进化出了相似的流线型身体，使它们能够游得很快，有助于追逐猎物。翼龙、昆虫、蝙蝠和鸟类都进化出了用于飞行的附肢，但它们不是来自一个共同祖先，否则它们的其他近亲物种也都能够飞行了。这些物种的特征并非源自同一祖先，但却有着相似功能，这种现象被称为同功，这些特征也被称为同功性特征。之所以会出现同功性特征，主要是因为不同的物种为了适应相似的环境，身体的特征趋向同一个方向进化，即使这一特征在不同物种上的结构完全不同。例如，现存动物的眼睛已经比最初只能感知明暗的视觉感受器要复杂得多，但不同动物的眼睛经历的进化次数却不同，结构也有所差异，但其功能却都是一致的，都是为了处理更多的视觉细节，例如颜色。

智力的趋同进化

身体进化的同时，动物的行为也在进化，亲缘关系较远的动物之间会表现出相似的认知能力，但由于彼此的大脑结构各异，它们的智力技能是各自独立进化的。鸦科鸟类和类人猿在社交和生存环境中面临许多相似的挑战，因此它们使用类似的认知解决方案来克服挑战。例如，鸦科鸟类和类人猿都生活在成员众多的复杂族群中，在群体生活中，如果一个个体能搞明白另一个个体看的位置、看的物体和看过去的原因，就会给这个个体带来很大的优势。乌鸦和黑猩猩可以通过眼睛注视的角度对他人的视角进行复杂的心理计算，并利用这些信息来争夺食物。这些相似的能力不可能是同源进化的结果，因为鸦科鸟类和类人猿的共同祖先生活在3亿年以前，而它们的近亲，大多数的鸟类和大多数的哺乳动物在它们的社会交往中都不会使用到类似的能力。总之，鸦科鸟类和类人猿在生理和心理上都具有很多共同点，因此它们共同的信息处理过程（大脑进化到能快速处理大量信息，彩色视觉，灵巧的动手能力，复杂的交流系统，杂食性饮食，结合性高的成员关系），可能是造就它们共同技能的原因之一。

下图：鸦科鸟类和鹦鹉并不是唯一表现出高智商行为的动物。大象、海豚、鬣狗、浣熊、类人猿和猴子等动物也有高智商行为，它们也是聪明俱乐部的成员，有着较大的大脑和复杂的社交能力，而它们的这些特征和行为都是独立进化的。

欢迎回到聪明俱乐部

通过对鸦科鸟类和类人猿共有特征的评估，我们可以去搜寻聪明俱乐部的其他潜在成员。至今为止，我们已经发现了鹦鹉，大象，海豚，一些猴子，鬣狗，浣熊，以及某些鼬科动物可以成为聪明俱乐部的成员。

在确定俱乐部的成员之前，我们需要对更多的动物类群进行认知能力的检查。我们还需要设计能够应用于不同动物身上的测试，因为这些动物不依赖于相同的感官获取信息，或者可能不用手和喙来操作物体。例如，海豚没有四肢来制作工具，并且主要依靠听觉来了解世界，不同于主要依赖视觉获取信息的陆生哺乳动物和鸟类。在同样的测试任务中，海豚顺利通过了依靠听觉的认知任务，但没有通过依靠视觉的任务。

聪明俱乐部，聪明的大脑

在本书的开头部分，我已经讨论过了鸟类大脑是如何像哺乳动物的大脑一样快速高效地处理信息的。鸦科鸟类和鹦鹉的脑容量相对身体大小的比例和类人猿的相当。聪明俱乐部中的哺乳动物成员，如类人猿、海豚、鲸和大象都具有大型的大脑。人类的脑容量相对于身体的比例是所有生物中最大的，而且前额叶皮层也相对较大。有一个小细节可能能够将以上哺乳动物的大脑与

欢迎来到聪明俱乐部

这张图展示了聪明俱乐部成员间的演化关系以及神经结构示意图。

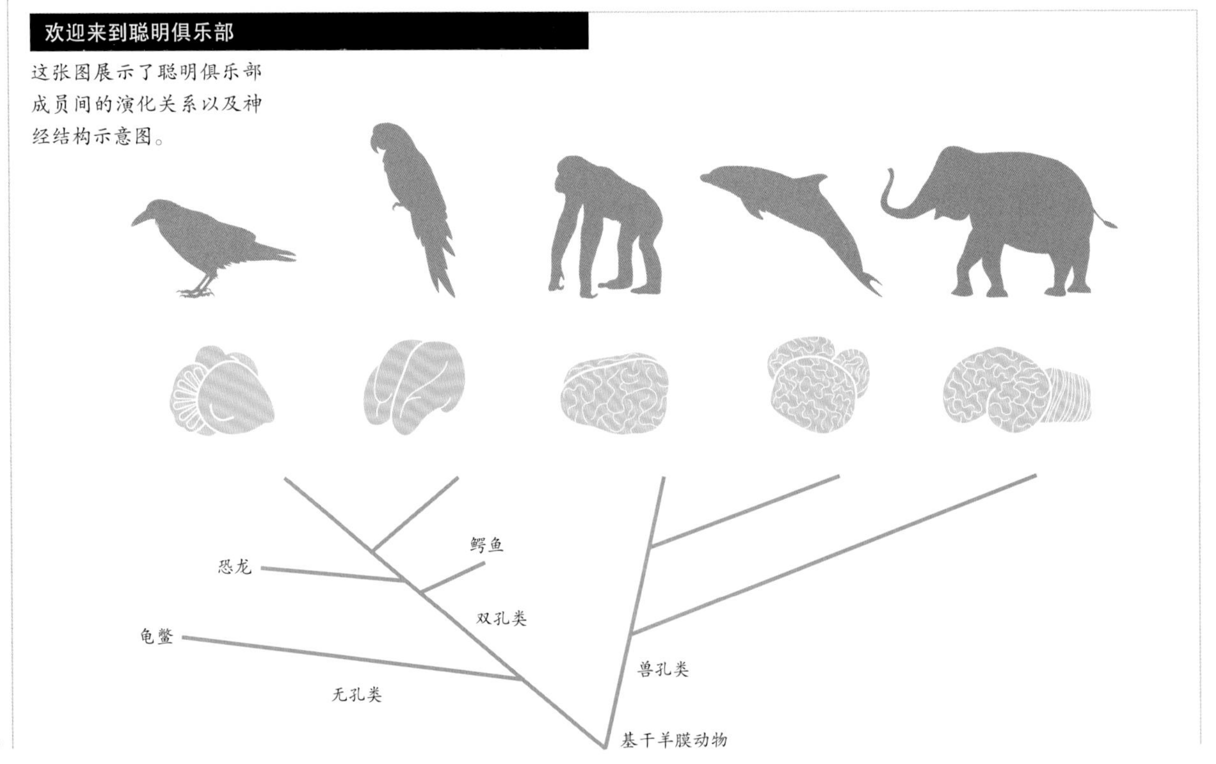

其他动物的大脑分别开来，这便是纺锤体神经元（von Economo neuron orspindle cell）。这种神经元细胞只存在于前扣带皮层和脑岛中，而这两个区域与人类、类人猿、海豚、鲸和大象的社交情感处理有关。在结构上，这种神经元细胞和大量存在的被称为锥体细胞的神经元不同。锥体细胞有长长的锥体向上延伸，以及一圈较短的树突从胞体上辐射开来。而纺锤体神经元细胞则与此不同，它只有一根树突向上以及向下延伸，缺少了锥体细胞的一圈树突。目前，纺锤体神经元的具体功能还在探究之中，但目前最热门的看法认为纺锤体神经元和社交认知有关。这也许是因为和锥体细胞比起来，纺锤体神经元更能够高效地进行长距离传递信息。而只有聪明俱乐部的哺乳动物成员才具备纺锤体神经元，这可能是因为哺乳动物的大脑更大，所以需要纺锤体神经元来进行长距离的信息传输。

鸟类是否具有纺锤体神经元？

据我所知，目前还没人对此展开研究。非常有可能的是，聪明俱乐部中的鸟类成员，如乌鸦和鹦鹉，具备着其他鸟类所不具有的神经元类型，而不是具有哺乳动物所具有的神经元类型。然而，如果纺锤体神经元的确提高了大型大脑之中信息传递的效率，那么鸟类大脑进化出的多核结构可能已经成了高效信息传递的解决方案。而如果最聪明的哺乳动物进化出了一种神经元，使其大脑更接近鸟类大脑，那将是一件相当了不起的事情！

下图：同其他鸦科鸟类一样，寒鸦的脑容量相对身体大小的比例也很大。实际上，这一比例和黑猩猩的相对比例几乎是一样的，并且寒鸦还需要减轻体重以便飞行。也许鸟类已经进化出了某种高效的技巧，既可以减轻自己的体重，又可以增加自己大脑的体积？

认知工具包

鸦科鸟类和鹦鹉是如何成功做到了让倭黑猩猩都感到骄傲的认知能力壮举的呢？在一项针对类人猿和鸦科鸟类认知能力的研究中，研究人员提出了四种认知工具作为这两类动物复杂认知力的基础，而这些认知工具没有在它们的近亲动物中发现。

上图： 冠蓝鸦等鸟类的行为具有高度的灵活性，以便应对快速变化的生存环境。当条件恶劣时，依靠大脑中的一个认知工具包而不是通过反复的试错学习来解决问题，可以使得个体在竞争中极具优势。

在这里，我们有必要重申一下认知和智力的区别。许多动物在它们的日常生活中会运用认知能力。例如，蜜蜂使用一种复杂的“舞蹈语言”向其他成员告知食物的位置信息，而这一位置在蜂巢中是看不到的；猴子用不同的东西交换不同价值的食物；刚出生几天的家鸡显示出的数学能力，可以与任何人类幼儿媲美。然而，这些物种并不一定拥有智力，即适应知识和技能的能力，因为这些知识和技能与它们学习或进化的环境有关。关键在于如何把在一个环境中的一套刺激下学习到的内容，应用到另一个相似原理的环境中。第一个认知工具是灵活性，灵活性使得类人猿和乌鸦能够在环境改变时转变或是更新自己的应对策略。例如，当食物被藏起来的时候气温可能较为寒冷，而之后气温可能会骤然升高，从而缩短了食物保鲜的时间。一只具备灵活性的鸟会根据这一新信息来更新自己的记忆，从而比预先计划的时间更早来挖掘食物。第二个工具是想象力。从前人们认为这一能力是人类所特有的，其他动物是否具有想象力总是备受争议，而目前至少有证据表明，某些鸟

认知工具包

鸦科鸟类、类人猿以及聪明俱乐部的一些其他成员的复杂认知能力中至少包含四个方面的内容：因果推理能力、灵活性、前瞻力和想象力。下图展示了鸦科鸟类的四种能力。（左上）：一只秃鼻乌鸦观察把石子丢进水中后的结果。（右上）一只西丛鸦在不同托盘中储藏不同的食物，但是当食物变质速率变化时需要及时更新自己的记忆信息。（左下）一只西丛鸦看着另一只西丛鸦藏匿食物，第一只西丛鸦会在这只潜在窃贼离开之后重新藏匿食物，以此来保护自己的食物不被偷走。（右下）一只秃鼻乌鸦用金属丝做出了一个弯钩工具，来取出管子底部的一个小桶。

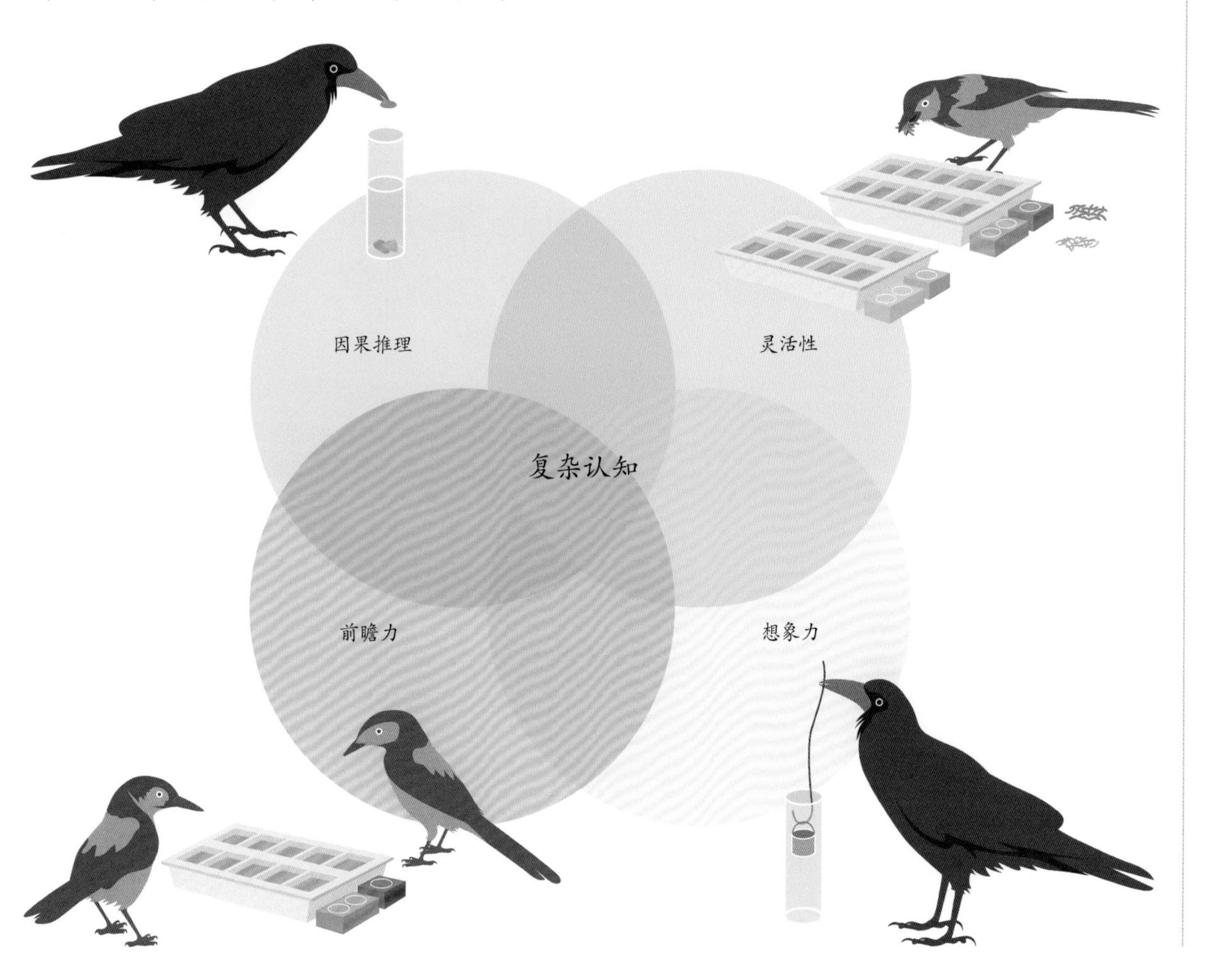

类和类人猿能够运用内心的试错学习来思考一个问题，而不是直接用现实的试错学习来试图解决问题。其中一个例子便是弄弯金属丝，另一个例子是选择一个工具存着以便第二天处理迷盒任务。后一个例子中的行为不仅与想象力相关，还依赖于前瞻力，因为它需要想象到未来以及为未来的各种可能做计划。前瞻力是第三种认知工具，它既需要想象力，因为未来尚不存在，同时也需要灵活性，因为未来存在多种可能并且可能发生变化，所以计划也需要灵活。最后一种认知工具是因果推理能力。这一能力是指能够理解特定的行为会造成特定的后果。这一能力使得动物能够预测出行为和后果之间看不见的，但是可以通过反复试验来学习的联系。这四个工具（还有其他）可能是鸦科鸟类和类人猿智力的核心，同样可能还是聪明俱乐部其他成员的智力的核心。

鸟类的语言

纵观人类历史，鸟类一直被作为一种神秘或神圣的象征，只有少数天赋异禀的人能够通过一种特殊的语言——“天使之语”——与鸟类进行沟通交流。而能够理解这种语言的人则被认为有能力预测未来，并且能够听到只有天神才知道的秘密消息。

至今为止，仍然有一些类似古代巫师的人存在，他们是人类世界和鸟类世界共生共存的象征，他们能够通过研究鸟类的行为来改善人类的生活：鸬鹚帮助渔民捕鱼，响蜜䴕能够指引非洲的布希曼人找到蜂巢以及内部甜美的蜂蜜，而渡鸦能够帮助猎人找到享用腐肉的狼群。尽管我们用来揭示鸟类认知能力的各种科学手段对我们的祖先来说十分神奇，但是他们可能并不会因此就把我们当作天神，只是把我们当作幸运儿而已。

鸟类是我们的秘密守护者

在过去的20年里，我们对鸟类的认知发生了翻天覆地的变化。我希望我在本书中描述的研究能让你对地球上10,000多种鸟中的小部分成员的智力水平有了初步了解。现在，我们应该停止使用“鸟脑”来形容愚蠢。针对鸟类的研究揭示了鸟类复杂社交生活和情感生活中的私密细节，但是关于鸟类还有更多的内容等待我们探索。

鸟类有意识吗？

一些科学家相信，在探索动物智力水平的同时，我们也揭示了它们有意识的内在本质。他们强调，我们应该像对待一个人类一样对待有意识的动物。但我并不同意这种看法。无论它们在身体上或行为上与人类多么相似，动物都不是人类。但这并不意味着动物不配得到我们的尊重和关怀。实际上，如果我们把注意力集中在动物与人类相似的部分，我们就会按照我们希望自己被对待的方式来对待它们，但这种行为是一种帮倒忙的行为，因为我们没有将注意力放在它们独特的需求和动机上面，而正是这些特点使得它们与众不同，正是这些特点在一开始吸引了我们。

上图：这些渡鸦是否了解，如果它们的行为被狼发现了有什么后果？渡鸦是否知道跟随着狼，就有可能一起享用被狼杀死的猎物？我们如何发掘这些问题的答案？

现在的我们比以往的任何一个时刻都更了解鸟类的智力。但是当下仍是一个激动人心的时代，这不仅是因为我们知道了多少，而是我们知道了有更多的内容等待我们发现。不幸的是，在本书中我只能从该领域各式各样的研究中摘取一小部分进行介绍，有更多的内容我想要讲解，但由于篇幅限制未能如愿。但我希望，读完这本书之后，读者朋友能够对我们生活中这些长有翅膀的朋友有全新的认识。

右图：鸬鹚能够帮助渔民捕鱼，尽管这是出于人类主人的胁迫，而非自发的利他行为。渔民饲养了10~12只鸬鹚，用绳子拴在这些鸬鹚的颈部，防止鸬鹚吞食捕上来的大鱼。每只鸬鹚的嘴巴里能同时塞满多达6条鱼，但只能吃掉一些较小的鱼，较大的鱼则成了渔民的收获。

附录

术语表

适应性特化 为了应对特定的生态学需求，例如找寻到足够多的食物或与社交伙伴交际，而进化出的解剖学、生理学、行为学和认知的特征。例如，拥有超凡脱俗的空间记忆可能是针对储食行为和食物的再发掘而演化出的特殊适应性。

晚成雏 出生后的年幼个体无法活动或独自觅食，一段时间内需要父母或监护人的照顾才能得以生存的鸟类。例如鸦科鸟类和鹦鹉。

类比推理 使用类比（即比较一物与另一物的相同之处）的方法，从而对其他事物之间的关系做出判断。这一方法在解决问题的过程中发挥重要作用。

自主意识 在思想上将自我设想到不同的空间或时间的能力，既可是过去，也可以是将来。

行为灵活性 为了适应周围变化的环境或条件而做出相应变化的能力，这些环境变化包括气候变化和食物变化。

储食保护策略 具有储食习性的动物借用距离、光线明暗、屏障、迷惑行为和其他措施来保护自己所藏食物的能力。

储食行为 将食物在一个地点或多个地点隐藏或埋藏起来达到储存食物目的的行为。

因果推理 确定特定的事件（因）和这些事件带来的后果之间联系的能力。例如，向某一物体施加压力有可能会导致这一物体被推倒。

概念 具有不同的外观，但是拥有相同功能特点的刺激的总称。

陈述性记忆 关于事件以及个人的历史经历（例如，知识）的记忆，而不是行为的记忆（例如，习惯）。陈述性记忆包括情景记忆和语义记忆。

支配等级 同一群体中不同个体会有攻击性的互动，这些攻击性互动的输赢会体现个体能力大小并决定个体在群体中的地位等级。

多巴胺 一种存在于大脑组织中的神经递质，这种递质在奖励学习和愉悦感受中发挥作用。

情景记忆 陈述性记忆的两个类型之一，情景记忆是个体关于自己过去的特定事件的记忆，具有地点、时间、内容（何事，何地，何时）等标签。

执行性功能 参与行为管理和调控的认知过程，例如工作记忆、注意力、策划力、推理、灵活性和问题解决能力。

经验投射 一种利用自我过往的经历来揣摩其他个体内心想法的能力。

挖掘觅食 找到并提取出被包裹或被埋藏的食物的行为，这些食物包括根、块茎、水果或是坚果。

FOXP2 一段转录因子基因，该基因在大脑发育和人类语言能力的发育中发挥作用。

海马体 大脑皮层的延伸部分，在空间导航中发挥至关重要的作用，同时也在短期记忆、长期记忆和想象力中发挥作用。

智力 在多个领域中利用脑力来灵活地解决多种问题的能力的集合。

恐新症 对新的事物、地方和事件感到恐惧的表现。

神经再生 重新产生神经元的现象，主要出现在鸟类的海马体和鸣唱控制系统中，这一现象周期性发生或在特定行为（鸣唱，藏食）时发生。

神经递质 由神经细胞分泌并在神经细胞之间发挥信号传递功能的化学物质。

鸣禽 通常为雀形目鸟类。大部分情况下，鸣禽中的雄鸟在鸣声学习的敏感时期从导师（通常是自己的父亲，也包括同类）处习得鸣唱的歌曲。

配对 由一个雄性和一个雌性组成的有亲密关系的繁殖对，这种现象偶尔也会发生在同性之间。

大脑皮层 大脑中与灰质和白质对应，并覆盖大脑表面的区域。这一区域参与感觉处理，以及记忆、情感、奖励学习和决策行为，这一区域存在于爬行动物、鸟类和哺乳动物中。

早成雏 在刚出生或刚孵化出来的时刻就足够成熟能够活动的年幼个体。它们能够自行四处活动并觅食。例如鸡，鸭，鹅。

前额叶皮层 哺乳动物大脑皮层中的一个区域，协调思考和行动。在灵长类动物中，前额叶皮层位于大脑的正前方，分为眶额区、中间区和背外侧区，每个部分在行为中发挥不同的作用。

前瞻力 思考并计划未来可能发生事件的精神能力。

递归 一个具有潜在无限信息的循环，这一循环使得人类语言中具有复杂的句法结构。这可能是人类区别于动物的认知特征之一。

生命之链 亚里士多德提出的一个概念，在这个生命之链中，根据不同动物与人类之间生理或是认知上的不同程度，能够从低级到高级依次排序。这一观点与达尔文的进化论相悖。

选择压力 导致一个群体的繁殖成功率下降的特定因素，例如觅食困难，或是逃避捕食者。而某些先天的特征，例如智力，能够缓解这些因素带来的后果，从而促进群体发生进化。

语义记忆 陈述性记忆的两个类型之一，语义记忆指个体通过自己的生活而搜集习得的各种关于世界的知识，例如事实和观念。

社交智力 一种能够适应处理社交生活中各种信息的精神能力。

亚鸣禽 与鸣禽亲缘相近，也属于雀形目。亚鸣禽下属的鸟种中，雌鸟和雄鸟都可以鸣唱，但是它们鸣唱的歌曲不是从导师处学习得来的。

心智理论 通过对其他个体的某些精神状态进行归因分析，例如信仰、欲望、意图和知识，来理解甚至推测其他个体行为的理论。

传递推理 一种能够根据物体之间的排名秩序来推算出物体之间关系的推论推理形式。例如，A>B，B>C，以及C>D，那么就可以得出B>D。

参考文献

Akins, CK & Zentall, TR (1996). *Imitative learning in male Japanese quail using the two-action method*. J Comp Psychol, 110, 316-320 (C4).

Auersperg, AMI et al (2011). *Flexibility in problem solving and tool use of kea and New Caledonian crows in a multi access box paradigm*. PLoS ONE, 6, e20231 (C5).

Auersperg, AMI et al (2012). *Spontaneous innovation in tool manufacture and use in a Goffin's cockatoo*. Curr Biol, 22, R1-R2 (C5).

Balda, RP & Kamil, AC (1989). *A comparative study of cache recovery by three corvid species*. Anim Behav, 38, 486-495 (C2).

Beck, SR et al (2011). *Making tools isn't child's play*. Cognition, 119, 301-306 (C5).

Bingman, VP et al (2003). *The homing pigeon hippocampus and space*. Brain Behav Evol, 62, 117-127 (C2).

Bird, CD & Emery, NJ (2009). *Insightful problem solving and creative tool modification by captive nontool-using rooks*. PNAS, 106, 10370-10375 (C5).

Bird, CD & Emery, NJ (2009). *Rooks use stones to raise the water level to reach a floating worm*. Curr Biol, 19, 1410-1414 (C5).

Bugnyar, T (2010). *Knower-guesser differentiation in ravens*. Proc Roy Soc B, 283, 634-640 (C6).

Bugnyar, T & Heinrich, B (2005). *Ravens, Corvus corax, differentiate between knowledgeable and ignorant competitors*. Proc Roy Soc B, 272, 1641-1646 (C6).

Carter, J et al (2008). *Subtle cues of predation risk: starlings respond to a predator's direction of eye gaze*. Proc Roy Soc B, 275, 1709-1715 (C3).

Catchpole, C & Slater, PJ (2008). *Bird Song: Biological themes and variations*. Cambridge University Press: Cambridge, UK (C3).

Cheke, LG et al (2011). *Tool-use and instrumental learning in the Eurasian jay*. Anim Cogn, 14, 441-455 (C5).

Cheke, LG et al (2012). *How do children solve Aesop's Fable?* PLoS ONE, 7, e40574 (C5).

Clayton, NS & Dickinson, A (1998). *Episodic-like memory during cache recovery by scrub jays*. Nature, 395, 272-274 (C2).

Clayton, NS & Emery, NJ (2015). *Avian models for human cognitive neuroscience*. Neuron, 86, 1330-1342 (C1).

Clayton, NS & Krebs, JR (1994). *Hippocampal growth and attrition in birds affected by experience*. PNAS, 91, 7410-7414 (C2).

Colombo, M & Broadbent, N (2000). *Is the avian hippocampus a functional homologue of the mammalian hippocampus?* Neurosci Biobehav Rev, 24, 465-484 (C2).

Cristol, DA et al (1997). *Crows do not use automobiles as nutcrackers*. The Auk, 114, 296-298 (C5).

Curio, E et al (1978). *Cultural transmission of enemy recognition*. Science, 202, 899-901 (C4).

Dally et al (2006). *Food-caching western scrub-jays keep track of who was watching when*. Science, 312, 1662-1665 (C6).

Dally et al (2006). *The behaviour and evolution of cache protection and pilferage*. Anim Behav, 72, 13-23 (C6).

Dally, JM et al (2008). *Social influences on foraging by rooks (Corvus frugilegus)*. Behaviour, 145, 1101-1124 (C4).

Dally, JM et al (2010). *Avian theory of mind and counter espionage by food-caching western scrub-jays (Aphelocoma californica)*. Eur J Dev Psychol, 7, 17-37.

Diamond, J & Bond, AB (2003). *A comparative analysis of social play in birds*. Behaviour, 140, 1091-1115 (C7).

Emery, NJ (2000). *The eyes have it: the neuroethology, function and evolution of social gaze*. Neurosci Biobehav Rev, 24, 581-604 (C3).

Emery, NJ & Clayton, NS (2001). *Effects of experience and social context on prospective caching strategies by scrub jays*. Nature, 414, 443-446 (C6).

Emery, NJ & Clayton, NS (2004). *The mentality of crows: Convergent evolution of intelligence in corvids and apes*. Science, 306, 1903-1907 (C7).

Emery, NJ & Clayton, NS (2015). *Do birds have the capacity for fun*? Curr Biol, 25, R16-R20 (C7).

Emery, NJ et al (2007). *Cognitive adaptations of social bonding in birds*. Phil Trans Roy Soc B, 362, 489-505 (C4).

Epstein, R et al (1981). "*Selfawareness*" *in the pigeon*. Science, 212, 695-696 (C6).

Epstein, R et al (1984). "*Insight*" *in the pigeon*. Nature, 308, 61-62 (C5).

Fisher, J & Hinde, RA (1949). *The opening of milk bottles by birds*. Br Birds, 42, 347-357 (C4).

Flower, TP et al (2014). *Deception by flexible alarm mimicry in an African bird*. Science, 344, 513-516 (C3).

Fraser, ON & Bugnyar, T (2010). *Do ravens show consolation?* PLoS ONE, 5, e10605 (C4).

Fraser, ON & Bugnyar, T (2011). *Ravens reconcile after aggressive conflicts with valuable partners*. PLoS ONE, 6, e18118 (C4).

Frost, BJ & Mouritsen, H (2006). *The neural mechanisms of long distance navigation*. Curr Op Neurobiol, 16, 481-488 (C2).

Garland, A & Low, J (2014). *Addition and subtraction in wild New Zealand robins*. Behav Proc, 109, 103-110 (C7).

Gentner, TQ et al (2006). *Recursive syntactic pattern learning by songbirds*. Nature, 440, 1204-1207 (C7).

Gunturkun, O (2005). *The avian "prefrontal cortex" and cognition*. Curr Op Neurobiol, 15, 686-693 (C1).

Haesler, S et al (2004). *FoxP2 expression in avian vocal learners and non-learners*. J Neurosci, 24, 3164-3175 (C7).

Healy, SD & Hurly, TA (1995). *Spatial memory in rufous hummingbirds*. Anim Learn Behav, 23, 63-68 (C2).

Healy, SD et al (1994). *Development of hippocampus specialization in two species of tit (Parus sp.)*. Behav Brain Res, 61, 23-28 (C2).

Henderson, J et al (2006). *Timing in free-living rufous hummingbirds*. Curr Biol, 16, 512-515 (C2).

Herrnstein, RJ et al (1976). *Natural concepts in pigeons*. J Exp Psychol: Anim Behav Proc, 2, 285-302.

Heyers, D et al (2007). *A visual pathway links brain structures active during magnetic compass orientation in migratory birds*. PLoS ONE, 2, e937 (C2).

Hopson, JA (1977). *Relative brain size and behaviour in archosaurian reptiles*. Ann Rev Ecol Sys, 8, 429-448 (C1).

Hunt, GR (1996). *Manufacture & use of hook-tools by New Caledonian crows*. Nature, 379, 249-251 (C5).

Hunt, GR & Gray, RD (2002). *Diversification and cumulative evolution in New Caledonian crow tool manufacture*. Proc Roy Soc B, 270, 867-874 (C5).

Hunt, GR & Gray, RD (2003). *The crafting of hook tools by wild New Caledonian crows*. Proc Roy Soc B: Biol Lett, 271 (S3), S88-S90 (C5).

Hunt, GR & Gray, RD (2004). *Direct observations of pandanus-tool manufacture and use by a New Caledonian crow*. Anim Cogn, 7, 114-120 (C5).

Hurly, TA & Healy, SD (1996). *Memory for flowers in rufous hummingbirds: location or local visual cues*? Anim Behav, 51, 1149-1157 (C2).

Iglesias, TL et al (2012). *Western scrubjay funerals: cacophonous aggregations in response to dead conspecifics*. Anim Behav, 84, 1103-1111 (C7).

Jarvis, ED (2007). *Neural systems for vocal learning in birds and humans*. J Ornithol, 148 (S1): S35-S44 (C3).

Jarvis, ED et al (2005). *Avian brains and a new understanding of vertebrate brain evolution*. Nat Rev Neurosci, 6, 151-159 (C1).

Jelbert, SA et al (2014). *Using the Aesop's Fable Paradigm to investigate causal understanding of water displacement by New Caledonian crows*. PLoS ONE, 9, e92895 (C5).

Jouventin, P et al (1999). *Finding a parent in a king penguin colony: the acoustic system of individual recognition*. Anim Behav, 57, 1175-1183 (C3).

Kamil, AC & Cheng, K (2001). *Way-finding and landmarks: The multiple bearings hypothesis*. J Exp Biol, 2043, 103-113 (C2).

Karten, HJ & Hodos, W (1967). *A Stereotaxic Atlas of the Brain of the Pigeon* (*Columba livia*). John Hopkins Press: Baltimore, MD (C1).

Kelley, LA & Endler, JA (2012). *Illusions promote mating success in great bowerbirds*. Science, 335, 335-338 (C3).

Koehler, O (1950). *The ability of birds to "count"*. Bull Anim Behav, 9, 41-45 (C7).

Lefebvre, L et al (1997). *Feeding innovations and forebrain size in birds*. Anim Behav, 53, 549-560 (C7).

Lefebvre, L et al (2002). *Tools and brains in birds*. Behaviour, 139, 939-973 (C5).

Levey, DJ et al (2009). *Urban mockingbirds quickly learn to identify individual humans*. PNAS, 106, 8959-8962 (C3).

Liedtke, J et al (2011). *Big brains are not enough: performance of three parrot species in the trap tube paradigm*. Anim Cogn, 14, 143-149 (C5).

Marler, P & Tamura, M (1964). *Culturally transmitted patterns of vocal behaviour in sparrows*. Science, 146, 1483-1486 (C4).

Marzluff, JM et al (2012). *Brain imaging reveals neuronal circuitry underlying the crow's perception of human faces*. PNAS, 109, 15912-15917 (C3).

Nottebohm, F et al (1976). *Central control of song in the canary, Serinus canaries*. J Comp Neurol, 165, 457-486 (C1).

O'Connell, LA & Hofmann, HA (2011). *The vertebrate mesolimbic reward system and social behaviour network*. J Comp Neurol, 519, 3599-3639 (C4).

Ostojic, L et al (2013). *Evidence suggesting that desire-state attribution may govern food sharing in Eurasian jays*. PNAS, 110, 4123-4128 (C6).

Patel, AD et al (2009). *Experimental evidence for synchronization to a musical beat in a nonhuman animal*. Curr Biol, 19, 827-830 (C3).

Paz-y-Mino, GC et al (2004). *Pinyon jays use transitive inference to predict social dominance*. Nature, 430, 778-781 (C4).

Pepperberg, IM (2002). *Cognitive and communicative abilities of grey parrots*. Curr Dir Psychol Sci, 11, 83-87 (C3).

Petkov, CI & Jarvis, ED (2012). *Birds, primates, and spoken language origins*. Front Evol Neurosci, 4, 12 (C7).

Prather, JF et al (2008). *Precise auditory-vocal mirroring in neurons for learned vocal communication*. Nature, 451, 305-310 (C3).

Prior, H et al (2008). *Mirrorinduced behaviour in the magpie*. PLoS Biol, 6, e202 (C6).

Raby, CR et al (2007). *Planning for the future by western scrub-jays*. Nature, 445, 919-921 (C6).

Rogers, LJ et al (2004). *Advantages of having a lateralized brain*. Proc Roy Soc B: Biol Lett, 271, S420-S422 (C1).

Rugani, R et al (2009). *Arithmetic in newborn chicks*. Proc Roy Soc B, 276, 2451-2460 (C7).

Scheiber, IBR et al (2005). *Active and passive social support in families of greylag geese*. Behaviour, 142, 1535-1557 (C4).

Seed, AM et al (2006). *Investigating physical cognition in rooks, Corvus frugilegus*. Curr Biol, 16, 697-701 (C5).

Seed, AM et al (2007). *Postconflict third-party affiliation in rooks*. Curr Biol, 17, 152-158 (C4).

Seed, AM et al (2008). *Cooperative problem solving in rooks*. Proc Roy Soc B, 275, 1421-1429 (C4).

Seed, A et al (2009). *Intelligence in corvids and apes*. Ethology, 115, 401-420 (C7).

Shimizu, T & Bowers, AN (1999). *Visual circuits of the avian telencephalon: evolutionary implications*. Behav Brain Res, 98, 183-191 (C1).

Smirnova, A et al (2015). *Crows spontaneously exhibit analogical reasoning*. Curr Biol, 25, 256-260 (C7).

Taylor, AH et al (2007). *Spontaneous metatool use by New Caledonian crows*. Curr Biol, 17, 1504-1507 (C5).

Taylor, AH et al (2009). *Do New Caledonian crows solve physical problems through causal reasoning*? Proc Roy Soc B, 276, 247-254 (C5).

Tebbich, S et al (2001). *Do woodpecker finches acquire tool-use by social learning*? Proc Roy Soc B, 268, 2189-2193 (C5).

Tebbich, S et al (2002). *The ecology of tool-use in the woodpecker finch*. Ecol Lett, 5, 656-664 (C5).

Tebbich, S et al (2007). *Non-tool-using rooks solve the trap-tube problem*. Anim Cogn, 10, 225-231 (C5).

Templeton, CN et al (2005). *Allometry of alarm calls: Black-capped chickadees encode information about predator size*. Science, 308, 1934-1937 (C3).

Teschke, I & Tebbich, S (2011). *Physical cognition and tool use: performance of Darwin's finches in the two-trap tube task*. Anim Cogn, 14, 555-563 (C5).

Vander Wall, SB (1982). *An experimental analysis of cache recovery in Clark's nutcracker*. Anim Behav, 30, 84-94 (C2).

von Bayern, AMP & Emery, NJ (2009a). *Jackdaws respond to human attentional states and communicative cues in different contexts*. Curr Biol, 19, 602-606 (C3).

von Bayern, AMP & Emery, NJ (2009b). *Bonding, mentalizing and rationality*. In: Watanabe, S (Ed.) *Irrational Humans, Rational Animals*. Keio University Press: Tokyo (C3).

Watanabe, S et al (1995). *Pigeon's discrimination of paintings by Monet and Picasso*. J Exp Analysis Behav, 63, 165-174 (C7).

Weir, AAS et al (2002). *Shaping of hooks in New Caledonian crows*. Science, 297, 981 (C5).

Wiltschko, W & Wiltschko, R (1972). *Magnetic compass of European robins*. Science, 176, 62-64 (C2).

Wimpenny, JH et al (2009). *Cognitive processes associated with sequential tool use in New Caledonian crows*. PLoS ONE, 4, e6471 (C5).

扩展阅读

Birkhead, T. (2012). *Bird Sense: What it's like to be a bird*. Bloomsbury: London.

Boehner, B. (2004). *Parrot Culture: Our 2500 year-long fascination with the world's most talkative bird*. University of Pennsylvania Press: Philadelphia.

de Waal, F. B. M. (2016). *Are We Smart Enough to Know How Smart Animals Are?* W. W. Norton & Co., New York.

Emery, N. (2006). *Cognitive ornithology: the evolution of avian intelligence*. Philosophical Transactions of the Royal Society B, 361, 23-43.

Emery, N. and Clayton, N. (2004). *The mentality of crows: Convergent evolution of intelligence in corvids and apes*. Science, 306, 1903-1907.

Heinrich, B. (1999). *Mind of the Raven*. Harper Collins Publishers: New York.

Hansell, M. (2007). *Built By Animals: The natural history of animal architecture*. Oxford University Press: Oxford.

Marzluff, J. and Angell, T. (2012). *Gifts of the Crow: How perception, emotion, and thought allow smart birds to behave like humans*. Free Press: New York.

Morell, V. (2013). *Animal Wise: The thoughts and emotions of our fellow creatures*. Crown Publishers: New York.

Pepperberg, I. (1999). *The Alex Studies: Cognitive and communicative abilities of grey parrots*. Harvard University Press: Cambridge, MA.

Savage, C. (1997). *Bird Brains: Intelligence of crows, ravens, magpies and jays*. Greystone Books: Canada.

Tudge, C. (2008). *Consider the Birds: Who they are and what they do*. Allen Lane: London.

索引

致谢

首先，我要感谢我的妻子尼基·克莱顿，是她把我从灵长类认知研究领域带到了鸟类认知研究领域。她让我对鸟类大开眼界，并且一直以来都是我重要的合作研究者之一。在我撰写这本书的过程中，她也提供了大量的帮助，帮助我更好地完善这本书的内容，所以这本书也是我送给她的一件礼物。另外，我还要感谢其他家人的支持，尤其是我的侄女伊莫金，她在本书一张图片中友情出镜，帮助我完成了一张精彩的示意图。

在这里，还要感谢我的博士研究生，他们是阿曼达·锡德（Amanda Seed）、克里斯托弗·博德、奥古斯特·冯·拜恩（Auguste von Bayern）、杰登·范·霍里克（Jayden van Horik）、艾拉·费德斯皮尔（Ira Federspiel）和安妮·赫尔姆（Anne Helme），还有博士后乔安娜·达利（Joanna Dally），感谢他们为鸟类认知研究做的贡献，也正是他们的研究工作让本书的内容更加充实。

感谢常春藤出版社（Ivy Press）的支持，他们的信任和帮助让我完成本书并把我的原始文本制作出了如此精美的呈现方式，感谢他们的团队成员：杰奎·赛耶斯（Jacqui Sayers）、杰米·普弗雷（Jamie Pumfrey）、韦恩·布莱德斯（Wayne Blades）、苏珊·凯利（Susan Kelly）、艾莉森·史蒂文斯（Alison Stevens）、汤姆·基奇（Tom Kitch）和杰恩·安塞尔（Jayne Ansell）。

最后，我要对为本书提供精美图片的朋友和同事表示真诚的谢意，他们的帮助让本书更具吸引力。本书引用了大量的研究工作，但限于篇幅我不能面面俱到地加以描述，参考文献部分也仅列了部分文献，读者如果感兴趣的话还可以浏览我的个人网站：www.featheredape.com，在这里你可以找到所有与书中内容有关的研究论文。

图片出处说明

感谢为本书提供了精美图片的个人和机构。图片出处详情如下，如有疏忽未提及之处，还望见谅。（限于篇幅和版式，同时为了更方便读者查阅原始信息，本部分未对个人和机构名称进行翻译。——译者注）

插图：

Kate Osborne: 2, 3, 35, 131.

Jenny Proudfoot: 22, 23, 27, 33, 47, 59, 67, 83, 93, 133, 173.

John Woodcock: 14, 21, 22, 23, 24, 27, 29, 31, 47, 51, 53, 57, 58, 63, 67, 75, 79, 83, 91, 93, 97, 105, 107, 111, 120, 123, 127, 129, 139, 143, 147, 151, 153, 157, 159, 163, 174, 178, 181.

照片：

Shutterstock: 4-5, 9, 13, 14, 15, 16, 18, 19, 26, 28, 29, 39, 40, 44, 45, 50, 55, 56, 61, 62, 66, 72, 78, 80, 84, 87, 95, 101, 103, 110, 114, 115, 135, 141, 142, 145, 150, 164, 176, 177, 179, 180, 183, 184.

Science Photo Library/D.Roberts: 6-7.

Corbis/Universal Pictures/Sunset Boulevard: 10.

iStock: 11, 25, 85, 136, 160, 168, 169.

Chris Skaife: 12.

Alamy/Nigel Cattlin: 18, 109.

Getty Images/Thomas D. McAvoy: 18BL.

Erich Jarvis: 18BC.

Alice Auersperg: 19TCR, 117.

Alamy/Bob Gibbons: 19BL, 96.

Alamy/All Canada Photos: 19BC.

Getty Images/Mark Carwardine: 20.

Ei-Ichi Izawa: 33.

Alamy/ZUMA Press, Inc.: 37I.

Alamy/Danita Delimont: 37.

Dr Jolyon Troscianko: 38.

Jacob W. Frank/Rocky Mountain National Park/CC BY-ND 2.0: 49.

Alamy/George Reszeter: 64.

Alamy/National Geographic Creative: 69.

Corbis/Tim Laman/National Geographic Creative: 70.

Corbis/Otto Plantema/Buiten-beeld/Minden Pictures: 71.

Tony Smith/CC-BY 2.0: 74.

L.A. Kelley: 77.

The Alex Foundation: 86, 87.

Corbis/DLILLC: 88.

Ivy Press: 98, 99.

Dr Robert Miyaoka/University of Washington Department of Radiology: 101L.

Alamy/imageBROKER: 103, 124.

Comparative Cognition Lab: 104.

Alamy/Genevieve Vallee: 106.

Nathan Emery: 109, 135L, 144, 158, 172.

Getty Images/Carlos Ciudad Photos: 112.

Alamy/FLPA: 114, 119.

Getty Images/Auscape: 115, 122.

Gavin Hunt: 116.

Sabine Tebbich: 118.

Mdf/CC BY-SA 3.0: 125.

Comparative Cognition Lab: 127.

Alamy/David Chapman: 130.

Milo Winter/C0: 132.

Onur Güntürkün: 138.

Ljerka Ostojić: 146.

Nature Picture Library/Marie Read: 149.

Alamy/Max Carstairs: 152.

Nicky Clayton, Comparative Cognition Lab, University of Cambridge: 154, 156.

Alamy/liszt collection: 155.

Alamy/keith morris: 165.

Alamy/Nick Gammon: 167.

Alamy/Nature Photographers Ltd: 171.

FLPA/Gianpiero Ferrari: 175.

Tambako The Jaguar/CC BY-ND 2.0: 176BR.

Corbis/Christina Krutz/Masterfile: 182.

图书在版编目(CIP)数据

鸟的大脑：鸟类智商的探秘之旅/(英)内森·埃默里(Nathan Emery)著；刘思巧译.—北京：商务印书馆，2020

ISBN 978-7-100-18851-7

Ⅰ.①鸟… Ⅱ.①内…②刘… Ⅲ.①鸟类—智商—普及读物 Ⅳ.①Q959.7-49

中国版本图书馆 CIP 数据核字(2020)第 140116 号

鸟的大脑

——鸟类智商的探秘之旅

〔英〕内森·埃默里 著

刘思巧 译

商 务 印 书 馆 出 版

(北京王府井大街 36 号 邮政编码 100710)

商 务 印 书 馆 发 行

北京华联印刷有限公司印刷

ISBN 978-7-100-18851-7

2020 年 10 月第 1 版　　开本 889×1194 1/16

2020 年 10 月北京第 1 次印刷　　印张 12

定价：98.00 元